注塑生产技术手册
——成型工艺·注塑机·生产管理

刘朝福　编著

化学工业出版社

·北京·

内 容 提 要

本手册从生产实际出发，通过图文结合的形式，讲解了注塑成型工艺，注塑机操作、维修及故障处理，以及注塑生产管理的相关知识。

◆工艺技术篇，讲解了注塑成型的工艺原理、工艺设计、常见工艺难题及解决方法。

◆常用设备篇，以行业中常用主要品牌注塑机为对象，讲解了注塑机的操作、保养、维护和维修等主要技术要点和难点，帮助读者快速、有效地解决实际工作中遇到的技术问题。

◆生产管理与质量控制篇，介绍了注塑生产的人员组织与技术准备、注塑生产的现场管理、提高生产效率和产品质量的经验。

本手册内容来源于企业实际，所讲述的方法和措施实用性强，具有一定的指导性。

本手册既适合从事塑料制品开发、注塑生产技术与管理、注塑模具设计与制造、注塑机维护与维修等相关工作的工程技术人员使用，也可供高等院校材料成型与控制工程、模具设计与制造、机械制造工艺与设备等专业的师生参考。

图书在版编目（CIP）数据

注塑生产技术手册：成型工艺·注塑机·生产管理/刘朝福编著. —北京：化学工业出版社，2020.2（2022.11重印）
ISBN 978-7-122-35689-5

Ⅰ.①注⋯ Ⅱ.①刘⋯ Ⅲ.①注塑-生产工艺-技术手册 Ⅳ.①TQ320.66-62

中国版本图书馆 CIP 数据核字（2019）第 250807 号

责任编辑：贾　娜　　　　　　　　　　　文字编辑：陈　喆
责任校对：盛　琦　　　　　　　　　　　装帧设计：关　飞

出版发行：化学工业出版社（北京市东城区青年湖南街 13 号　邮政编码 100011）
印　　装：涿州市般润文化传播有限公司
787mm×1092mm　1/16　印张 17　字数 428 千字　2022 年 11 月北京第 1 版第 3 次印刷

购书咨询：010-64518888　　　　　　　售后服务：010-64518899
网　　址：http://www.cip.com.cn

凡购买本书，如有缺损质量问题，本社销售中心负责调换。

定　　价：89.00 元

前　言

塑料是现代工业重要的工程材料，在现代工业生产和生活中发挥着重要的作用，塑料制品具有轻质、美观、绝缘、耐腐蚀、低成本等特性，因此，塑料及其制品的发展极大地提高了人们的工作效率和生活水平。

在塑料的各种成型工艺中，注塑成型是应用最为广泛的一种。实践表明，注塑成型具有材料适用性强、可以一次性成型出结构复杂的制品、工艺条件成熟、制品精度高、生产成本低等优点，因此，注塑成型的制品在塑料制品中所占的比重不断增加，相关的工艺、设备、模具和生产管理方式等也得到了快速发展。

本手册从实用出发，根据注塑成型领域从业人员的需求，分为3篇8章，通过图文结合的形式，详细讲解了注塑成型工艺，注塑机操作、维修及故障处理，注塑生产管理等相关知识。

第1篇工艺技术，讲解了注塑成型的工艺原理、工艺设计、常见工艺难题及解决方法。

第2篇常用设备，以行业中常用主要品牌注塑机为对象，采用图表为主的表达方式，配合言简意赅的文字叙述，将注塑机的操作、保养、维护和维修等主要技术要点和难点逐一进行讲解，让读者可以快速查阅到所需的内容，有效解决实际工作中遇到的技术问题。

第3篇生产管理与质量控制，介绍了注塑生产的人员组织与技术准备、注塑生产的现场管理、提高生产效率和产品质量的经验。

本手册从生产实际的需求出发，着眼于提高注塑生产的质量和效益，具有很强的实用性；语言通俗易懂、图表丰富翔实；内容既包含必要的理论，深入浅出，又包含了许多经过实践检验的技术技巧，可直接参考引用。

本手册由桂林电子科技大学信息科技学院的刘朝福编著，在编写过程中，众多人员和单位参与了书稿的讨论或提供了技术资料，包括杨连发、徐叔丰、冯翠云、秦国华、柏子刚、韦雪岩、姚春革、程馨、张燕、王贵、岳项莉、莫荣、梁姗姗、经华、廖晓梅、廖志平、陈婕、程彬彬、覃军伦、毛明慧、史双喜等专家，以及柳州方盛汽车饰件有限公司、宁波海天塑机集团、深圳三友继电器有限公司等单位，在此一并表示感谢。

由于编者水平所限，书中疏漏和不足之处在所难免，敬请广大读者提出宝贵意见。

编著者

目 录

第1篇 工 艺 技 术 / 1

第2篇　常用设备 / 107

第4章　注塑机类型及结构 / 108

第3篇　生产管理与质量控制 / 209

第7章　注塑生产管理 / 210

第1篇

工艺技术

✦ 塑料及其注塑成型原理

✦ 注塑成型的工艺技术

✦ 注塑生产常见问题及解决方法

第1章

塑料及其注塑成型原理

1.1 塑料的成型特性

根据塑料受热后的性能和特点，一般将塑料分为热塑性塑料和热固性塑料两大类。

① 热塑性塑料。热塑性塑料是在加热时可塑制成一定形状的塑件，冷却后保持已定型的形状。如再次加热，又可软化熔融，再次制成一定形状的塑件，并可反复多次进行，具有可逆性。由于热塑性塑料是能反复加热软化和冷却硬化的材料，可经加热熔融而反复固化成型，所以热塑性塑料的废料通常可回收再利用，具有所谓的"二次料"之称。

② 热固性塑料。热固性塑料在固化定型后，即使继续加热，也无法改变其状态，即无法再次变成熔融状态，因此，热固性塑料无法经过再加热来反复成型。

本书所述的"塑料"，除特别说明，即为热塑性塑料。

塑料的成型特性是指与塑料成型工艺、成型质量有关的各种性能，了解和掌握塑料的工艺性能，直接关系到塑料能否顺利成型，保证塑件质量，同时也影响着模具的设计，下面介绍热塑性塑料的主要成型特性。

（1）收缩性

塑料通常是在高温熔融状态下充满模具型腔而成型，当塑件从塑模中取出冷却到室温后，其尺寸会比原来在塑模中的尺寸减小，这种特性称为收缩性，它可用单位长度塑件收缩量的百分数来表示，即收缩率（S）。

由于这种收缩不仅是由塑件本身的热胀冷缩造成的，而且还与各种成型工艺条件及模具因素有关，因此成型后塑件的收缩称为成型收缩，可以通过调整工艺参数或修改模具结构，以缩小或改变塑件尺寸的变化情况。

成型收缩分为尺寸收缩和后收缩两种形式，且都具有方向性。

① 塑件的尺寸收缩。塑件的尺寸收缩是指由于塑件的热胀冷缩以及塑件内部的物理化学变化等原因，导致塑件脱模冷却到室温后发生的尺寸缩小现象。因此，在设计模具的成型零部件时，必须考虑通过对它进行补偿，避免塑件尺寸出现超差。

② 塑件的后收缩。塑件的后收缩是指塑件成型时，因其内部物理、化学及力学变化等因素产生一系列应力，塑件成型固化后存在残余应力，塑件脱模后，因各种残余应力的作用，将会使塑件尺寸产生再次缩小的现象。通常，塑件脱模后 10h 内后收缩较大，24h 后基本定型，但要达到最终定型，则需要很长时间。一般来说，热塑性塑料的后收缩大于热固性塑料，注塑和压注成型的塑件的后收缩大于压缩成型塑件。

为稳定塑件成型后的尺寸，有时根据塑料的性能及工艺要求，塑件在成型后需进行热处理，热处理也会导致塑件的尺寸发生收缩，称为后处理收缩。因此，在设计高精度塑件的模具时，应补偿后收缩和后处理收缩产生的误差。

③ 塑件收缩的方向性。塑料在成型过程中，高分子沿流动方向的取向效应会导致塑件的各向异性，塑件的收缩必然会因方向的不同而不同。通常沿料流的方向收缩大、强度高；而与料流垂直的方向收缩小、强度低。同时，由于塑件各个部位添加剂分布不均匀，密度不均匀，故收缩也不均匀，导致塑件收缩产生收缩差，容易造成塑件翘曲、变形以致开裂。

知识拓展

塑件成型收缩率分为实际收缩率与计算收缩率：实际收缩率表示模具或塑件在成型温度的尺寸与塑件在常温下的尺寸之间的差别，计算收缩率则表示在常温下模具的尺寸与塑件的尺寸之间的差别。计算公式如下：

$$S' = \frac{L_c - L_s}{L_s} \times 100\% \qquad (1-1)$$

$$S = \frac{L_m - L_s}{L_s} \times 100\% \qquad (1-2)$$

式中　S'——实际收缩率；

S——计算收缩率；

L_c——塑件或模具在成型温度时的尺寸；

L_s——塑件在常温时的尺寸；

L_m——模具在常温时的尺寸。

因实际收缩率与计算收缩率数值相差很小，所以在普通中、小模具设计时，常采用计算收缩率来计算型腔及型芯等的尺寸。而在大型、精密模具设计时，一般采用实际收缩率来计算型腔及型芯等的尺寸。

经验总结

在实际成型时，不仅塑料品种不同，其收缩率不同，而且同一品种塑料的不同批号，或同一塑件的不同部位，其收缩率也常不同。影响收缩率变化的主要因素有 4 个方面。

① 塑料的品种。各种塑料都有其各自的收缩率范围，但即使是同一种塑料，由于相对分子质量、填料及配比等不同，则其收缩率及各向异性也各不相同。

② 塑件的结构。塑件的形状、尺寸、壁厚、有无嵌件、嵌件数量及布局等，对收缩率值有很大影响。一般来说，塑件壁厚越大，收缩率越大，形状复杂的塑件的收缩率小于形状简单的塑件，有嵌件的塑件因嵌件阻碍和激冷，其收缩率减小。

③ 模具的结构。塑模的分型面、加压方向及浇注系统的结构形式、布局及尺寸等直接影响料流方向、密度分布、保压补缩作用及成型时间，对收缩率及方向性影响很大，尤其是挤出和注塑成型更为突出。

④ 成型工艺条件。模具的温度、注射压力、保压时间等成型工艺条件对塑件收缩均有较大影响。模具温度高，则熔料冷却慢，密度高，收缩大，尤其是对于结晶塑料，

因其体积变化大，收缩更大；模具温度分布是否均匀也直接影响塑件各部分收缩量的大小和方向。注射压力高，熔料黏度差小，脱模后弹性恢复大，收缩减小。保压时间长，则收缩小，但方向性明显。

由于收缩率不是一个固定值，而是在一定范围内波动，收缩率的变化将引起塑件尺寸变化，因此，在模具设计时应根据塑料的收缩范围、塑件壁厚、形状、进料口形式、尺寸、位置成型因素等综合考虑确定塑件各部位的收缩率。对精度高的塑件，应选取收缩率波动范围小的塑料，并留有修模余地，试模后逐步修正模具，以达到塑件尺寸、精度要求。

（2）流动性

在成型过程中，塑料熔体在一定的温度、压力下充填模具型腔的能力称为塑料的流动性。塑料流动性的好坏，在很大程度上直接影响成型工艺的参数，如成型温度、压力、成型周期、模具浇注系统的尺寸及其他结构参数。因此，在决定塑件大小和壁厚时，也要考虑流动性的影响。

流动性的大小与塑料的分子结构有关，例如具有线型分子而没有或很少有交联结构的树脂流动性大。塑料中加入填料，会降低塑料（树脂）的流动性；而加入增塑剂或润滑剂，则可增加塑料的流动性。塑件合理的结构设计也可以改善流动性，例如在流道和塑件的拐角处，采用圆角结构时，改善了塑料的流动性。

塑料的流动性对塑件质量、模具设计以及成型工艺影响很大：流动性差的塑料，不容易充满型腔，易产生缺料或熔接痕等缺陷，因此需要较大的成型压力才能成型。相反，流动性好的塑料，可以用较小的成型压力充满型腔，但流动性太好，会在成型时产生严重的溢料飞边。因此，在塑件成型过程中，选用塑件材料时，应根据塑件的结构、尺寸及成型方法选择适当流动性的塑料，以获得满意的塑件。此外，模具设计时应根据塑料流动性来考虑分型面和浇注系统及进料方向，选择成型温度时也应考虑塑料的流动性。

📚 **经验总结**

按照注塑成型机模具设计要求，热塑性塑料的流动性可分为3类。

① 流动性好的塑料。如聚酰胺、聚乙烯、聚苯乙烯、聚丙烯、醋酸纤维素和聚甲基戊烯等。

② 流动性中等的塑料。如改性聚苯乙烯、ABS、AS、聚甲基丙烯酸甲酯、聚甲醛和氯化聚醚等。

③ 流动性差的塑料。如聚碳酸酯、硬聚氯乙烯、聚苯醚、聚砜、聚芳砜和氟树脂等。

影响塑料流动性的因素主要有以下几点。

① 塑料温度。料温高，则塑料流动性增大，但料温对不同塑料的流动性影响各有差异，聚苯乙烯、聚丙烯、聚酰胺、聚甲基丙烯酸甲酯、ABS、AS、聚碳酸酯、醋酸纤维素等塑料流动性对温度变化的影响较大；而聚乙烯、聚甲醛的流动性受温度变化的影响较小。

② 注射压力。注射压力增大，则熔料受剪切作用大，流动性也增大，尤其是聚乙烯、聚甲醛十分敏感，但过高的压力会使塑件产生应力，并且会降低熔体黏度，形成溢边。

③ 模具结构。浇注系统的形式、尺寸、布置、型腔表面粗糙度、浇道截面厚度、

型腔形式、排气系统、冷却系统设计、熔料流动阻力等因素都直接影响熔料的流动性。

（3）热敏性

各种塑料的化学结构在热量作用下均有可能发生变化，某些热稳定性差的塑料，在料温高和受热时间长的情况下就会产生降解、分解、变色的特性，这种对热量的敏感程度称为塑料的热敏性。热敏性很强的塑料（即热稳定性很差的塑料）通常简称为热敏性塑料，如硬聚氯乙烯、聚三氟氯乙烯、聚甲醛等。这种塑料在成型过程中很容易在不太高的温度下发生热分解、热降解或在受热时间较长的情况下发生过热降解，从而影响塑件的性能和表面质量。

热敏性塑料熔体在发生热分解或热降解时，会产生各种分解物，有的分解物会对人体、模具和设备产生刺激、腐蚀或带有一定毒性；有的分解物会成为使该塑料加速分解的催化剂，如聚氯乙烯分解产生氯化氢，能起到进一步加剧高分子分解的作用。

为了避免热敏性塑料在加工成型过程中发生热分解现象，在模具设计、选择注塑机及成型时，可在塑料中加入热稳定剂；也可采用合适的设备（螺杆式注塑机），严格控制成型温度、模温、加热时间、螺杆转速及背压等；及时清除分解产物，设备和模具应采取防腐等措施。

（4）水敏性

塑料的水敏性是指塑料在高温、高压下对水降解的敏感性。如聚碳酸酯即是典型的水敏性塑料，即使含有少量水分，在高温、高压下也会发生分解。因此，水敏性塑料成型前，必须严格控制水分含量，进行干燥处理。

（5）吸湿性

吸湿性是指塑料对水分的亲疏程度。因此塑料大致可分为两类：一类是具有吸水或黏附水分性能的塑料，如聚酰胺、聚碳酸酯、聚砜、ABS 等；另一类是既不吸水也不易黏附水分的塑料，如聚乙烯、聚丙烯、聚甲醛等。

凡是具有吸水性倾向的塑料，如果在成型前没有去除水分，含量超过一定限度，那么在成型加工时，水分将会变为气体，并促使塑料发生分解，导致塑料起泡和流动性降低，造成成型困难，而且使塑件的表面质量和力学性能降低。因此，为保证成型的顺利进行和塑件的质量，对吸水性和黏附水分倾向大的塑料，在成型前必须除去水分，进行干燥处理，必要时还应在注塑机的料斗内设置红外线加热。

（6）相容性

相容性是指两种或两种以上不同品种的塑料，在熔融状态下不产生相分离现象的能力。

如果两种塑料不相容，则混熔时制件会出现分层、脱皮等表面缺陷。不同塑料的相容性与其分子结构有一定关系：分子结构相似者较易相容，例如高压聚乙烯、低压聚乙烯、聚丙烯彼此之间的混熔等；分子结构不同时较难相容，例如聚乙烯和聚苯乙烯之间的混熔。塑料的相容性俗称共混性。通过塑料的这一性质，可以得到类似共聚物的综合性能，是改进塑料性能的重要途径之一。

1.2　塑料受热时的状态

塑料的物理、力学性能与温度密切相关，温度变化时，塑料的特性会发生变化，呈现出不同的物理状态，表现出分阶段的力学性能特点。塑料在受热时的物理状态和力学性能对塑料的成型加工有着非常重要的意义。

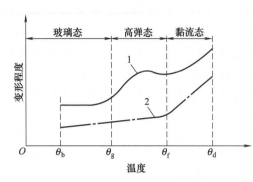

图 1-1　热塑性塑料的热力学曲线
1—非结晶型塑料；2—结晶型塑料

受到塑料的主要成分为高分子聚合物的影响，塑料在受热时常存在的物理状态为玻璃态（结晶聚合物亦称结晶态）、高弹态和黏流态。热塑性塑料在受热时的变形程度与温度关系的曲线称为热力学曲线，如图 1-1 所示。

（1）玻璃态

塑料处于温度 θ_g 以下时，属于坚硬的固体，是大多数塑件的使用状态。θ_g 称为玻璃化温度，它是多数塑料使用温度的上限。θ_b 是聚合物的脆化温度，在低于 θ_b 的情况下，塑料容易发生断裂破坏，它是塑料使用的温度下限。

处于玻璃态的塑料一般不适合进行大变形的加工，但可以进行诸如车、铣、钻等切削加工。

（2）高弹态

当塑料受热温度超过 θ_g 时，塑料出现橡胶状态的弹性体，称为高弹态。处于这一状态下的塑料，其塑性变形能力大大增强，形变可逆，可进行真空成型、中空成型、弯曲成型和压延成型等。由于此时的变形是可逆的，为了使塑件定型，成型后应立即把塑件冷却到 θ_g 以下的温度。

（3）黏流态

当塑料受热温度超过 θ_f 时，塑料出现明显的流动状态，塑料变成黏流的液体，通常称为熔体。塑料在这种状态下的变形不再具有可逆性，一经成型和冷却后，其形状永远保持下来。θ_f 称为黏流化温度，是聚合物从高弹态转变为黏流态（或黏流态转变为高弹态）的临界温度。

当塑料继续加热，温度至 θ_d 时，塑料开始分解变色，塑料的性能迅速恶化，θ_d 称为热分解温度，是聚合物在高温下开始分解的临界温度。所以，θ_f 和 θ_d 是塑料成型加工的重要参考温度，$\theta_f \sim \theta_d$ 的范围越宽，塑料成型加工时的工艺就越容易调整。

1.3　塑料的改性

由于塑料的基础成分中合成树脂本身力学性能不足，同时在合成新材料方面可能存在技术上的困难或投资过大，因此，工业上一般通过对塑料进行改性，以实现投资少、品种多的要求。

对塑料进行改性的目的不一，常用的有提高塑料的稳定、阻燃、消烟、着色等性能，提高力学性能，提高热力学性能，提高成型加工性能等。

① 增强。将玻璃纤维等与塑料共混，以增加塑料的机械强度。

② 填充。将矿物等填充物与塑料共混，使塑料的收缩率、硬度、强度等性质得到改变。

③ 增韧。通过给普通塑料加入增韧剂共混以提高塑料的韧性，可增韧改性后的产品（如铁轨垫片）。

④ 阻燃。给普通塑料中的树脂里面添加阻燃剂，即可使塑料具有阻燃特性，阻燃剂可以是一种（磷系、氮系、硅系）或几种阻燃剂的复合体系（如溴＋锑系）以及其他无机阻燃体系。

⑤ 耐寒。增加塑料在低温下的强度和韧性。一般来说，塑料在低温下固有的低温脆性，使得其在低温环境中应用受限，需要添加一些耐低温增韧剂，以改变其在低温下的脆性，例如汽车保险杠等塑件要求耐寒。

塑料经不同的工艺改性后，其性能亦发生较大的变化，常见改性剂对塑料性能的影响如表 1-1 所示。

表 1-1　常见改性剂对塑料性能的影响

项目	流动性	耐热性	拉伸强度	弯曲模量	冲击强度	收缩率	硬度	外观	加工性能
玻纤	↓	↑	↑	↑	↓	↓	↑	变差	变差、翘曲变形
滑石粉	↑	↑	↑	↑	↓	↓		变差	高填充有影响
阻燃剂	↓	↓	↓	↓	↓	变化不大	—	变差	易分解变色
增韧剂	不一定	↓	↓	↓	↑	不一定	↓	不一定	流动性变差
硫酸钡	变化不大	↑	变化不大	↑	↓	变化不大	↑	变好	高填充有影响
合金化	不一定,视材料而定								一般流动性变好
着色	一般无影响,极个别材料有影响					不变	不变	美观	色差

工业上，常见塑料的改性方法及改性后的效果如表 1-2 所示。

表 1-2　常见塑料的改性方法及改性后的效果

名称	改性方法	收缩率 /(1/1000)	HDT/℃	流动性 /(g/10min)	主要特点
PP （聚丙烯）	＋T10-40％	7～14	100～130	2～40	①改性 PP 的收缩率波动较大，为 5%～20% ②易加工、流动性好（180～230℃） ③阻燃 PP 对加工温度有限定（≤210℃） ④力学性能一般（与工程塑料相比）
	＋碳酸钙	12～18			
	＋硫酸钡	10～16			
	＋玻纤增强	5	150	一般	
	阻燃 PP	11～16	—	—	
PS （聚苯乙烯）	＋阻燃	4～6 (2～5)	80～90	一般	①加工性一般 ②阻燃类加工温度有严格要求 ③耐热性一般,不及 PP 类
ABS	＋阻燃				
PBT	＋玻纤/阻燃	11～14 （纵向:2～4 横向:9～12）	58 (210)	差	①属于难加工类;对注塑工艺要求严格,加工前一般需要进行干燥

名称	改性方法	收缩率 /(1/1000)	HDT/℃	流动性 /(g/10min)	主要特点
PA6 (尼龙6)	＋玻纤/阻燃	12～16 (纵向:2～4 横向:9～12)	70～80(210)	差	②加工温度较高(250～300℃以上) ③阻燃类加工温度有严格要求 ④力学性能很好的结构件 ⑤耐热性较好
	＋POE:合金		100(240)		
PC (聚碳酸酯)	＋玻纤/阻燃	5～7 (2～5)	135(150)		
	＋ABS,即 PC/ABS合金				

1.4　塑料的检测

　　熔融指数是反映塑料熔体流动性能的指标,可以用MI或MFR来表示,前者是英文"Melt Index"(熔体流动指数)的缩写,后者是"Melt Flow Rate"(熔体流动速率)的缩写。此外,还可以用MVR(熔体体积流动速率,Melt Volume Rate)来测定和表示。

　　熔融指数(MI),也称熔体流动速率(MFR),其定义为:在规定条件下,一定时间内挤出的热塑性物料的量,即熔体每10min通过标准口模毛细管的质量,单位为g/10min。熔体流动速率可表征热塑性塑料在熔融状态下的黏流特性,对保证热塑性塑料及其制品的质量,对调整生产工艺,都有重要的指导意义。

　　近年来,熔体流动速率仪从"质量"的概念上,又引申到"体积"的概念上,即增加了熔体体积流动速率。其定义为:熔体每10min通过标准口模毛细管的体积,用MVR表示,单位为cm³/10min。从体积的角度出发,对表征热塑性塑料在熔融状态下的黏流特性,以及调整生产工艺,又提供了一个科学的指导参数。对于原先的熔体流动速率,则明确地称其为熔体质量流动速率,仍记为MFR。

　　熔体质量流动速率与熔体体积流动速率已在最近的ISO标准中明确提出,我国的标准也将作相应修订,而在进出口业务中,熔体体积流动速率的测定也将很快得到应用。

　　塑料熔融指数MI(MFR)的测试装置如图1-2所示,具体的试验方法:在规定的温度与荷重下,测定熔融状态下的塑料材料在10min内通过某规定模孔的流量,即:

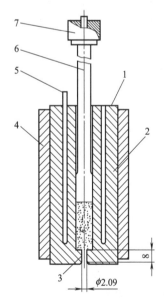

图1-2　熔体流动速率测试仪
1—热电偶测温管;2—料筒;
3—出料孔;4—保温层;
5—加热棒;6—柱塞;
7—砝码(砝码加柱塞
共重2160g)

$$MI = \frac{测定量(g)}{测定时间(s)} \times 6000(g/10min) \qquad (1-3)$$

　　MI越大,表示塑料的流动性越好。

　　试验要求:含有挥发性物质及水分的塑料粒必须进行预干燥,否则会引起重复性差和材料的降解。同时,应注意熔体流动速率与测试样品存在如表1-3所示的关系。

表 1-3 熔体流动速率与测试样品的关系

熔流范围/(g/10min)	建议样品用量/g	时间间隔/min	实测 MI/(g/10min)
0.15～<1.0	2.5～3.0	6.0	1.67
1.0～<3.5	3.0～5.0	3.0	3.33
3.5～<10	5.0～8.0	1.0	10.00
10～<25	4.0～8.0	0.5	20.00
25～<50	4.0～8.0	0.5	40.00

📖 经验总结

在工业生产实际中，为了快速、低成本地辨别出塑料的种类，往往采用燃烧法，常用塑料在燃烧时的特点如表 1-4 所示。

表 1-4 常用塑料在燃烧时的特点

塑料代号	塑料名称	燃烧难易程度	离火后是否熄灭	火焰状态		塑料变化状态	气味
CN	硝化纤维素	极易	继续燃烧		—	迅速燃烧完	—
	聚酯树脂		继续燃烧		黑烟	微微膨胀，有时开裂	苯乙烯气味
ABS	ABS			黄色		软化，烧焦	特殊
AS	SAN(AS)				浓黑烟	软化，起泡，比聚苯乙烯易燃	特殊聚丙烯氰味
CA	醋酸纤维				黑烟		特殊气味
EC	乙基纤维素				上端蓝色		
PE	聚乙烯	容易	继续燃烧	上端黄色，下端蓝色	—	熔融滴落	石蜡燃烧味
POM	聚甲醛						强烈刺激甲醛鱼腥味
PP	聚丙烯						石油味
	醋酸丁酸纤维素			暗黄色	有少量黑烟	熔融滴落燃烧	丁酸味
	醋酸丙酸纤维素						丙酸味
	聚醋酸乙烯					软化	醋酸味
PETP	聚对苯二酸乙二醇酯			橘黄色	黑烟	起泡，伴有"噼啪"碎裂声	刺激性芳香味
	聚乙烯醇缩丁醛				黑烟	熔融滴落	特殊气味
PMMA	有机玻璃			浅蓝色，顶端白色		熔融，起泡	强烈腐烂花果蔬菜臭味
PS	聚苯乙烯			橙黄色，浓黑烟，炭飞扬		软化，起泡	特殊苯乙烯单体味
PF	酚醛(木粉)	缓慢燃烧	自熄	黄色	—	膨胀，开裂	木材和苯酚味
	酚醛(布基)		继续燃烧		少量黑烟		布和苯酚味
	酚醛(纸基)						纸和苯酚味
PC	聚碳酸酯		缓慢自熄		黑烟，炭飞扬	熔融，起泡	强烈腐烂花果臭味
PA	尼龙 NYLON(PA)			蓝色，上端黄色		熔融滴落，起泡	羊毛、指甲烧焦味
UF	脲醛树脂		自熄	黄色，顶端淡蓝色		膨胀，开裂，燃烧处变白色	特殊气味，甲醛味
	三聚氰胺树脂			淡黄色			
PSU	聚苯砜		缓慢自熄	黄色，浓黑烟		熔融	略有橡胶燃烧味
CP	氯化聚醚	难		飞溅，上端黄色，底部蓝色，浓黑烟		熔融，不增长	特殊
PPO	聚苯醚		熄灭	浓黑烟		熔融	腐烂花果臭
PSF	聚砜			黄褐色烟			略有橡胶燃烧味
MF	蜜胺树脂			淡黄色		膨胀，开裂，白化	尿素味、氨味、甲醛味

续表

塑料代号	塑料名称	燃烧难易程度	离火后是否熄灭	火焰状态	塑料变化状态	气味
PVC	聚氯乙烯	难	离火即灭	黄色,下端绿色白烟	软化	刺激性酸味
	氯乙烯-醋酸乙烯共聚物			暗褐色		特殊气味
PVDC	聚偏氯乙烯	很难		黄色,端部绿色		
F3	聚三氟氯乙烯	不燃	—	—	—	—
F4	聚四氟乙烯					

1.5　注塑成型的原理

注塑成型的基本设备是注塑机和注塑模具,图1-3所示为螺杆式注塑机注塑成型原理。其原理是,首先将粒状或粉状的塑料加入注射机料筒,经加热熔融后,出注塑机的螺杆高压高速推动熔融的塑料通过料筒前端喷嘴,快速射入已经闭合的模具型腔 [图1-3 (a)];然

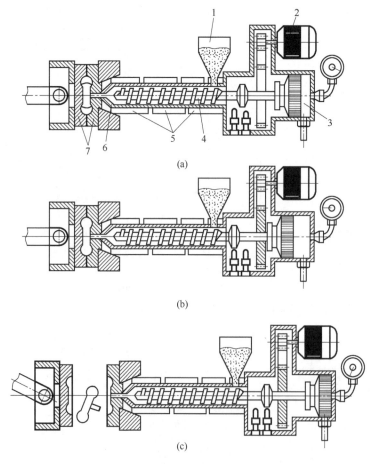

(a)

(b)

(c)

图1-3　螺杆式注射机注塑成型原理

1—料斗；2—螺杆转动传动装置；3—注射液压缸；4—螺杆；5—加热器；6—喷嘴；7—模具

后，充满型腔的熔体在受压情况下，经冷却固化而保持型腔所赋予的形状［图 1-3（b）］；最后打开模具，取出制品［图 1-3（c）］。

1.6　塑料在注塑过程中的变化

塑料原料在注塑过程中，依次会发生软化、熔融、流动、赋形及固化等物理和化学变化，如图 1-4 所示。

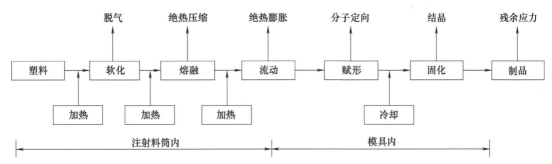

图 1-4　塑料在注塑成型过程中的物理和化学变化

（1）软化和熔融

图 1-5 所示为注塑机料筒及螺杆结构，因料筒外部设有圆形加热器，在螺杆的转动下，塑料一边前进一边熔融，最后经喷嘴被注射到模具内。

在这个过程中，塑料将发生如下变化：首先，塑料从送料段（L_1）进入压缩段（L_2）时，因螺杆槽体积变小而被压缩并发生脱气，在进入计量段（L_3）前，塑料温度已达到熔融温度而成为熔融体。为了保证制品的质量，塑料就须充分脱气后再熔融，否则，塑料如果在进入压缩段就已经熔融，其脱气效果将受到很大影响。

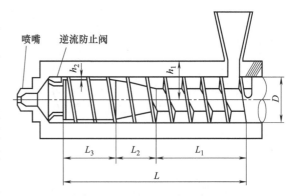

图 1-5　注塑机料筒和螺杆结构
L_1—送料段；L_2—压缩段；L_3—计量段；
h_1/h_2—压缩比；D—螺杆直径

计量段（L_3）也称混炼段，由于螺杆槽深 h_2 更小，塑料将在螺杆旋转过程中受到较强的剪切力的混炼，因而熔融变得更加完全。

下列 3 个有关螺杆的数值，将影响塑料的脱气和熔融的程度。

① 螺杆的有效长度和直径比（长径比）：$L/D=22\sim25$。

② 螺杆的压缩比：$h_1/h_2=2.0\sim3.0$（一般为 2.5）。

③ 螺杆的压缩部分相对长度比：$L_1/L_2=40\%\sim60\%$。

这 3 个值越大，材料的熔融也就越彻底；螺杆旋转时，熔融的塑料将被输送至螺杆的前端，与此同时，塑料产生的反压力又将使螺杆后退至某一个位置而完成计量过程，然后螺杆将在机械力的作用下前进，将熔融的塑料注射到模具中去。在塑料被射入模具前的瞬间内，其熔体将受到急剧的压缩（称为绝热压缩），有时熔体会因此而发生结晶，使喷嘴口变窄（结晶化较完全，由于其熔点上升而发生固化）。普通螺杆的主要参数如表 1-5 所示。

表 1-5 普通螺杆的主要参数

直径 /mm	加料段螺纹深度 /mm	均化段螺纹深度 /mm	压缩比	螺杆与料筒间隙 /mm
30	4.3	2.1	2：1	0.15
40	5.4	2.6	2.1：1	0.15
60	7.5	3.4	2.2：1	0.15
80	9.1	3.8	2.4：1	0.20
100	10.7	4.3	2.5：1	0.20
120	12	4.8	2.5：1	0.25
>120	最大14	最大5.6	最大3：1	0.25

（2）流动

熔体在高压高速下被注射入模具时，往往会发生两种现象：一是在料筒中，处于受压状态的熔融塑料会因突然减压而膨胀，这种急剧的膨胀（称为绝热膨胀）将引起熔融塑料本身的温度下降（其原理和冷冻机的绝热膨胀相同）。有实例表明，聚碳酸酯的这种温度降可达 50℃，聚甲醛塑料的温度可达 30℃。熔融塑料进入模具并接触到冷壁面时，也将产生急剧的温度下降。二是熔融塑料的大分子将顺着其流动方向发生取向，图 1-6 描述的就是这种现象。

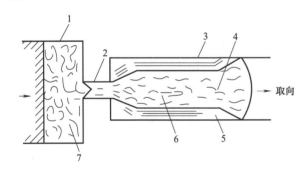

图 1-6 注塑时塑料流动引起的分子取向（定向作用）

1—注塑机；2—树脂注入模具（实际上由主流道、浇口组成）；

3—模具（型腔内部）；4—中心处流速较快的部分；

5—沿模腔壁面而流速极慢的部分；

6—同取向而拉伸展开的树脂分子；7—缠绕在一起的树脂分子

从图 1-6 中可知，熔体在模腔的壁面附近流动极慢，而在模腔的中心部分流动较快，塑料的分子在流动较快的区域中被拉伸和取向。塑料在这种状态下经冷却固化成为制品后，由于和流动的平行方向及垂直方向产生收缩率之差，往往会造成制品的变形和翘曲。

（3）赋形和固化

熔融塑料在注射时，经喷嘴进入模具中被赋予形状，并经冷却和固化而成为制品，但熔融塑料被充填到模具中的时间实际上只有数秒，要想观察其充填过程是非常困难的。

美国人斯迪文森采用计算机模拟的方法，描绘了有两个浇口的热流道模具成型聚丙烯汽车门时的充填过程，并以此计算出注射时间（即充填时间）、熔接线及所需锁模力等，图 1-7 描述了其模拟所得的模型。

从图 1-7 中熔体的流动充填状态看，和人们的想象相差不是很大，较正确地反映了汽车车门的实际充填过程。

目前，对注射过程的流动模拟已经有了很多种方法（如 FAN 法、CAIM 模拟系统、Mold Flow 模拟系统等），人们往往采用这些模拟方法来预测熔融塑料在模具中的充填过程，以期进行更合理的模具设计，选择浇口位置或形式。

熔融塑料被赋形后就进入固化过程，在固化过程中发生的主要现象是收缩，固化时因冷却引起的收缩和因结晶化而引起的收缩同时进行。图 1-8 所示为不同温度下聚乙烯（PE）

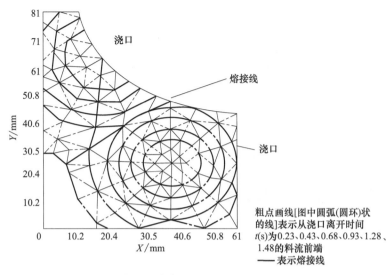

图 1-7 塑件（汽车车门）注塑时料流前端即熔接线

的密度变化，表示 3 种不同结晶性的聚乙烯在温度下降时的收缩情况。

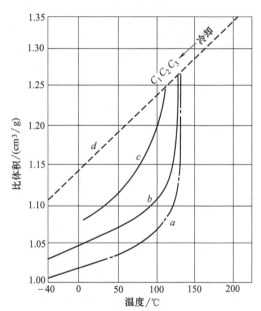

图 1-8 不同温度下聚乙烯（PE）的密度变化

a—相对密度为 0.9645 的 PE；b—相对密度为 0.95 的 PE；c—相对密度为 0.918 的 PE；
d—冷却速度线；C_1，C_2，C_3—三者的冷却速度相同

1.7　注塑成型的工艺流程

　　注塑成型的工艺流程主要包括塑化—合模—高压锁模—注射—保压—冷却定型—开模取出制品等，如图 1-9 所示。上述流程循环反复进行，如图 1-10 所示，注塑生产可以连续进行。

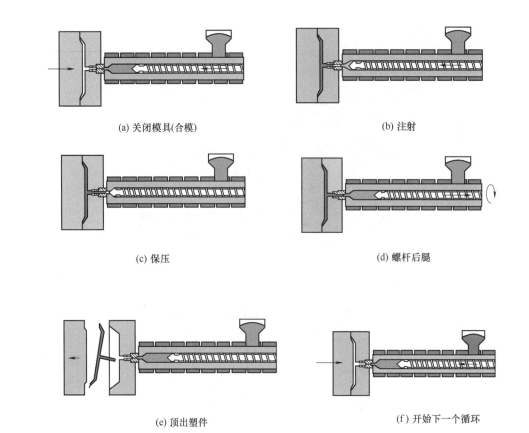

(a) 关闭模具(合模)　　　　　　　　　(b) 注射

(c) 保压　　　　　　　　　　　　　(d) 螺杆后腿

(e) 顶出塑件　　　　　　　　　　　(f) 开始下一个循环

图 1-9　注塑成型的工艺流程

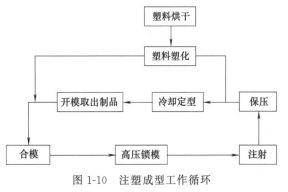

图 1-10　注塑成型工作循环

上述工艺过程中，主要包括以下环节。

（1）塑料塑化

塑化与流动是注塑成型前的准备过程，对它的主要要求有：加热塑料达到规定的温度；温度、组分应均匀一致，并能在规定的时间内提供足够数量的熔融塑料；塑料分解物控制在最低限度。

塑化螺杆在预塑时，一边后退一边旋转，把塑料熔体从螺杆后段向前段挤出，使之集聚在螺杆头部的空间里，形成熔体计量室，并建立起熔体压力，此压力称为预塑背压。螺杆旋转时，正是在背压的作用下克服系统阻力才后退的，后退到螺杆所控制的计量行程为止，这个过程叫做塑化过程。

塑料从料筒加料口到喷嘴的过程中，由于热历程不同，物料也有 3 种聚集态：入口处为玻璃态，喷嘴及计量室处为黏流态，中间为高弹态。与之相对应的螺杆也分为固体输送段、均化段和压缩段。物料在螺槽中的吸热取决于传热过程，在此过程中，螺杆的转速起着重要作用，物料的热能来源主要是机械能转换和料筒的外部加热。采用不同背压和螺杆转数可改善塑化质量。

（2）熔体充填

塑料在注塑机料筒内加热、塑化达到流动状态后，螺杆将熔体经浇注系统注入模具的型腔，该过程称为熔体充填过程。

充填是整个注射过程关键步骤，时间从模具闭合开始时算起，到模具型腔充填到大约95％为止。理论上，充填时间越短，生产效率越高，但是实际中，成型时间或注塑速度要受到很多条件的制约。

高速充填：高速充填时剪切率较高，塑料由于剪切变稀的作用而存在黏度下降的情形，使整体流动阻力降低；局部的黏滞加热影响也会使固化层厚度变薄。因此在流动控制阶段，充填行为往往取决于待充填的体积大小。即在流动控制阶段，由于高速充填，熔体的剪切变稀效果往往很明显，而薄壁的冷却作用并不明显，于是速率的效用占了上风。

低速充填：热传导控制低速充填时，剪切率较低，局部黏度较高，流动阻力较大。由于热塑料补充速率较慢，流动较为缓慢，使热传导效应较为明显，热量迅速为冷模壁带走。加上较少量的黏滞加热现象，固化层厚度较厚，又进一步增加壁部较薄处的流动阻力。

（3）保压

保压阶段的作用是螺杆对塑料熔体持续施加压力，压实熔体，增加塑料密度，以补偿塑料的收缩行为。在保压过程中，由于模腔中已经填满塑料熔体，因此背压较高。在保压压实过程中，注塑机螺杆仅能慢慢地向前做微小移动，塑料的流动速度也较为缓慢，这时的流动称作保压流动。由于在保压阶段，塑料熔体受模腔壁体的冷却而固化加快，熔体黏度增加也很快，因此模具型腔内的阻力很大。在保压的后期，塑料熔体密度持续增大，塑件也逐渐成型，保压阶段要一直持续到浇口固化封口为止，此时保压阶段的模腔压力达到最高值。

在保压阶段，由于压力相当高，塑料呈现部分可压缩特性。在压力较高区域，塑料较为密实，密度较高；在压力较低区域，塑料较为疏松，密度较低，因此造成密度分布随位置及时间而发生变化。保压过程中塑料流速极低，流动不再起主导作用；压力成为影响保压过程的主要因素。保压过程中塑料已经充满模腔，此时逐渐固化的熔体作为传递压力的介质。模腔中的压力借助塑料传递至模腔壁表面，有撑开模具的趋势，因此需要足够的锁模力进行锁模。胀模力在正常情形下会微微将模具撑开，对于模具的排气具有帮助作用；但胀模力过大，易造成成型品飞边、溢料，甚至撑开模具。因此在选择注塑机时，应选择具有足够大锁模力的注塑机，以防止胀模现象并能有效进行保压。

（4）冷却定型

在注塑成型模具中，冷却系统的设计非常重要。这是因为成型塑料制品只有冷却固化到一定刚性，脱模后才能避免塑料制品因受到外力而产生变形。由于冷却时间占整个成型周期70％～80％，因此设计良好的冷却系统可以大幅缩短成型时间，提高注塑生产率，降低成本。设计不当的冷却系统会使成型时间拉长，增加成本；冷却不均匀更会进一步造成塑料制品的翘曲变形。

根据试验，由熔体进入模具的热量大体分两部分散发：一部分（约5％）经辐射、对流传递到大气中；其余95％从熔体传导到模具。塑料制品在模具中由于冷却水管的作用，热量由模腔中的塑料通过热传导经模架传至冷却水管，再通过热对流被冷却液带走。少数未被冷却水带走的热量则继续在模具中传导，直至接触外界后散溢于空气中。

注塑成型的成型周期由合模时间、熔体充填时间、保压时间、冷却时间及脱模时间等组成。其中以冷却时间所占比重最大（占70％～80％）。因此冷却时间将直接影响塑料制品成型周期长短及产量大小。脱模阶段塑料制品温度应冷却至低于塑料制品的热变形温度，以防止塑料制品因残余应力导致的松弛现象或脱模外力所造成的翘曲及变形。

（5）塑件脱模

塑件脱模是注塑成型循环中的最后一个环节，即利用人工或机械的方式，将塑料件从模具上脱出。虽然塑件已经冷固成型，但脱模还是对塑件的质量有很重要的影响，脱模方式不当，可能会导致塑件在脱模时受力不均，顶出时引起塑件翘曲、变形等缺陷。脱模的方式主要有两种：顶杆脱模和脱料板脱模。设计模具时要根据制品的结构特点选择合适的脱模方式，以保证塑件质量。

第 2 章

注塑成型的工艺技术

2.1 注塑成型的工艺参数

2.1.1 注射压力

注射压力是为了克服熔体在流动过程中的阻力。流动过程中存在的阻力需要用注塑机的压力来抵消，给予熔体一定的充填速度及对熔体进行压实、补缩，以保证充填过程顺利进行。

图 2-1 所示为注射压力形成与消耗曲线，在注塑过程中，注塑机喷嘴处的压力最高，以克服熔体全程中的流动阻力；其后，注射压力随着流动长度向熔体最前端逐步降低，如果模腔内部排气良好，则熔体前端最后的压力就是大气压。

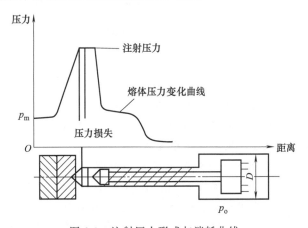

图 2-1　注射压力形成与消耗曲线

图 2-2 所示为熔体压力在其流动路径上的分布，随着流动长度的增加，沿途需要克服的阻力也增加，注射压力也随着增大。为了维持恒定的压力梯度，以保证熔体充填速度的均一，必须随着流动长度的变化相应地增加注射压力，因而必须相应增加熔体入口处的压力。

2.1.2 保压压力

在注射过程将近结束时，注射压力切换为保压压力后，就会进入保压阶段。保压过程

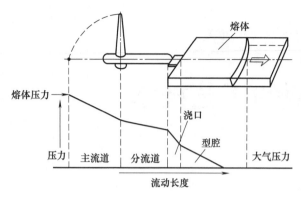

图 2-2 熔体压力在其流动路径上的分布

中，注塑机由喷嘴向型腔补料，以填充由于制件收缩而空出的容积；如果型腔充满后不进行保压，制件大约会收缩25％，特别是筋处，由于收缩过大而形成收缩痕迹。保压压力一般为充填最大压力的85％，生产过程中要根据实际情况来确定。

如图2-3所示为保压过程控制，1表示注射开始；2表示熔体进入型腔；3表示填充过程中发生了保压切换位置；4表示型腔已经充满；5表示填充过程进入补塑阶段；6表示补塑结束、冷却开始。后填充阶段包含保压和冷却两个过程。

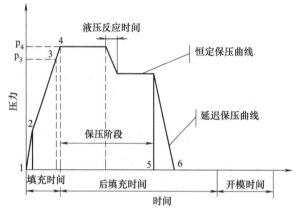

图 2-3 保压过程控制

🔍 **特别注意**

经验表明，保压时间过长或过短都对成型不利。保压时间过长，会使得保压不均匀，塑件内部应力增大，塑件容易变形，严重时会发生应力开裂；保压时间过短，则保压不充分，制件体积收缩严重，表面质量差。

保压曲线分为两部分：一部分是恒定压力的保压，需要2～3s，称为恒定保压曲线；另一部分是保压压力逐步减小释放，大约需要1s，称为延迟保压曲线，延迟保压曲线对于成型制件的影响非常明显。如果恒定保压曲线变长，制件体积收缩会减小；反之，则增大。如果延迟保压曲线斜率变大，延迟保压时间变短，制件体积收缩会变大；反之，则变小；如果延迟保压曲线分段且延长，制件体积收缩变小；反之，则变大。

📝 **知识拓展**

注塑填充过程中，当型腔快要充满时，螺杆的运动从流动速率控制转换到压力控制，这个转化点称为保压切换控制点。保压切换对于成型工艺的控制很重要，保压切换点以前熔体前进的速度和压力很大；保压切换点后，螺杆向前挤压推动熔体前进的压力较小。如果不进行保压切换，当型腔充满熔体时，压力会很大，造成注射压力陡增，所需锁模力也会变大，甚至会出现溢料（飞边）等一系列的缺陷。

注塑机中的保压切换一般都是按照注塑位置进行的，也就是说，当螺杆进行到某一位置即发生保压切换，保压切换的位置、时间和压力如图 2-4 所示。

图 2-5 所示为不同的保压设置得到的不同结果。其中：①是经过优化的设置，没有出现错误，可以期望得到高质量的零件；②的模腔压力出现尖峰，原因是 v-p 切换过迟（过度注射）；③是在压缩前压力下降，原因是 v-p 切换过早（充填失控，注塑件翘曲）；④是保压阶段中压力下降，导致压力保持时间过短，熔体回流，浇口附近出现凹痕；⑤是制品残余压力大，原因是模具刚度不够大，或是 v-p 切换太迟，注射阶段模具板发生变形，导致熔体凝固后，应力没有释放。

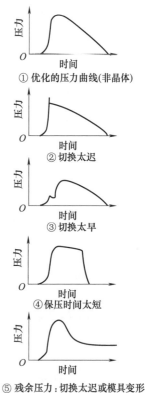

① 优化的压力曲线(非晶体)

② 切换太迟

③ 切换太早

④ 保压时间太短

⑤ 残余压力:切换太迟或模具变形

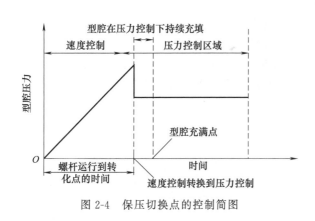

图 2-4　保压切换点的控制简图

图 2-5　不同的保压设置得到的不同结果

2.1.3　螺杆的背压

在塑料熔融、塑化过程中，熔体不断移向料筒前端（计量室内），且越来越多，逐渐形成一个压力，推动螺杆向后退。为了阻止螺杆后退过快，确保熔体均匀压实，需要给螺杆提供一个反方向的压力，这个反方向阻止螺杆后退的压力称为背压，如图 2-6 所示。

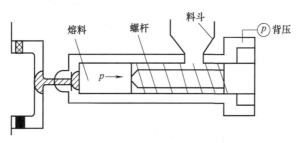

图 2-6　背压的形成原理

背压亦称塑化压力，它的控制是通过调节注射油缸的回油节流阀实现的。预塑化螺杆注射油缸后部都设有背压阀，调节螺杆旋转后退时注射油缸泄油的速度，使油缸保持一定的压力；全电动机的螺杆后移速度（阻力）是由 AC 伺服阀控制的。

🔍 **特别注意**

适当调校背压对注塑质量有很大的好处。在注塑成型过程中，适当调整背压的大小，可以获得如下好处。

① 能将料筒内的熔体压实，增加密度，提高注射量、制品重量和尺寸的稳定性。

② 可将熔体内的气体"挤出"，减少制品表面的气花、内部气泡，提高光泽均匀性。

③ 减慢螺杆后退速度，使料筒内的熔体充分塑化，增加色粉、色母与熔体的混合均匀度，避免制品出现混色现象。

④ 适当提升背压，可改善制品表面的缩水和产品周边的走胶情况。

⑤ 能提升熔体的温度，使熔体塑化质量提高，改善熔体充模时的流动性，制品表面无冷胶纹。

2.1.4 锁模力

锁模力是为了抵抗塑料熔体对模具的胀力而设定的，其大小根据注射压力等具体情况确定。但实际上，塑料熔体从注塑机的料筒喷嘴射出后，要经过模具的主流道、分流道、浇口进入模腔，途中的压力损失是很大的。注射压力和模具内压力如图 2-7 所示，图 2-7（a）为注射压力分布，图 2-7（b）表示注射压力在料筒至进入模具的整个过程中变化情况，从图 2-7（b）中注射压力变化曲线可知，到达模腔末端时，其压力将下降到仅相当于初始注射压力的 20%。

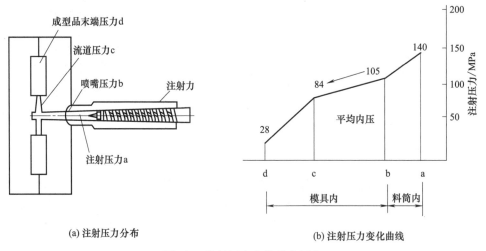

| (a) 注射压力分布 | (b) 注射压力变化曲线 |

图 2-7　注射压力和模具内压力

2.1.5 料筒温度

熔体温度必须控制在一定的范围内，温度太低，熔体塑化不良将影响成型件的质量，增加工艺难度；温度太高，原料容易分解。在实际的注塑成型过程中，熔体温度往往比料筒温度高，高出的数值与注塑速率和材料的性能有关，最高可达 30℃，这是由于熔体通过浇口时受到剪切而产生很高的热量造成的，注塑过程中熔体温度的变化如图 2-8 所示。

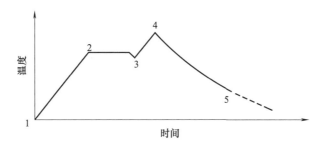

图 2-8　注塑过程中熔体温度的变化
1—料筒加热开始；2—螺杆塑化开始；3—熔体到达流道末端；
4—熔体通过浇口；5—充填结束

料筒温度是影响注射压力的重要因素，注塑机料筒一般有 5～6 个加热段，每种原料都有其合适的成型温度，具体的成型温度可以参阅供应商提供的数据，表 2-1 所示是常用塑料的成型温度。

表 2-1　常用塑料的成型温度

塑料类型	ABS	PP	PS	PC	POM	PVC
温度/℃	235	225	235	300	205	190

🔍 特别注意

　　注射温度（即喷嘴附近的温度）调整的大体原则，主要是根据塑料的基本情况来考虑。如具有活性原子团的聚合物（多为缩合物）的最佳注射温度离熔点较近，寻找和考察其最佳注射温度时，每次进行 2～3℃ 小幅度调节即可。而对于不具有活性原子团的聚合物，其最佳注射温度比熔点要高得多（50℃ 左右），而且考察其最佳注射温度，要进行 5～10℃ 较大幅度调节，如图 2-9 所示。

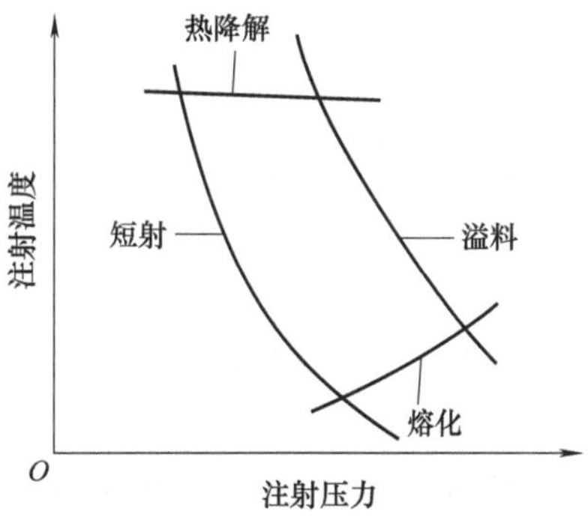

图 2-9　注射温度与注射压力的关系

2.1.6　模具温度

注塑成型时模具内不同位置的温度随时间分布情况如图 2-10 所示。为了保证制品的质量，对模具温度的设定也存在最佳温度，例如，制造对外观要求较高的 ABS 盒状制品时，可将模腔中制品的外表面侧（固定模板侧）温度设定为 50～65℃，而将内表面侧（动模板侧）的温度设定为低于外表面侧 10℃ 左右，此时得到的制品表面无缩痕，外观好。又如，如果模具温度较高，制品表面的转印性较好。特别是成型表面有花纹等制品时，就应注意适当提高模具温度。

📚 经验总结

　　对结晶性塑料而言，其结晶速度受冷却速度支配。如果提高模具温度，由于冷却慢，可以使其结晶速度变大，有利于提高和改善制品的尺寸精度和机械物性等。例如尼龙塑料、聚甲塑料、PBT 塑料等结晶性塑料，都因这样的缘由而需采用较高的模具温度。表 2-2 所示为常见热塑性塑料注塑成型时的模具温度。

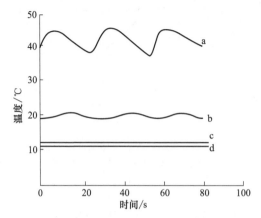

图 2-10 模具内不同位置的温度-时间曲线

a—模腔表面；b—冷却管路壁面；c—冷却管路出口；d—冷却管路进口

表 2-2 常见热塑性塑料注塑成型时的模具温度 ℃

塑料种类	模温	塑料种类	模温
HDPE	60～70	PA6	40～80
LDPE	35～55	PA610	20～60
PE	40～60	PA1010	40～80
PP	55～65	POM	90～120
PS	30～65	PC	90～120
PVC	30～60	氯化聚醚	80～110
PMMA	40～60	聚苯醚	110～150
ABS	50～80	聚砜	130～150
改性 PS	40～60	聚三氟氯乙烯	110～130

2.1.7 注射速率

注射速率是指螺杆前进将塑料熔体充填到模腔时的速率，一般用单位时间的注射质量（g/s）或螺杆前进的速率（m/s）表示，它和注射压力都是注射条件中的重要条件之一。注射速率不同，可能出现不同的效果，图 2-11 表示为低速和高速两种不同注射速率下充模时的料流情况。

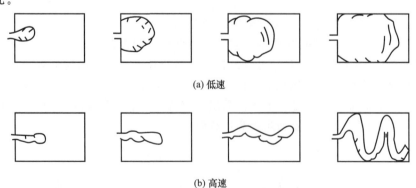

(a) 低速

(b) 高速

图 2-11 低速和高速两种不同注射速率下充模时的料流情况

低速注射时，料流速率慢，熔体从浇口开始渐向型腔远端流动，料流前呈球形，先进入型腔的熔体先冷却而流速减慢，接近型腔壁的部分冷却成高弹态的薄壳，而远离型腔壁的部分仍为黏流态的热流，继续延伸球状的流端，至完全充满型腔后，冷却壳的厚度加大而变硬。这种慢速充模由于熔体进入型腔进时间长，冷却使得黏度增大，流动阻力也增大，需要用较高注射压力充模。

2.1.8 注射量

注射量为制品在主流道和分流道等加在一起时的总质量，如果其值小于注塑机最大注射量，在理论上是可以成型的。但是，一般情况下，注射量应小于注塑机额定注射量的 85%。但实际使用的注射量如果太小，塑料会因在料筒中的滞留时间过长而产生热分解，为避免这种现象的发生，实际注射量应该在注塑机的额定注射量 30% 以上。因此，注射量最好设定在注塑机额定注射量的 30%～85%。

2.1.9 螺杆的射出位置

注射位置是注塑工艺中最重要的参数之一，注射位置一般是根据塑件和凝料（水口料）的总重量来确定的，有时要根据所用的塑料种类、模具结构、产品质量等合理设定积压段注射的位置。

知识拓展

大多数塑料制品的注塑成型，均采用 3 段以上的注射方式，注射器注射方式的要点包括设置不同的注射开始位置、螺杆切换位置、保压体积、剩余缓冲量、压力释放量等，如图 2-12 所示。

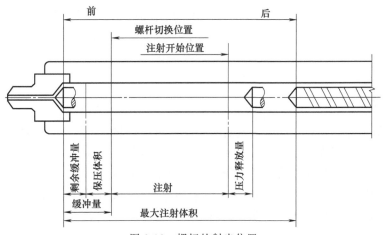

图 2-12　螺杆的射出位置

2.1.10 注射时间

注射时间就是施加压力于螺杆的时间，包含塑料的流动、模具充填、保压所需的时间，因此注射时间、注射速度和注射压力都是重要的成型条件。寻找正确的注射时间可以用外观设定方法和重量设定方法两种方法进行。

尽管注射时间很短，对于成型周期的影响也很小，但是注射时间的调整对于浇口、流道和型腔等压力控制有着很大作用。合理的注射时间有助于熔体实现理想充填，而且对于提高制品

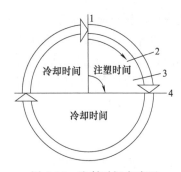

图 2-13 注射时间在成型
周期中所占的比例
1—注射循环开始；2—注射充填；
3—保压切换；4—型腔充满

的表面质量以及减小尺寸公差值均有着非常重要的意义。

> **知识拓展**
>
> 注射时间要远远低于冷却时间，一般为冷却时间的 1/15～1/10，这个规律可以作为预测塑件全部成型时间的依据，注射时间在成型周期中所占的比例如图 2-13 所示。

2.1.11 冷却时间

冷却过程基本是由注塑时开始而不是注塑完成后开始，而冷却时间的长短，其要求是在保证塑件顺利从模具取出的基础上，时间越短越好。一般冷却时间占周期时间的 70%～80%，如图 2-14 所示。

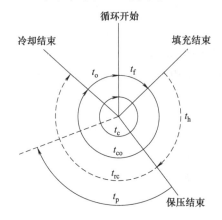

图 2-14　冷却循环时间

t_f—填充时间；t_h—保压时间；t_{rc}—剩余冷却时间；t_{co}—冷却时间；t_p—塑化时间；

t_o—模具开合时间；t_c—循环时间（$t_f + t_{co} + t_o$）

2.1.12 螺杆转速

螺杆转速影响注塑物料在螺杆中输送和塑化的热历程和剪切效应，是影响塑化能力、塑化质量和成型周期等因素的重要参数。随着螺杆转速的提高，塑化能力提高，熔体温度及熔体温度的均匀性提高，塑化作用有所下降（一般为 50～120r/min）。

对热敏性塑料（如 PVC、POM 等），也采用低螺杆转速，以防物料分解；对熔体黏度较高的塑料，则采用较低的螺杆转速。

2.1.13 防涎量（螺杆松退量）

防涎量是指螺杆计量（预塑）到位后，又直线地倒退一段距离，使计量室中熔体的空间增大，内压下降，防止熔体从计量室向外流出（通过喷嘴或间隙），这个后退动作称作防流涎，后退的距离称作防涎量或防流涎行程。防流涎还有另外一个目的，就是在喷嘴不退回进行预塑时，降低喷嘴流道系统的压力，减少内应力，并在开模时容易抽出主流道。防涎量的设置要视塑料的黏度和制品的情况而定，过大的防涎量会使计量室中的熔体夹杂气泡，严重影响制品质量，对黏度大的物料，可不设防涎量（一般为 2～3mm）。

2.1.14 残料量

螺杆注射结束之后，并不希望把螺杆头部的熔体全部注射出去，还希望留存一些，形成一个余料垫。这样，一方面可防止螺杆头部和喷嘴接触发生机械碰撞；另一方面可通过此余料垫控制注射量的重复精度，达到稳定注塑制品质量的目的（余料垫过小，达不到缓冲的目的；过大则会使余料累积过多），一般残料量为 5～10mm。

2.2 工艺参数的设定

2.2.1 设定工艺参数的一般流程与设置要点

在设定注塑工艺参数时，一般按照以下流程进行，需要注意其中的设置要点。

（1）设置塑料的塑化温度

设置要点：

温度过低，塑料可能不能完全熔融或流动比较困难。

熔融温度过高，塑料会降解。

从塑料供应商处可获得准确的熔融温度和成型温度。

料筒上有 3～5 个加热区域，最接近料斗的加热区域温度最低，其后逐渐增温，在喷嘴处的加热器需保证温度的一致性。

实际的熔融温度通常高于加热器设定值，主要是因为背压的影响与螺杆的旋转而产生的摩擦热。

探针式温度计可测量实际的熔体温度。

（2）设置模具温度

设置要点：

从塑料供应商处可获取模温的推荐值。

模温可以用温度计测量。

应该将冷却液的温度设置为低于模温 10～20℃。

如果模温是 40～50℃或更高，就要考虑在模具与锁模板之间设置绝热板。

为了提高零件的表面质量，有时较高的模温也是必要的。

（3）设置螺杆的注射终点

设置要点：

注射终点就是由充填阶段切换到保压阶段时螺杆的位置，如图 2-15 所示。如果垫料不足，制品表面有可能产生缩痕。一般情况下，垫料设定为 5～10mm。

经验表明，如在本步骤中设定注射终点位置为充填模腔的 2/3，可以防止注塑机和模具受损。

（4）设置螺杆转速

设置要点：

设置所需的转速来塑化塑料。

塑化过程不应该延长整个循环周期的时间。如果延长了，就需要提高速度。

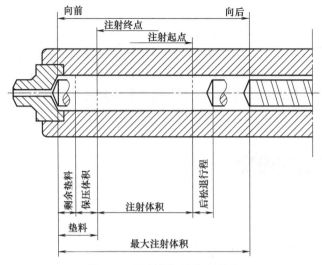

图 2-15 设置螺杆的注射终点

理想的螺杆转速是在不延长循环周期的情况下，设置为最小的转速。

（5）设置背压压力值

设置要点：

推荐的背压是 5～10MPa。

如果背压太低，会导致出现不一致的制品。

增加背压会增加摩擦热，并减少塑化所需的时间。

采用较低的背压时，会增加材料停留在料筒内的时间。

（6）设置注射压力值

设置要点：

为了更好地利用注塑机的注射速度，可设置注射压力为注塑机的最大值，所以压力设置将不会限制注射速度。

在模具充填满前，压力会切换到保压压力阶段，因此模具不会受损。

（7）设置初始保压压力值

设置要点：

如果设置保压压力为 0MPa，那么螺杆到达注射终点时就会停止，这样可以防止注塑机和模具受损。

保压压力将会逐渐增加，达到最终设定值。

（8）设置注射速度为注塑机的最大值

设置要点：

采用最大的注射速度时，将会获得更小的流动阻力、更长的流动长度、更强的熔合纹强度。

但是，这样就需要设置排气孔。如果排气不畅，就会出现困气，这样在型腔里会产生非常高的温度和压力，导致灼痕、材料降解和短射。

显示熔接纹和困气出现的位置。应该设计合理的排气系统，以避免或减小因困气引起的缺陷。

此外，还需要定期清洗模具表面和排气设施，尤其是对于 ABS/PVC 材料。

（9）设置保压时间

设置要点：

理想的保压时间取浇口凝固时间和零件凝固时间两者的最小值。

浇口凝固时间和零件凝固时间可以通过计算或估计得出。

对于首次试验，可以根据 CAE 软件预测的充模时间，设置保压时间为充模时间的 10 倍。

（10）设置足够的冷却时间

设置要点：

冷却时间可以估计或计算，它包括保压时间和持续冷却时间。

可以估计持续冷却时间为 10 倍注射时间，例如，假设预测的注射时间是 0.85s，那么保压时间是 8.5s，而额外冷却时间是 8.5s，可以保证零件和流道系统充分固化以便脱模。

（11）设置开模时间

设置要点：

通常来说，开模时间设置为 2～5s，包括开模、脱模、合模过程，开模时间在注塑周期中的比例如图 2-16 所示。

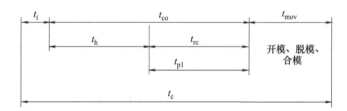

图 2-16　开模时间在注塑周期中的比例

t_i—注射时间；t_h—保压时间；t_{rc}—持续冷却时间；t_{p1}—塑化时间；

t_{mov}—移动时间；t_c—总时间；t_{co}—却总时间

生产循环周期是注射时间、保压时间、持续冷却时间和开模时间的总和。

（12）逐步增加注射体积直至型腔体积的 95%

设置要点：

通过 CAE 软件可以测出塑件和浇口流道等重量，有了这些信息，加上已知的螺杆直径或料筒的内径，可以估计出每次注射的注射量和注射起点位置。

因此，仅仅充填模具的 2/3，保压压力设定为 0MPa。这样，在螺杆到达注射终点位置时，充模会停止，可以保护模具。接下来，每步增加 5%～10%，直到充满模具的 95%。

为了防止塑料从喷嘴流延，使用压缩安全阀。在螺杆转动结束后，立即回退几毫米，以释放在塑化阶段建立的背压。

（13）切换到自动操作

为了获得加工过程的稳定性，需要进行自动操作。

（14）设置开模行程

开模行程包括型芯高度、制品高度、预留空间，如图 2-17 所示。每次开模时，应当使开模行程最短，起始速度应当较低，然后加速，在快结束时，再次降低。合模与开模的顺序相似，即慢—快—慢。

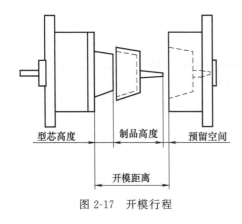

图 2-17 开模行程

（15）设置脱模行程、起始位置和速度

首先消除所有滑动，最大顶杆行程是型芯的高度。如果注塑机装有液压顶杆装置，那么开始位置设置在零件完全能从定模中取出的位置。当顶出的速度等于开模速度时，零件保留在定模侧。

（16）设置注射体积到充满型腔熔体容积的 99%

设置要点：

当工艺过程已经固定（每次生产出同样的零件）时，调节注射终点位置为充满型腔的 99%，这样可以充分利用最大的注射速度。

（17）逐步增加保压压力

设置要点：

逐步增加保压压力值，每次增加约 10MPa。如果模腔没有完全充满，就需要增加注射体积。

选择可接受的最低压力值，这样可使制品内部的压力最小，并且能够节约材料，降低生产成本；一个较高的保压压力会导致高的内应力，内应力会使零件翘曲。内应力可以通过将制品加热到热变形温度 10℃ 以下退火进行释放。

如果垫料用尽，那么保压的末期将起不到作用，这就需要改变注射起点位置，以增加注射体积。

液压缸的液压可以通过注塑机的压力计读得。然而，螺杆前部的注射压力更为重要，为了计算注射压力，需要将液压值乘以一个转换因子，转换因子通常可以在注塑机的注射部分或用户指导手册中找到，转换因子值一般为 10～15。

（18）得到最短的保压时间

设置要点：

最简单的获得最短保压时间的方法是首先设置一个较长的保压时间，然后，逐步减少保压时间，直到出现缩痕现象。

如果零件的尺寸较为稳定，可以利用图 2-18 获得更精确的保压时间，根据图 2-18 中保压时间和制品质量关系曲线，得到浇口或制品的凝固时间。例如，在 9s 之后，保压时间对于零件的质量没有影响，这就是最短保压时间。

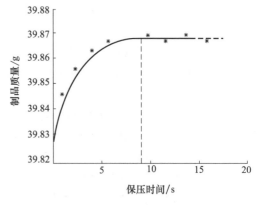

图 2-18 保压时间与制品质量关系曲线

（19）得到最短的持续冷却时间

减少持续冷却时间直到零件的最大表面温度达到材料的热变形温度，热变形温度可以从供应商提供的塑料材料手册中查到。

在上述过程中，如果是新产品投产，对工艺参数值没有把握时，应注意以下几点。

① 温度。偏低设置塑料温度（防止分解）和偏高设置模具温度。

② 压力。注射压力、保压压力、背压均从偏低处开始（防止过量充填引起模具、机器

损伤)。

③锁模力。从偏大处开始(防止溢料)。

④速度。注射速度,从稍慢开始(防止过量充填);螺杆转数,从稍慢开始;开闭模速度,从稍慢开始(防止模具损伤);计量行程,从偏小开始(防止过量填充)。

⑤时间。注射保压时间,从偏长开始(确认浇口密封);冷却时间,从偏长开始。

2.2.2 注塑过程模腔压力的变化

模腔压力是能够清楚地表征注塑过程的唯一参数,只有模腔压力曲线能够真实地记录注塑过程中的注射、压缩和压力保持阶段,模腔压力变化是反映注塑件质量的重要特征(如重量、形状、飞边、凹痕、气孔、收缩及变形等),模腔压力的记录不仅提供了质量检验的依据,而且可准确地预测塑件的公差范围。

(1)模腔压力特征

模腔压力曲线上的典型特征点 1~6 如图 2-19 所示。表 2-3 所示为图 2-19 上每一特征点或每一时间段的压力变化效应。

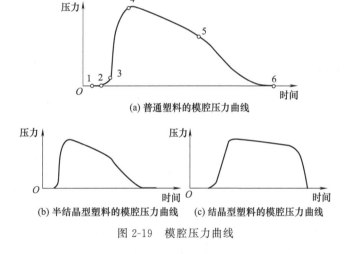

(a) 普通塑料的模腔压力曲线

(b) 半结晶型塑料的模腔压力曲线　(c) 结晶型塑料的模腔压力曲线

图 2-19　模腔压力曲线

表 2-3　模腔压力曲线特征点的压力变化效应

特征点	动　作	过程事件	熔体注入	对材料、压力曲线和注塑的影响
1	注射开始	液压上升螺杆向前推进	—	—
1—2	熔体注入模腔	传感器所在位置的模腔压力=1bar	—	—
2	熔体到达传感器	模腔压力开始上升	—	—
2—3	充填模腔	充填压力取决于流动阻力	平衡上升	①缓慢注入 ②无压力峰 ③内部应力低
			快速上升	①快速注入 ②出现压力峰 ③内部压力大 ④注塑件飞边
3	模腔充满	理想的 V-p(体积-压力)切换时刻	—	①注射控制适当 ②切换适时,注塑件内部压力适中

特征点	动作	过程事件	熔体注入	对材料、压力曲线和注塑的影响
3—4 (3—5)	压缩熔体	体积收缩的平衡	平稳上升	①压缩率低 ②无压力峰 ③平稳过渡 ④注塑件内部应力低 ⑤可能产生气孔
			快速上升	①压缩率高 ②压力峰，过度注射 ③内部应力高 ④注塑件飞边
4	最大模腔压力	取决于保持压力和材料特性	—	—
4—6	压力持续下降	—	普通塑料	①保压时间适当 ②过程优化
	压力下降出现明显转折	晶态固化	半结晶型塑料	①保压时间适当 ②过程优化
	压力下降出现明显转折	熔体回流	结晶型塑料	①保压时间过短 ②浇口未密封 ③注塑件凹陷
5	凝固点	浇口处熔体冷却（模腔内体积不变）	—	—
6	大气压力＝收缩过程开始	保持尺寸稳定的重要监控依据	—	压力波动通常标志着注塑件尺寸不一致

（2）最大模腔压力

最大模腔压力取决于保持压力的设定值，如图 2-20 所示。保持压力的设定值越大，其所需的保压时间就越长。除此之外，具体的保压时间还会受到注射速度、注塑件的几何形状、塑料本身的特性、模具和熔体温度等因素的影响。

（3）压力的作用时间

保压时间应足够长，反之，如果保压时间过短，则可能出现模腔压力突然下降的现象。如图 2-21 所示，图中出现了陡峭的"保压时间-模腔压力曲线"，原因是压力保持时间过短、熔体从尚未凝固的浇口回流，其结果是产品将出现缺料、充填不充分等缺陷。

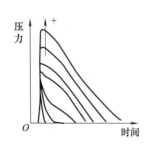

图 2-20　最大模腔压力与保压时间关系

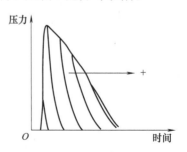

图 2-21　压力的作用时间

（4）模腔压力的变化曲线

一般而言，流动阻力小，压力损耗小，保压较完全，浇口封闭时间晚，补偿收缩时间长，模腔压力较高。

① 保压时间的影响。保压时间越短，模腔压力降低越快，最终模腔压力降低，如图 2-22 所示。

② 熔体温度的影响。注塑机喷嘴入口的塑料温度越高，浇口越不易封口，补料时间越长，压降越小，因此模腔压力较高，如图 2-23 所示。

③ 模具温度的影响。模具的模壁温度越高，与塑料的温度差越小，温度梯度越小，冷却速率较慢，塑料熔体传递压力时间较长，压力损失小，因此模腔压力较高。反之，模温越低，模腔压力越小，如图 2-24 所示。

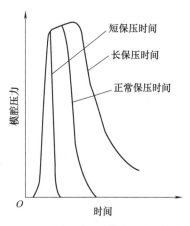

图 2-22　保压时间对模腔压力的影响

④ 塑料种类的影响。保压及冷却过程中，结晶型塑料的比体积变化较非晶型塑料大，模腔压力曲线较低，如图 2-25 所示。

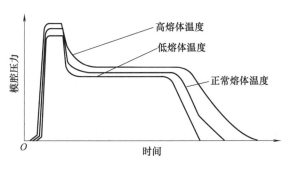

图 2-23　熔体温度对模腔压力的影响

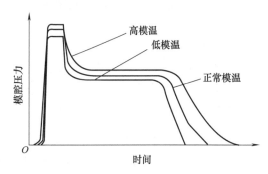

图 2-24　模具温度对模腔压力的影响

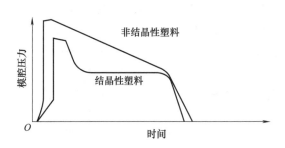

图 2-25　塑料种类对模腔压力的影响

⑤ 流道及浇口长度的影响。一般而言，流道越长，压降损耗越大，模腔压力越低，浇口长度也是与模腔压力成反比的关系，如图 2-26 所示。

⑥ 流道及浇口尺寸的影响。流道尺寸过小，造成压力损耗较大，将降低模腔压力；浇口尺寸增加，浇口压力损耗小，使模腔压力较高；但截面积超过某一临界值，塑料通过浇口发生的黏滞加热效应削弱，料温降低，黏度提高，使压力传递效果变差，反而降低模腔压力，如图 2-27 所示。

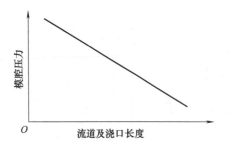

图 2-26　流道及浇口长度对模腔压力的影响

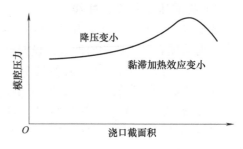

图 2-27　流道及浇口尺寸对模腔压力的影响

2.3　多级注射成型工艺

2.3.1　注射速度对熔体充模的影响

★　**相关理论：**

充模指高温塑料熔体在注射压力的作用下通过流道及浇口后在低温型腔内的流动及成型过程。影响充模的因素较多，从注塑成型条件上讲，充模流动是否平衡、持续与注射速度（浇口处的表现）等因素密切相关。

如图 2-28 所示为不同流动速度下的充模特征，描述了 4 种不同注射速度下的熔体流动特征状态。其中图 2-28（a）显示出采用高速注射充模时产生的蛇形流纹或"喷射"现象；图 2-28（b）为使用中速偏高注射速度的流动状态，熔体通过浇口时产生的"喷射"现象减少，基本上接近"扩展流"状态；图 2-28（c）为采用中速偏低注射速度的流动状态，熔体一般不会产生"喷射"现象，熔体能以低速平稳的"扩展流"充模；图 2-28（d）为采用低速注射充模，可能因为充模速度太慢而造成充模困难甚至失败。

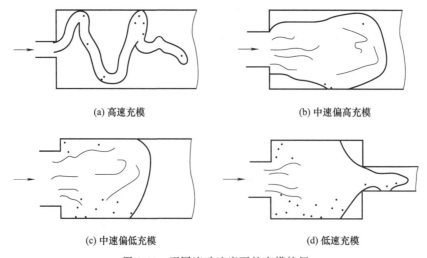

(a) 高速充模　　　　　　　　　　　(b) 中速偏高充模

(c) 中速偏低充模　　　　　　　　　(d) 低速充模

图 2-28　不同流动速度下的充模特征

📖 知识拓展

通常聚合物熔体在扩展流模型下进行的扩展流动分 3 个阶段进行：熔体刚通过浇口时前锋料头为辐射状流动的初始阶段，熔体在注射压力作用下前锋料头呈弧状的中间流动阶段，以黏弹性熔膜为前锋料头的匀速流动阶段。

初始阶段熔料的流动特征是，经浇口流出的熔料在注射压力、注射速度的作用下具有一定的流动动能，这种动能（这时刚进入型腔，不受任何流动阻力的影响）的大小影响着锋头熔料的辐射状态特征、扩散的体积大小等。当这种作用力特别强时，可能产生"喷射"现象；当这种作用力的动能适当时，从源头出发的熔体各流向分布均匀，扩散状态较佳。

随着初始阶段的发展，很快进入第二阶段，熔体将很快扩散，与型腔壁接触时会出现两种现象：a. 受型腔壁的作用力约束而改变了扩散方向的流向；b. 受型腔壁的冷却及摩擦作用而产生流动阻力，使熔体在各部位的流动产生速度差。这种流动特征表现为熔体各点的流动速度不等，熔体芯部的流速最大，前锋头料的流动呈圆弧状；同时各点的流动形成一个速度不等的拖曳及牵制，流动阻力随流动行程的增加而呈增大的趋势。

第三阶段流动的熔料以黏弹性熔膜为锋头快速充模。在第二、第三阶段充模过程中，注射压力与注射速度形成的动能是影响充模特征的主要因素。图 2-29 为扩展流动过程的模型，描述了扩展流动变化过程及速度分布。注塑件的形状是多种多样的，图中仅为一种模型。充模流动过程中的流动特征、能量损失与制品的形状关系甚大，而不同的塑料具有不同的流动特征。

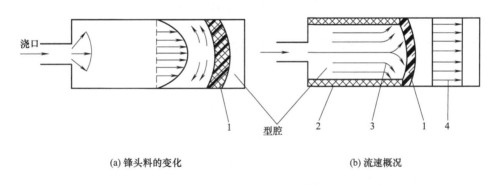

(a) 锋头料的变化   (b) 流速概况

图 2-29　扩展流动过程的模型
1—低温熔模；2—塑料的冷固层；3—熔体的流动方向；4—低温熔模处的流速分布

2.3.2　多级注射成型技术

（1）熔体在型腔中的理想流动状态

如前所述，匀速扩展流的特征及塑料熔体从浇口开始流动的阶段不应发生类似于"喷射"及喷射的特征，要求熔体在流动到浇口的初始阶段不应具有特别大的动能（过大的流动动能会导致喷射及蛇形纹）；在充模中期，扩展状态应具有一定的动能，用以克服流动阻力，并使扩展流达到匀速扩展状态；在充模的最后阶段，要求具有黏弹性的熔体快速充模，突破随着流动距离增加而增大的流动阻力，达到预定的流速均匀稳态。从流变学原理判断，这种理想状态的流动可使注塑制品具有较高的物理、力学性能，消除制品的内应力及取向，消除制品的凹陷缩孔及表面流纹，增加制品表面光泽的均匀性等。

（2）多级注射进程的实现

多级注射成型实质上是在塑料熔体向型腔充模的瞬间实现不同注射速度的控制，使塑料熔体在充模流动中达到一种近似理想的状态。这种理想状态下的充模流程不会给塑料制品带来质量缺陷，不会产生应力、取向力。一般而言，注塑成型过程中，注射充模的过程仅需几秒至十几秒即可完成，而多级注射成型工艺就是要求在很短的时间内将充模过程转化为不同注射速度控制的多种充模状态的延续。

按照实际多段注射状态的 5 级要求实施不同的注射量，熔体的动能必须由注塑机来实现。在目前的注塑机控制中已经可以实现分段甚至更多段的注射控制，如图 2-30 所示。

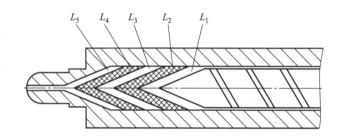

图 2-30　注塑机螺杆的分段控制示意图

如图 2-30 所示，可以实现 5 段注射控制，每段具有不同的注射量，通过行程控制的注射量为：

$$Q_{Ln} = \frac{\pi}{4} D^2 L_n \rho \tag{2-1}$$

式中　Q_{Ln}——注射量，cm^3；

　　　L_n——注射行程，cm；

　　　D——注塑机螺杆直径，cm；

　　　ρ——塑料的密度，g/cm^3。

因而在每一段可以使用不同的注射速度与注射压力来实现这一阶段熔料的动能。其中每一段均与前面在型腔中分区的 n 区对应。虽然它的流动动能受浇注系统的影响而发生改变，但要求其体积流量的变化要小。

经验总结

在生产实际中，实现多级注射的注塑机的注射速度是进行多级控制的，通常可以把注射过程分 3 个或 4 个区域，如图 2-31 所示，并把各区域设置成各自不同的适当注射速度即可实现多级注射成型。目前，一些注塑机还具有多级预塑和多级保压功能。

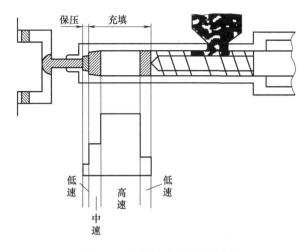

图 2-31　注射速度的程序控制

（3）多级注射成型工艺曲线

多级注射成型工艺虽然是对熔料充模状态的描述，但它的控制是由注塑机来实现的。从注塑机的控制原理来看，可以利用注射速度（注射压力）与螺杆给料行程形成的曲线关系。图 2-32 为典型的多级注射成型工艺的曲线，即在注射过程中，对不同的给料量施加不同的注射压力与注射速度。

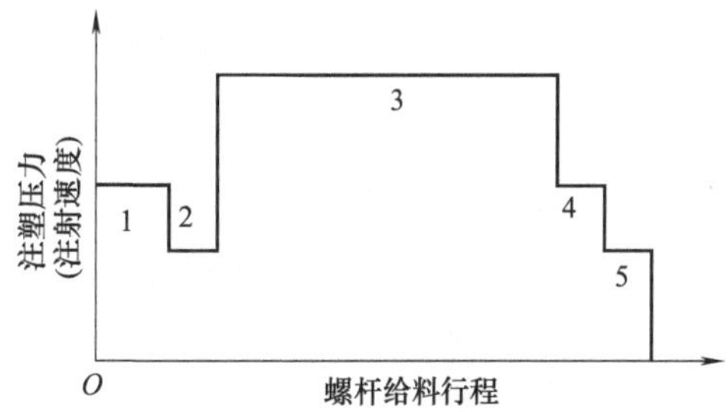

图 2-32　典型的多级注射成型工艺的曲线

1～5—5 个不同的注射速度

（4）多级注射成型的优点

在注塑成型中，高速注射和低速注射各有优缺点。经验表明，高速注射大体上具有如下优点：缩短注射时间；增大流动距离；提高制品表面光洁度；提高熔接痕的强度；防止产生冷却变形。而低速注射大体上具有如下的优点：有效防止产生溢边；防止产生流动纹；防止模具跑气跟不上进料；防止带进空气；防止产生分子取向变形。

多级注射结合了高速注射和低速注射的优点，以适应塑料制品几何形状日益复杂、模具流道和型腔各断面变化剧烈等要求，并能较好消除制品成型过程中产生注射纹、缩孔、气泡、烧伤等缺陷。

多级注射成型工艺突破了传统的注射加保压的注射加工方式，有机地将高速与低速注射加工的优点结合起来，在注射过程中实现多级控制，可以克服注塑件的许多缺陷。图 2-33 所示为用不同的注射速度消除乱流痕，就采用在注射的初期使用低速、模腔充填时使用高速、充填接近终了时再使用低速注射的方法。通过注射速度的控制和调整，可以防止和改善制品外观，如飞边、喷射痕、银条或焦痕等各种不良现象。

经验总结

实践表明，通过多级程序控制注塑机的油压、注射速度、螺杆位置、螺杆转速，大都能改善注塑制品的外观不良，如改善制品的缩水、翘曲和飞边等。

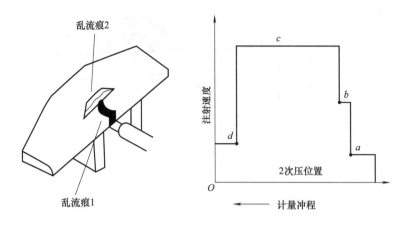

图 2-33 用不同的注射速度消除乱流痕

$a \sim d$—4 个不同的注射速度

2.3.3 多级注射成型的工艺设置

多级注射成型工艺曲线反映的是螺杆给料行程与注塑机提供的注射压力与注射速度的关系，因而设计多级注射成型工艺时需要确定两个主要因素：一是螺杆给料行程及分段；二是需要设置的注射压力与注射速度。图 2-34 给出了螺杆给料行程（分 4 个区）与注塑机分区的对应关系，一般可以依据该对应关系确定出分段的规则，并可根据浇注分流的特征同样确定各段的工艺参数。

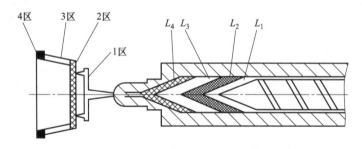

图 2-34 螺杆给料行程与注塑件分区的对应关系

🔍 **特别注意**

在实际生产中，多级注射控制程序可以根据流道的结构、浇口的形式及注塑件结构的不同，来合理设定多段注射压力、注射速度、保压压力和熔体充填方式，从而有利于提高塑化效果，提高制品质量，降低不良率，延长模具、机器等的寿命。

（1）分级的设定

在进行各级注射成型工艺设计初始，首先对制品进行分析，确定各级注射的区域。一般分为 3～5 个区，依据制品的形状特征、壁厚差异特征和熔料流向特征划分，壁厚一致或差异小时近似为 1 个区；以料流换点或壁厚转折点确定为多级注射的每一区段转换点；浇注系统可以单独设置为 1 个区。如图 2-34 中的制品依据外形特征（即料流换向处）作为一个转折点（即 2 区与 3 区的转折点）；而将壁厚变换点作为另一个转折点（即 3 区与 4 区的转折点），可以将多级注射分为 4 个区（即制品 3 个区、浇注系统 1 个区）。

在生产实践中，一般的塑件注塑时至少要设定 3 段或 4 段注射才是比较科学的。浇口和流道为第一段，进浇口处为第二段，制品充填到 90％左右时为第三段，剩余的部分为第四段（亦称末段）。

对于结构简单且外观质量要求不高的塑件，可采用 3 段注射。但对结构比较复杂、外观缺陷多、质量要求高的塑件注塑时，需采用 4 段以上的注射控制程序。

设定几段注射程序，一定要根据流道的结构，浇口的形式、位置、数量和大小，塑件结构，制品要求及模具的排气效果等因素进行科学分析、合理设定。

① 对于直浇口的制品，既可以采用单级注射的形式，也可以采用多级注射的形式。对于结构简单且精度要求不高的小型塑件，可采用低于 3 级注射的控制方式。

② 对于复杂和精度要求较高的、大型的塑料制品，原则上选择 4 级以上的多级注射工艺。

（2）注射进程的设置

如图 2-34 所示，根据制品的形状特征将制件分区后，反映在注塑机螺杆上分别对应于螺杆的分段，那么螺杆的各分段距离可以依据分区的标准进行预算，首先预算出制品分区后对应的各段要求的注射量（容积），采用对应方法可以计算出螺杆在分段中的进程，如 n 区的容积为 Q，则注塑机 n 段的行程为：

$$L_a = \frac{Q_{Vn}}{\frac{\pi}{4}D^2} \tag{2-2}$$

在多级注射的注塑生产实践中，确定螺杆注射进程方法如下。

第一级的注射量（即注射终止位置）是浇注系统的浇口终点。除直浇口，其余几乎都采用中压、中速或者中压低速；第二级注射的终止位置是从浇口终点开始至整个型腔 1/2～2/3 的空间。

第二级注射应采用高压、高速，高压、中速或中压、中速，具体数值根据制品结构和使用的塑料材料而定。

第三级开始注射级别，宜采用中压、中速或中压、低速，位置是恰好充满剩余的型腔空间。上述 3 级进程都属于熔体充填过程。

最后一级注射属于增压、保压的范畴，保压切换点就在这级注射终止位置之间，切换点的选择方法有计时和位置两种。

当注射开始时，注射计时即开始，同时计算各级注射终止位置。如果注射参数不变，依照原料的流动性不同，流动性较佳的，则最后一级终止位置比计时先到达保压切换点，此时完成充填和增压进程，此后注射进入保压进程，未达到的计时，则不再计时而直接进入保压；如果流动性较差，计时完成而最后一级注射终止位置还未到达切换点，同样不需等位置到达而直接进入保压。

综上所述，设置多级注射的注射进程应注意以下几点。

① 塑料原料流动性中等的注塑，可在测得保压点后，再加几秒时间作为补偿。

② 塑料原料流动性差的注塑，如混合有回收料的塑料、低黏度塑料，由于注射过程不太稳定，应使用计时较佳，减小保压切换点（一般将终止位置设定为零），以计时来控制，

自动切换进入保压。

③ 塑料原料流动性好的注塑,以位置来控制保压切换点较佳,将计时加长,到达设定切换点后进入保压。

④ 保压切换点即模具型腔已充填满的位置,注射位置已难再前进,数字变换很慢,这时必须切换压力,才能使制品完全成型,该位置可以在注塑机的操作画面上观察到(计算机语言)。

此外,关于多级保压的使用问题,可以按照以下方法确定:加强筋不多、尺寸精度要求不高的制品及高黏度原料的制品使用一级保压,保压压力比增压进程的压力高,保压时间短;而加强筋较多制品、尺寸精度要求不高的制品,一般要启用多级保压。

(3)注射压力与注射速度的设定

① 浇注系统的注射压力与注射速度。一般浇注系统的流道较小,常常使用较高的注射压力及注射速度(选用范围为60%~70%),使熔料快速充满流道与分流道,并且使流道中的熔体压力上升,形成一定的充模势能。对于分流道截面积较大的模具,注射压力及注射速度可设置低些;反之,对于分流道截面积较小的模具,可设置高些。

② 2段的注射压力与注射速度。当熔料充满流道、分流道,冲破浇口(小截面积)的阻力开始充模时,所需要的注射速度可偏低,克服不良的浇注纹及流动状态。在这一段可减小注射速度,而注射压力减幅较小。对于浇口截面积较大的,则可以不减小注射压力。

③ 3段的注射压力与注射速度。如图2-35所示,3段对应注射3区部分,3区是注塑件的主体部分,此时熔体已完全充满型腔。为了实现扩散状态的理想形式,需要增速充模,因而在这一段需要注塑机提供较高的注射压力与注射速度。同时这一区段也是熔体流向转折点,熔体的流动阻力增大,压力损失较多,也需要补偿。一般来说,多级注射在这一区段均实施高速高压。

④ 4段的注射压力与注射速度。从图2-35的对应关系判断,当熔体到达4区时,制件壁厚可变或不变化。熔体已基本充满型腔。由于熔体在3区获得了高压高速,因而在此阶段可进行缓冲,以实现熔体在型腔内的流动线速度在各部位近似一致。一般的设计原则是,进入4区时,若壁厚增大,可减速减压;若壁厚减小,可减速不减压,或可不减速而适当减压或不减压。总之,在4段既要使注射体现多级控制特点,又要使型腔压力快速增大。

🗂 图形说明

图2-35所示是基于对制品几何形状分析的基础上选择的多级注射成型工艺示例:由于制品的型腔较深而壁又较薄,使模具型腔形成长而窄的流道,熔体流经这个部位时必须很快地通过,否则易冷却凝固,会导致充不满模腔的危险,在此应设定高速注射。但是高速注射会给熔体带来很大的动能,熔体流到底时会产生很大的惯性冲击,导致能量损失和溢边现象,这时须使熔体减缓流速,降低充模压力而要维持通常所说的保压压力(二次压力、后续压力),使熔体在浇口凝固之前向模腔内补充熔体的收缩,这就对注塑过程提出多级注射速度与压力的要求。图2-35中所示的螺杆计量行程是根据制品用料量与缓冲量来设定的。注射螺杆从位置"97"到"20"是充填制品的薄壁部分,在此阶段设定高速值为10,其目的是高速充模可防止熔体散热时间长而流动终止;当螺

杆从位置 "20"→"15"→"2" 时，又设定相应的低速 5，其目的是减少熔体流速及其冲击模具的动能。当螺杆在 "97" "20" "5" 的位置时，设定较高的一次注射压力以克服充模阻力，从 "5" 到 "2" 时，又设定了较低的二次注射压力，以便减小动能冲击。

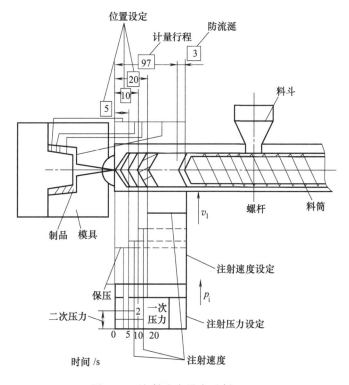

图 2-35　注射速度设定示例（一）

图 2-36 是根据工艺条件设置的不同速度，对注射螺杆进行多级速度转换（切换）的另一个示例。

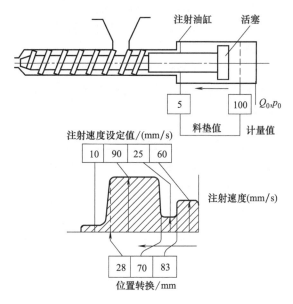

图 2-36　注射速度设定示例（二）

⊛ 特别注意

多级注射成型工艺是目前注射成型技术中较为先进的注射成型技术。在多级注射成型工艺的研究中，对于注射中螺杆行程分段的确定较为精确，而在各段注射压力及注射速度的选择上经验性较强。一般的经验方法只能确定各段选用的注射压力及注射速度的段间对应关系，通常的做法是依据各段对应于注塑件各部位的截面积比例，在设计好多级注射成型工艺之后，需要通过多次试验反复修正，使选择的注射压力与注射速度达到最佳值。

2.4 注塑成型的准备工作

2.4.1 塑料的配色

某些塑料制品对颜色有精确的要求，因此，在注塑时必须进行准确的颜色配比，常用以下两种配色方法。

第一种方法是用色母料配色，将热塑性塑料颗粒按一定比例混合均匀即可用于生产，色母料的加入量通常为 $0.1\% \sim 5\%$。

第二种方法是将热塑性塑料颗粒与分散剂（也称稀释剂、助染剂）、颜色粉均匀混合成着色颗粒。分散剂多用白油，25kg 塑料用白油 $20 \sim 30$mL、着色剂 $0.1\% \sim 5\%$。可用作分散剂的还有松节油、酒精以及一些酯类等。热固性塑料的着色较为容易，一般将颜料混入即可。

2.4.2 塑料的干燥

塑料材料分子结构中含有酰胺基、酯基、醚基、腈基等基团而具有吸湿性倾向，由于吸湿而使速率含有不同程度的水分，当水分超过一定量时，制品就会产生银纹、收缩孔、气泡等缺陷，同时会引起材料降解。

易吸湿的塑料品种有 PA、PC、PMMA、PET、PBT、PSF（PSU）、PPO、ABS 等，原则上，上述材料成型前都应进行干燥处理。不同的塑料，其干燥处理的条件不尽相同，表 2-4 所示为常见塑料的干燥条件。

表 2-4　常见塑料的干燥条件

材料名称	干燥温度/℃	干燥时间/h	干燥厚度/mm	干燥要求（含水率）/%
ABS	$80 \sim 85$	$2 \sim 4$	$30 \sim 40$	0.1
PA	$95 \sim 105$	$12 \sim 16$	<50	<0.1
PC	$120 \sim 130$	>6	<30	0.015
PMMA	$70 \sim 80$	$2 \sim 4$	$30 \sim 40$	—
PET	130	5	—	—

材料名称	干燥温度/℃	干燥时间/h	干燥厚度/mm	干燥要求 （含水率）/%
PBT	120	＜5	＜30	—
PSF(PSU)	120～140	4～6	20	0.05
PPO	120～140	2～4	25～40	—

经验总结

　　干燥的方法很多，如循环热风干燥、红外线加热干燥、真空加热干燥、气流干燥等。应注意的是，干燥后的物料应防止再次吸湿，表 2-5 所示为常见塑料成型前允许的含水率。

表 2-5　常见塑料成型前允许的含水率

塑料名称	允许含水率/%	塑料名称	允许含水率/%
PA6	0.10	PC	0.01～0.02
PA66	0.10	PPO	0.10
PA9	0.05	PSU	0.05
PA11	0.10	ABS(电镀级)	0.05
PA610	0.05	ABS(通用级)	0.10
PA1010	0.05	纤维素树脂	0.20～0.50
PMMA	0.05	PS	0.10
PET	0.05～0.10	HIPS	0.10
PBT	0.01	PE	0.05
UPVC	0.08～0.10	PP	0.05
软 PVC	0.08～0.10	PTFE	0.05

2.4.3　嵌件的预热

　　由于塑料与金属材料的热性能差异很大，两者比较，塑料的热导率小，线胀系数大，成型收缩率大，而金属收缩率小。因此，有金属嵌件的塑料制品，在嵌件周围易产生裂纹，致使制品强度较低。

　　要解决上述问题，设计塑料制品时，应加大嵌件周围塑料的厚度，加工时对金属嵌件进行预热，以减少塑料熔体与金属嵌件的温差，使嵌件四周的塑料冷却变慢，两者收缩相对均匀，以防止嵌件周围产生较大的内应力。

经验总结

　　嵌件预热需要由塑料的性质、嵌件的大小和种类决定。对具有刚性分子链的塑料，如 PC、PS、PSF、PPO 等，当有嵌件时必须预热，而含柔性分子链的塑料且嵌件又较小时，可不预热。

　　嵌件一般预热温度为 110～130℃，如铝、铜预热可提高到 150℃。

2.4.4 脱模剂的选用

对某些结构复杂脱模结构的塑料制品，注塑成型时，需要在模具的型芯上喷洒脱模剂，以使塑料制品从模具的型芯上顺利脱出。

传统的脱模剂有硬脂酸锌、白油、硅油。硬脂酸锌除聚酰胺外，一般塑料均可使用，白油作为聚酰胺的脱模剂效果较好，硅油效果好，但使用不方便。

2.5 塑件的后期处理

2.5.1 退火处理

由于塑化不均匀或塑料在型腔中的结晶、定向和冷却不均匀，造成塑件各部分收缩不一致，或由于金属嵌件的影响和塑件的二次加工不当等原因，塑件内部不可避免地存在一些内应力。而内应力的存在往往导致塑件在使用过程中产生变形或开裂，因此塑件常需要退火处理，消除残余应力。

退火的方法是把塑件放在一定温度的烘箱中或液体介质（如水、热矿物油、甘油、乙二醇和液体石蜡等）中一段时间，然后缓慢冷却至室温。利用退火时的热量，加速塑料中大分子松弛，从而消除或降低塑件成型后的残余应力。

退火的温度一般控制在高于塑件的使用温度（10～20℃）或低于塑料热变形温度（1020℃）。温度不宜过高，否则塑件会产生翘曲变形；温度也不宜过低，否则达不到后处理的目的。

📚 **经验总结**

退火的时间取决于塑料品种、加热介质的温度、塑件的形状和壁厚、塑件精度要求等因素。表2-6为常用热塑性塑料的热处理条件。

表2-6　常用热塑性塑料的热处理条件

塑料名称	热处理温度/℃	时间/h	热处理方式
ABS	70	4	烘箱
聚碳酸酯	110～135	4～8	红外灯、烘箱
	100～110	8～12	
聚甲醛	140～145	4	红外线加热、烘箱
聚酰胺	100～110	4	盐水
聚甲基丙烯酸甲酯	70	4	红外线加热、烘箱
聚砜	110～130	4～8	红外线加热、烘箱、甘油
聚对苯二甲酸丁二(醇)酯	120	1～2	烘箱

2.5.2 调湿处理

将刚脱模的塑件（聚酰胺类）放在热水中隔绝空气，防止氧化，消除内应力，以加速达到吸湿平衡，稳定其尺寸，称为调湿处理。如聚酰胺类塑件脱模时，在高温下接触空气容易氧化变色，在空气中使用或存放又容易吸水而膨胀，经过调湿处理，既隔绝了空气，又使塑件快速达到吸湿平衡状态，使塑件尺寸稳定下来。

📚 **经验总结**

经过调湿处理，还可以改善塑件的强度，使冲击强度和拉伸强度有所提高。调湿处理的温度一般为 $100\sim120℃$，热变形温度高的塑料品种取上限；相反，取下限。

调湿处理的时间取决于塑料的品种、塑件形状、壁厚和结晶度大小。达到调湿处理时间后，缓慢冷却至室温。

第 3 章
注塑生产常见问题及解决方法

3.1 注塑产品常见缺陷及解决方法

3.1.1 缺料（欠注）及解决方法

缺料又称欠注、短射、充填不足等，是指塑料熔体进入型腔后未能完全充满模具的成型空间，如图 3-1～图 3-3 所示。

(a) 示意图

(b) 实物(一)

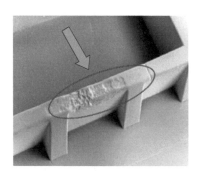
(c) 实物(二)

图 3-1 缺料现象（一）

(a) 缺陷品

(b) 合格品

图 3-2 缺料现象（二）

图 3-3　缺料现象（三）

缺料产生的原因及解决方法如下。

① 设备选型不当。因此，在选用注塑设备时，注塑机的最大注射量必须大于塑件重量。在校核时，所需的注射总量（包括塑件、流道凝料）不能超出注射机塑化量的 85%。

② 供料不足。即注塑机料斗的加料口底部可能有"架桥"现象，解决的方法是适当增加螺杆的注射行程，以增加供料量。

③ 原料流动性能太差。应设法改善模具浇注系统的滞流缺陷，如合理设置流道位置，扩大浇口、流道等的尺寸以及采用较大的喷嘴等。同时，可在原料配方中增加适量助剂，改善塑料的流动性能。

④ 润滑剂超量。应减少润滑剂用量或调整料筒与螺杆间隙。

⑤ 冷料杂质阻塞流道。应将喷嘴拆卸清理或扩大模具冷料穴和流道的截面。

⑥ 浇注系统设计不合理。设计浇注系统时，要注意浇口平衡，各型腔内塑件的重量要与浇口大小成正比，以保证各型腔能同时充满；浇口位置要选择在厚壁部位，也可采用分流道平衡布置的设计方案。如果浇口或流道小、薄、长，则熔体的压力在流动过程中沿程损失会非常大，流动受阻，容易产生充填不良

图 3-4　流道过小导致熔体流动受阻

的现象，如图 3-4 所示。对此现象，应扩大流道截面和浇口面积，必要时可采用多点进料的方法。

⑦ 模具排气不良。困气导致熔体流动受阻如图 3-5 所示。应检查有无冷料穴，或冷料穴的位置是否正确。对于型腔较深的模具，应在欠注部位增设排气沟槽或排气孔，在合理的分型面上，可开设深度为 0.02～0.04mm、宽度为 5～10mm 的排气槽，排气孔应设置在型腔的最终充填处。此外，使用水分及易挥发物含量超标的原料时也会产生大量气体，导致模具排气不良，此时应对原料进行干燥及清除易挥发物。在注塑成型工艺方面，可通过提高模具温度，降低注射速度、

图 3-5　困气导致熔体流动受阻

减小浇注系统流动阻力，以及减小合模力、加大模具间隙等辅助措施改善排气不良现象。

⑧ 模具温度太低。对此，开机前必须将模具预热至工艺要求的温度。刚开机时，应适当控制模具内冷却水的通过量。如果模具温度升不上去，应检查模具冷却系统的设计是否合理。

⑨ 熔体温度太低。在适当的成型范围内，熔体温度与充模流程接近于正比例关系，低温熔体的流动性能下降，充模流程将减短。同时，应注意将料筒加热到仪表温度后，还需恒温一段时间才能开机，在此过程中，为了防止熔体分解不得不采取低温注射时，可适当延长注射时间，以克服可能出现的欠注缺陷。

⑩ 喷嘴温度太低。对此，在开模时应使喷嘴与模具分开，以减少模具对喷嘴温度的影响，使喷嘴处的温度保持在工艺要求的范围内。

⑪ 注射压力或保压不足。注射压力与充模流程接近于正比例关系，注射压力太小，充模流程会变短，导致型腔充填不满。对此，可通过减慢螺杆前进速度、适当延长注射时间等办法来提高注射压力。

⑫ 注射速度太慢。注射速度与熔体充模速度直接相关，如果注射速度太慢，则熔体充模缓慢，低速流动的熔体很容易冷却，从而使熔体流动性能进一步下降，产生欠注现象，因此应适当提高注射速度。

⑬ 塑件结构设计不合理。当塑件的宽度与其厚度比例过大或形状十分复杂且成型面积很大时，熔体很容易在塑件薄壁部位的入口处流动受阻，致使型腔很难充满而产生欠注缺

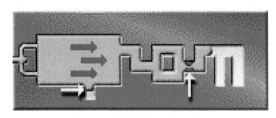

图 3-6　流程过长而产生欠注

陷，如图 3-6 所示。因此，在设计塑件的形状和结构时，应注意塑件厚度与熔体极限充模长度之间的关系。经验表明，注塑成型的塑件，壁厚大都采用 1～3mm，大型塑件的壁厚为 3～6mm，塑件厚度超过 8mm 或小于 0.5mm 都对注塑成型不利，设计时应避免采用这样的厚度。

📋 知识拓展

迟滞效应

迟滞效应也叫滞流，如图 3-7 所示，是指在距离浇口比较近的位置，或在垂直于流动方向的位置有一个比较薄的结构，如加强筋、转接角部位等，那么在注塑过程中，熔体经过该位置时将会遇到比较大的前进阻力，而在其主体的流动方向上，由于流动畅通而无法形成流动压力，只有当熔体在主体方向充填完成，或进入保压时，才会形成足够的流动压力对滞流部位进行充填，而此时，由于该位置很薄，且熔体不再流动，没有热量补充而提前固化，从而造成欠注。材料中 PC/ABS 和 ABS/PVC 合金非常容易出现这种现象。

解决滞流效应导致的欠注问题的措施有以下几点。

① 增加滞流效应部位厚度，塑件厚度差异不要太大，但该措施的缺点是容易引起缩痕。

② 改变浇口位置，使该部位为熔体充填的末端而形成足够的压力。

③ 注塑时首先降低速度和压力，使充填初期就在料流前锋形成较厚的固化层，人为增加熔体压力，这一方法是较为常用的措施。

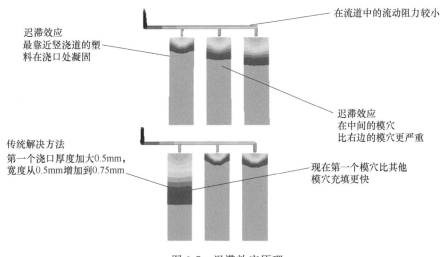

图 3-7 迟滞效应原理

④ 采用流动性好的塑料原料。

📝 归纳总结

注塑过程中出现制品缺料的原因及改善方法如表 3-1 所示。

表 3-1 缺料产生的原因及改善方法

原 因 分 析	改 善 方 法
①熔料温度太低	①提高料筒温度
②注射压力太低或油温过高	②提高注射压力或清理冷凝器
③熔胶量不够(注射量不足)	③增加计量行程
④注射时间太短或保压切换过早	④增加注射时间或延迟切换保压
⑤注射速度太慢	⑤加快注射速度
⑥模具温度不均	⑥重开模具运水道
⑦模具温度偏低	⑦提高模具温度
⑧模具排气不良(困气)	⑧恰当位置加适度的排气槽/针
⑨射嘴堵塞或漏胶(或发热圈烧坏)	⑨拆除/清理射嘴或重新对嘴
⑩浇口数量/位置不适,进胶不平均	⑩重新设置进浇口/调整平衡
⑪流道/浇口太小或流道太长	⑪加大流道/浇口尺寸或缩短流道
⑫原料内润滑剂不够	⑫酌情添加润滑剂(改善流动性)
⑬螺杆止逆环(过胶圈)磨损	⑬拆下止逆环并检修或更换
⑭机器容量不够或料斗内的树脂不下料	⑭更换较大的机器或检查/改善下料情况
⑮成品胶厚不合理或太薄	⑮改善胶件的胶厚或加厚薄位
⑯熔料流动性太差(FMI 低)	⑯改用流动性较好的塑料

3.1.2 缩水及解决方法

注塑成型过程中,由于模腔某些位置未能产生足够的压力,当熔体开始冷却时,塑件上壁厚较大处的体积收缩较慢而形成拉应力,如果制品表面硬度不够,而又无熔体补充,则制品表面便被应力拉陷,这种现象称为缩水,如图 3-8 所示。

图 3-8 制品缩水现象

缩水现象多出现在模腔上熔体聚集的部位和制品厚壁区，如加强筋、支撑柱等与制品表面的交界处。

缩水产生的原因及解决方法如下。

注塑件表面上出现缩水现象，不但影响塑件的外观，也会降低塑件的强度。缩水现象与使用的塑料种类、注塑工艺、塑件和模具结构等均有密切关系。

（1）塑料种类方面

不同塑料的缩水率不同，通常容易缩水的原料大都属于结晶塑料（如尼龙、聚丙烯等）。在注塑过程中，结晶塑料受热变成流动状态时，分子呈无规则排列。当被射入较冷的模腔时，塑料分子会逐步整齐排列而形成结晶，从而导致体积收缩较大，其尺寸小于规定的范围，即出现所谓的"缩水"。

（2）注塑工艺方面

在注塑工艺方面，出现缩水的情况有保压压力不足、注射速度太慢、模温或料温太低、保压时间不够等。

因此，在设定注塑工艺参数时，必须检查成型条件是否正确及保压是否足够，以防出现缩水问题。一般而言，延长保压时间，可确保制品有充足的时间冷却和补充熔体。

（3）塑件和模具结构方面

缩水产生的根本原因在于塑料制品的壁厚不均，典型的例子是塑件非常容易在加强筋和支撑柱表面出现缩水。模具的流道设计、烧口大小及冷却效果对制品的影响也很大，由于塑料的传热能力较低，距离型腔壁越远，则其凝固冷却越慢，因此，该处应有足够的熔体填满型腔，这就要求注塑机的螺杆在注射或保压时，熔体不会因倒流而降低压力。另外，如果模具的流道过细、过长或浇口太小而冷却太快，则半凝固的熔体会阻塞流道或浇口，从而造成型腔压力下降，导致制品缩水。

 归纳总结

缩水产生的原因及改善方法如表 3-2 所示。

表 3-2 缩水产生的原因及改善方法

原 因 分 析	改 善 方 法
①模具进胶量不足	①增强熔胶注射量
a. 熔胶量不足	a. 增加熔胶计量行程
b. 注射压力不足	b. 提高注射压力
c. 保压不够或保压切换位置过早	c. 提高保压压力或延长保压时间
d. 注射时间太短	d. 延长注射时间（采用预顶出动作）

原 因 分 析	改 善 方 法
e. 注射速度太慢或太快(困气)	e. 加快注射速度或减慢注射速度
f. 浇口尺寸太小或不平衡(多模腔)	f. 加大浇口尺寸或使模具进胶平衡
g. 射嘴阻塞或发热圈烧坏	g. 拆除清理射嘴内异物或更换发热圈
h. 射嘴漏胶	h. 重新对嘴/紧固射嘴或降低背压
②料温不当(过低或过高)	②调整料温(适当)
③模温偏低或太高	③提高模温或适当降低模温
④冷却时间不够(筋/骨位脱模拉陷)	④酌情延长冷却时间
⑤缩水处模具排气不良(困气)	⑤在缩水处开设排气槽
⑥塑件骨位/柱位胶壁过厚	⑥使胶厚尽量均匀(改为气辅注塑)
⑦螺杆止逆环磨损(逆流量大)	⑦拆卸与更换止逆环(过胶圈)
⑧浇口位置不当或流程过长	⑧浇口开设于壁厚处或增加浇口数量
⑨流道过细或过长	⑨加粗主/分流道,减短流道长度

📒 **知识拓展**

不同的塑料,其缩水率是不一样的,表 3-3 所示为常见塑料的缩水率。

表 3-3　常见塑料的缩水率

代号	原料名称	缩水率	代号	原料名称	缩水率
GPPS	普通级聚苯乙烯(硬胶)	0.5	CAB	乙酸丁酸纤维素(酸性胶)	0.5~0.7
HIPS	耐冲击聚苯乙烯(不碎硬胶)	0.5	PET	聚对苯二甲酸乙二醇酯	2~2.5
SAN	丙烯腈-苯乙烯共聚物	0.4	PBT	聚对苯二甲酸丁二醇酯	1.5~2.0
ABS	聚丙烯腈-丁二烯-苯乙烯	0.6	PC	聚碳酸酯(防弹胶)	0.5~0.7
LDPE	低密度聚乙烯(花胶)	1.5~4.5	PMMA	有机玻璃(亚克力)	0.5~0.8
HDPE	高密度聚乙烯	2~5	硬 PVC	硬 PVC	0.1~0.5
PP	聚丙烯(百折胶)	1~4.7	软 PVC	软 PVC	1~5
PA66	尼龙 66	0.8~1.5	PU	聚氨酯胶、乌拉坦胶	0.1~3
PA6	尼龙 6	1.0	EVA	乙烯-醋酸乙烯共聚物(橡皮胶)	1.0
PPO	聚苯醚	0.6~0.8	PSE	聚砜	0.6~0.8
POM	聚甲醛(赛钢、特灵)	1.5~2.0			

3.1.3　鼓包及解决方法

鼓包是指制品脱模后,在某些特定的位置出现局部体积变大、膨胀的现象,如图 3-9 所示。

图 3-9　塑件上出现的鼓包现象

鼓包产生的原因及解决方法如下。

塑件鼓包是因为未完全冷却硬化的塑料在内压的作用下释放气体，导致塑件膨胀引起的。因此，该缺陷的改善措施如下。

① 有效的冷却。方法是降低模温，延长开模时间，降低塑料的干燥与塑化温度。

② 降低充模速度，减少成型周期，减少流动阻力。

③ 提高保压压力和延长保压时间。

④ 改进塑件结构，避免塑件上出现局部太厚或厚薄变化过大的状况。

⑤ 塑件的结构设计方面：减少厚度的不一致，尽量保证壁厚均匀；避免制件尖角结构，避免困气。

⑥ 模具设计方面：在熔体最后填充的地方增设排气槽；重新设计浇口和流道系统；保证排气口足够大，使气体有足够的时间和空间排走。

⑦ 工艺条件：降低最后一级注射速度；设置合理的模具温度，延长开模时间；优化注射压力和保压压力；减小螺杆松退量，防止松退吸入空气而带入下一模次，降低料温。

3.1.4　缩孔（真空泡）及解决方法

制品缩孔，也称真空泡或空穴，一般出现在塑件上大量熔体积聚的位置，是因熔体在冷却收缩时未能得到充分的熔体补充而引起的。如图 3-10 所示，缩孔现象常常出现在塑件的厚壁区，如加强筋或支撑柱与塑件表面的相交处。

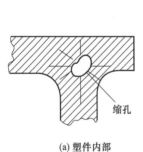

(a) 塑件内部　　　　　　　　　　(b) 塑件表面

图 3-10　塑件上出现的缩孔现象

缩孔产生的原因及解决方法如下。

塑件出现缩孔的原因是熔体转为固体时，壁厚处体积收缩慢，形成拉应力，此时如果制品表面硬度不够，而又无有熔体补充，则制品内部便形成空洞。塑件产生缩孔的原因与缩水相似，区别是缩水在塑件的表面凹陷，而缩孔是在内部形成空洞。缩孔通常产生在厚壁部位，主要与模具冷却快慢有关。熔体在模具内的冷却速度不同，不同位置的熔体的收缩程度就会不一样，如果模温过低，熔体表面急剧冷却，将壁厚部分内较热的熔体拉向四周表面，就会造成内部出现缩孔。

塑件出现缩孔现象会影响塑件的强度和力学性能，如果塑件是透明制品，缩孔还会影响制品的外观。改善制品缩孔的重点是控制模具温度。

📝 归纳总结

缩孔产生的原因及改善方法如表 3-4 所示。

表 3-4 缩孔产生的原因及改善方法

原 因 分 析	改 善 方 法
①模具温度过低	①提高模具温度(使用模温机)
②成品断面、筋或柱位过厚	②改善产品的设计,尽量使壁厚均匀
③浇口尺寸太小或位置不当	③改大浇口或改变浇口位置(厚壁处)
④流道过长或太细(熔料易冷却)	④缩短流道长度或加粗流道
⑤注射压力太低或注射速度过慢	⑤提高注射压力或注射速度
⑥保压压力或保压时间不足	⑥提高保压压力,延长保压时间
⑦流道冷料穴太小或不足	⑦加大冷料穴或增开冷料穴
⑧熔料温度偏低或射胶量不足	⑧提高熔料温度或增加熔胶行程
⑨模内冷却时间太长	⑨减少模内冷却,使用热水浴冷却
⑩水浴冷却过急(水温过低)	⑩提高水温,防止水浴冷却过快
⑪背压太小(熔料密度低)	⑪适当提高背压,增大熔料密度
⑫射嘴阻塞或漏胶(发热圈会烧坏)	⑫拆除/清理射嘴或重新对嘴

3.1.5 溢边(飞边、披锋)及解决方法

塑料熔体从模具的分型面挤压而且在制品边缘产生薄片,该现象称为溢边,也称飞边,俗称披锋,如图 3-11～图 3-13 所示。

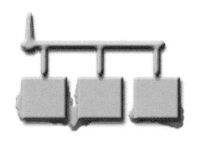
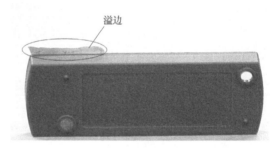

(a) 溢边现象(一)　　　　　　　　　　(b) 溢边现象(二)

图 3-11 塑件上出现的溢边现象 (一)

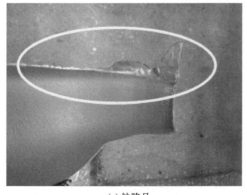

(a) 缺陷品　　　　　　　　　　(b) 合格品

图 3-12 塑件上出现的溢边现象 (二)

图 3-13　塑件上出现的溢边现象（三）

溢边是注塑生产中较为严重的质量问题，如果溢边脱落并粘在模具分型面上且没有及时清理掉，后续机器直接锁模，这将会严重损伤模具的分型面，该损伤部位又会导致产生新的溢边。因此，注塑过程需特别注意是否出现溢边现象。

📝 归纳总结

注塑生产过程中，导致溢边的原因较多，如注射压力过大、末端注射速度过快、锁模力不足、顶针孔或滑块磨损、合模面不平整（有间隙）、塑料的黏度太低（如尼龙料）等，溢边产生的原因及改善方法如表 3-5 所示。

表 3-5　溢边产生的原因及改善方法

原 因 分 析	改 善 方 法
①熔料温度或模温太高	①降低熔料温度及模具温度
②注射压力太高或注射速度太快	②降低注射压力或降低注射速度
③保压压力过大(胀模力大)	③降低保压压力
④合模面贴合不良或合模精度差	④检修模具或提高合模精度
⑤锁模力不够(产品周边均有披锋)	⑤加大锁模力
⑥制品投影面积过大	⑥更换锁模力较大的机器
⑦进浇口不平衡,造成局部披锋	⑦重新平衡进浇口
⑧模具变形或机板变形(机铰式机)	⑧模具加装撑头或加大模具硬度
⑨保压切换(位置)过迟	⑨提早从注射转换到保压的位置
⑩模具材质差或易磨损	⑩选择更好的钢材并进行热处理
⑪塑料的黏度太低(如 PA、PP 料)	⑪改用黏度较大的塑料或加填充剂
⑫合模面有异物或机铰磨损	⑫清理模面异物或检修/更换机铰

3.1.6　熔接痕及解决方法

在塑料熔体充填模具型腔时，如果两股或多股熔体在相遇时，前锋部分熔体的温度没有完全相同，则这些熔体无法完全融合，在汇合处会产生线性凹槽，从而形成熔接痕，如图 3-14～图 3-16 所示。

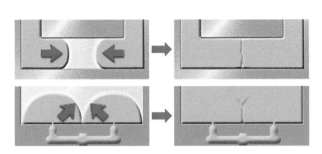

图 3-14　熔接痕形成原理

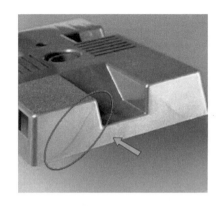

图 3-15　塑件上产生的熔接痕（一）

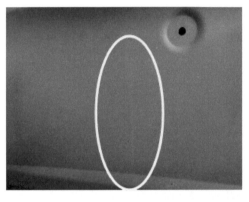

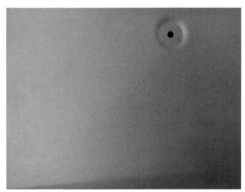

(a) 缺陷品　　　　　　　　　　　　　　　　(b) 合格品

图 3-16　塑件上产生的熔接痕（二）

熔接痕产生的原因及解决方法如下。

① 熔体温度太低。低温熔体的分流汇合性能较差，容易形成熔接痕。如果塑件的内外表面在同一部位产生熔接细纹，往往是由于料温太低引起的熔接不良。对此，可适当提高料筒及喷嘴的温度，或延长注射周期，促使料温上升。同时，应控制模具内冷却水的通过量，适当提高模具温度。一般情况下，塑件熔接痕处的强度较差，如果对模具中产生熔接痕的相应部位进行局部加热，提高成型件熔接部位的局部温度，往往可以提高塑件熔接处的强度。如果由于特殊需要，必须采用低温成型工艺，可适当提高注射速度及注射压力，从而改善熔体的汇合性能。也可在原料配方中适当增用少量润滑剂，提高熔体的流动性能。

图 3-17 所示，应尽量采用分流少的浇口形式并合理选择浇口位置，尽量避免充模速率不一致及充模料流中断。在可能的条件下，应选用单点进料。为了防止低温熔体注入模腔产生熔接痕，可在提高模具温度的同时，在模具内设置冷料穴。

② 模具排气不良。此时，首先应检查模具排气孔是否被熔体的固化物或其他物体阻塞，浇口处有无异物。如果阻塞物清除后，仍出现炭化点，应在模具汇料点处增加排气孔，也可通过重新定位浇口，或适当降低合模力，增大排气间隙来加速汇料合流。在注塑工艺方面，可采取降低料温及模具温度，缩短高压注射时间，降低注射压力等辅助措施。

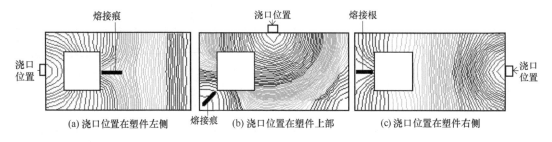

图 3-17　改变浇口位置对熔接痕的影响

③ 脱模剂使用不当。在注塑成型中，一般只在螺纹等不易脱模的部位才均匀地涂用少量脱模剂，原则上应尽量减少脱模剂的用量。

④ 塑件结构设计不合理。如果塑件壁厚设计得太薄或厚薄悬殊、嵌件太多，都会引起熔体的熔接不良，如图 3-18 所示。在设计塑件形状和结构时，应确保塑件的最薄部位必须大于成型时允许的最小壁厚。此外，应尽量减少嵌件的使用且壁厚尽可能趋于一致。

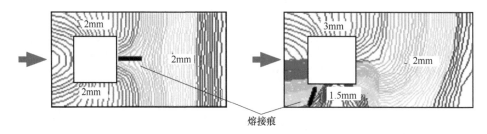

图 3-18　塑件壁厚对熔接痕的影响

⑤ 其他原因。例如使用的塑料原料中水分或易挥发物含量太高，模具中的油渍未清除干净，模腔中有冷料或熔体内的纤维填料分布不均，模具冷却系统设计不合理，熔体冷却太快，嵌件温度太低，喷嘴孔太小，注射机塑化能力不够，柱塞或注射机料筒中压力损失大等，都可能导致不同程度的熔体汇合不良，从而出现熔接痕迹，如图 3-19 所示。因此，在生产过程中，应针对不同情况，分别采取原料干燥，定期清理模具，改变模具冷却水道的大小和位置，控制冷却水的流量，提高嵌件温度，换用较大孔径的喷嘴，改用较大规格的注射机等措施予以解决。

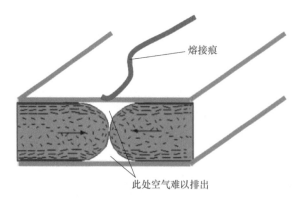

图 3-19　熔体汇合形成熔接痕

📚 **实际案例**

[案例 1]　熔接痕分析（一）

某中型塑件，其流道和浇口系统如图 3-20 所示，由于注塑中形成了 4 股熔体料流且料流在流动过程中受模具特征影响而发生翻滚，导致各自的温度不再一致，汇合后在塑件表面形成了两条明显的熔接痕。

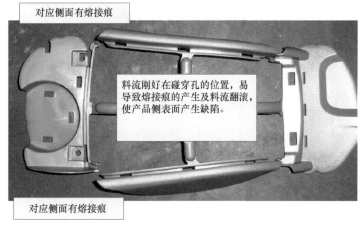

图 3-20　缺陷产品

注塑成型过程中，熔接痕出现后的一个伴随问题是熔接痕（熔接线）两侧的色差问题。事实上，熔接线并不可怕，可怕的是熔接线两侧的颜色不一致，光泽的差异太大，从而使熔接线更加清晰，如图 3-21 所示。在实际的成型过程中，经常遇到制件的表面在熔接线两侧出现光泽、颜色鲜艳度、色泽明显的区别，该差别进一步将熔接痕的缺陷放大。

造成熔接痕两侧色差的原因有以下几点。

① 从喷嘴到熔接痕产生处的料流的路径长度差异大。

② 熔体在流道或型腔内的流速差异大。

③ 熔体在熔接痕处汇合时的排气不通畅。

④ 熔体流动方向的差异对分子链取向、填充物分布、色粉分布等造成较大的差异。

⑤ 对于多浇口成型的塑件，浇口尺寸差异影响剪切热多少的差异。

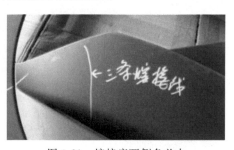

图 3-21　熔接痕两侧色差大

⑥ 模具温度过低。

⑦ 充填时熔体流动速率过慢。

[案例 2]　熔接痕分析（二）

利用 CAE 技术，可以通过模流分析预测塑件熔接痕两侧的色差，举例如下。

图 3-22 是一汽车车门内饰板在注塑成型时熔体流动前锋（前沿）的温度分布图，从中可以发现，该塑件共开设有 3 个浇口。注塑时，通过上侧两个浇口进入的熔体与通过下侧浇口进入的熔体在中部汇合位置，两侧存在明显的温度差，该温度差高达 8～14℃，该温度差过大，虽然两侧的熔体以较高的温度进行熔接，熔接线强度问题不大，但是却导致熔接位置两侧的光泽差异明显，而使熔接痕清晰可见。

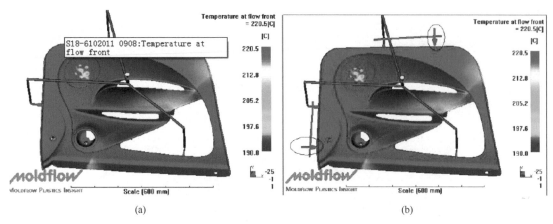

图 3-22　车门内饰板注塑成型时的温度分布

此外，对于温度下降较多的一侧，主要是因为熔体流动截面突然增大或与迎面熔体截面差异过大，导致两股熔体流速差异明显，流速慢的一侧与模具的热交换多，热量损失大，温度下降大，固化层或冷料层多，流动阻力大，因此易形成波浪状流痕。针对该类型，如果采用的是热流道而改变浇口位置难度较大，最常用的方法是增加浇口数量。

熔接痕两侧色差大的原因主要有以下几点。

（1）熔体剪切造成的熔接痕两侧色差大

在实际生产中，如果注塑成型含有弹性体的塑料，往往会出现在熔接线一侧发白，另一侧则非常光亮的现象，如图 3-23 所示。特别是某些高光型的塑件，如高光 ABS 最为明显。有时候 HIPS、增韧高光 PP 等也有类似现象。

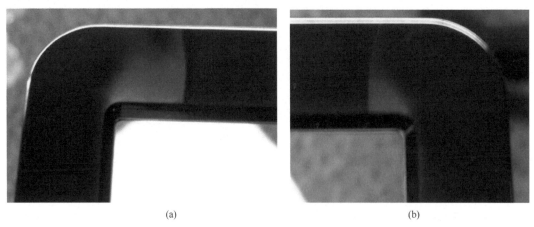

图 3-23　熔体剪切导致熔接痕两侧色差大

采取欠注注塑成型来分析该缺陷现象的原因。注塑时，设法让两股熔体没有相遇，而且相距很远，往往成型后的塑件某些地方也有发白的现象，而另一处则很光亮。

进一步试验，有如下现象。

① 采用蒸汽冷热成型的塑件不会出现这类发白现象。

② 边框很宽的塑件不会出现这类发白现象。

③ 如果动模不接冷水，注射 2h 后，这类现象逐渐消失。

④ 动模温度低（特别有冷却水）的时候，这类现象非常严重。

⑤ 发白总是出现在熔体流经塑件转角的位置之后，如果熔体不转角度，外观十分光亮。

⑥ 如果熔接线正好调整到转角的位置而且呈 45°，则没有发白，但是考虑到装配强度，不允许这种熔接线位置出现。

采取的措施：给动模加热，提高到 70℃ 以上；通过工艺调整，在熔体通过转角的位置时把速度迅速降低。结果是非常好地消除了发白的现象。分析该现象，其原因如下。

由于模温低，而且流经通道很窄，导致熔体前沿温度下降很快，固化层较厚，该固化层一旦因制件结构发生较大转向，就会受到很大的剪切力，其再对高温态的固化层进行拉扯，从而产生应力剪切而发白，该发白现象本质上是很多微细银纹造成的。

（2）模温过低造成的熔接痕两侧色差大

注塑成型时，由于不同的浇口在模具中充填的区域大小有很大差异，从而导致来自不同浇口的熔体相遇时，熔体流动的速度差异较大。此时如果模温过低，导致流速慢的熔体前沿降温过大，造成前沿固化层的冷胶过多，固化层被积压或推拉产生雾痕，因此塑件的两侧会产生很大的色差，如图 3-24 所示。

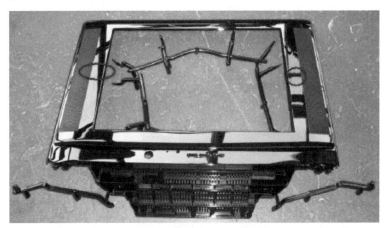

图 3-24 模温过低造成熔接痕两侧色差大

（3）熔体流经过窄的通道后造成熔接痕两侧色差大

熔体在型腔内流动时，由于格栅或狭长流动空间存在，导致流经该部分的熔体有更充分的冷却，温差明显，该部分熔体与其他方向熔体汇合后的熔接痕，就会出现严重色差，如图 3-25 所示，该塑件出现两条色差。

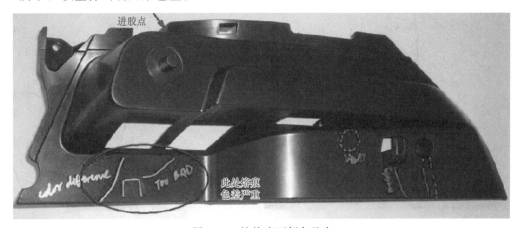

图 3-25 熔接痕两侧色差大

（4）混色造成熔接痕两侧色差大

如图 3-26 所示，该车门内饰板熔接痕两侧出现严重的色差，究其原因，是由于成型前，注塑机成型了熔融指数（MI）更低、黏度更大的黑色料，无法用流动性好的塑料彻底清洗机器，一直无法消除熔接痕两侧的色差。后来采用另一款黏度更大的米黄色材料后，才将机器清洗干净，更换正式材料后，色差消失。

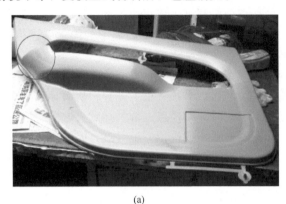
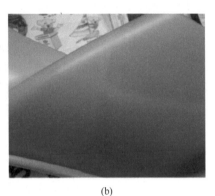

(a)   (b)

图 3-26　车门内饰板熔接痕的两侧色差大

（5）排气不畅造成熔接痕色差大

如图 3-27 所示的车门内饰板，该塑件原设计采用 3 个侧浇口，由于在边框两侧出现两

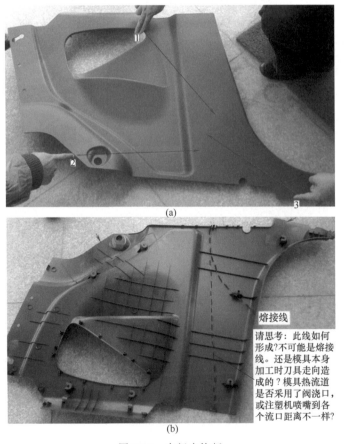

(a)

熔接线

请思考：此线如何形成？不可能是熔接线。还是模具本身加工时刀具走向造成的？模具热流道是否采用了阀浇口，或注塑机喷嘴到各个流口距离不一样？

(b)

图 3-27　车门内饰板

个熔接线比较容易看到，就将上面的浇口封死了，但是却导致圆圈部位熔接线非常清晰，后来通过增加排气和溢料槽，取得良好的效果。

（6）浇口充填区域差异大造成熔接痕色差大

图 3-28、图 3-29 所示为某型号车门内饰板模流分析结果，可以看出，塑件的中间比较容易先充满，两侧熔体还在流动，结果是塑件表面将产生明显的熔接痕（动静分界线），并导致色粉沉淀，从而造成混色现象。

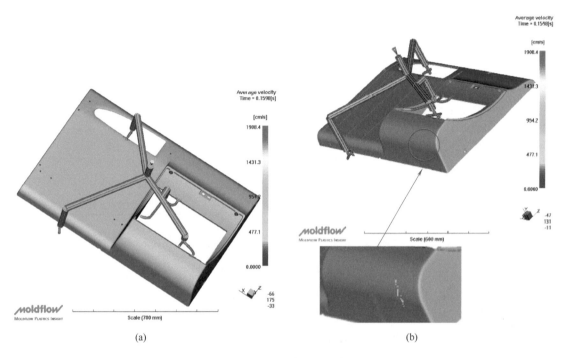

(a)　　　　　　　　　　　　　(b)

图 3-28　车门内饰板模流分析结果（一）

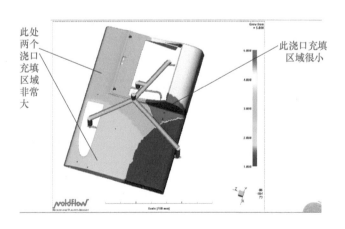

图 3-29　车门内饰板模流分析结果（二）

📝 归纳总结

塑件产生熔接痕的原因及改善方法如表 3-6 所示。

表 3-6　熔接痕产生的原因及改善方法

原 因 分 析	改 善 方 法
①原料熔融不佳或干燥不充分	① a. 提高料筒温度 b. 提高背压 c. 加快螺杆转速 d. 充分干燥原料
②模具温度过低	②提高模具温度(蒸汽模可改善夹水纹)
③注射速度太慢	③增加注射速度(顺序注塑技术可改善之)
④注射压力太低	④提高注射压力
⑤原料不纯或掺有杂料	⑤检查或更换原料
⑥脱模剂太多	⑥少用脱模剂(尽量不用)
⑦流道及进浇口过小或浇口位置不适当	⑦增大浇道及进浇口尺寸或改变浇口的位置
⑧模具内空气排除不良(困气)	⑧ a. 在产生夹水纹的位置增大排气槽 b. 检查排气槽是否堵塞或用抽真空注塑
⑨主、分流道过细或过长	⑨加粗主、分流道尺寸(加快一段速度)
⑩冷料穴太小	⑩加大冷料穴或在夹水纹部位开设溢料槽

3.1.7　气泡(气穴)及解决方法

在塑料熔体充填型腔时,多股熔体前锋包裹形成的空穴或熔体充填末端由于气体无法排出导致气体被熔体包裹,其结果就会在塑件上形成气泡,也称气穴,如图 3-30 所示。

气泡与鼓包、真空泡(缩孔)不相同,气泡是指塑件内存在的细小气泡;而真空泡是排空了气体的空洞,是熔体冷却定型时,收缩不均而产生的空穴,穴内并没有气体存在。注塑成型过程中,如果材料未充分干燥、注射速度过快、熔体中夹有空气、模具排气不良、塑料的热稳定性差,塑件内部就可能出现细小的气泡(在透明塑件内可以看到,如图 3-31 所示)。塑件内部有细小气泡时,塑件表面往往会伴随有银纹(料花)现象,透明件的气泡会影响外观质量,同时也属塑件材质不良,会降低塑件的强度。

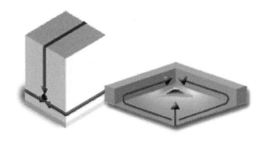

图 3-30　气泡形成原理

图 3-31　透明塑件内出现的气泡

气泡产生的主要原因是,流动的熔体因为塑件结构或模具设计上各种阻碍,被分流前进,并在一定位置相遇,导致气体被困在型腔内,如果不及时排除,或气体不断产生,就会导致困气的地方无法充满,或烧焦而出现欠注。

气泡产生的原因分析如表 3-7 所示。

表 3-7 气泡产生的原因分析

项目	原因	项目	原因
注塑工艺	①注射速度过快 ②熔体温度过高 ③螺杆松退过大	注塑设备	①螺杆剪切太强 ②温控精度差
模具设计	①浇口数量或位置不当 ②排气针或者顶杆过少	材料方面	①材料流动性差 ②材料有耐热性差的成分或者水分 ③材料结晶速度快,致使流动前沿提前固化
制件结构	①壁厚差异大 ②结构起伏大,有台阶或曲面起伏剧烈 ③太多孔或者网格		

📝 归纳总结

塑件产生气泡的原因及改善方法如表 3-8 所示。

表 3-8 气泡产生的原因及改善方法

原因分析	改善方法
①背压偏低或熔料温度过高	①提升背压或降低料温
②原料未充分干燥	②充分干燥原料
③螺杆转速或注射速度过快	③降低螺杆转速或注射速度
④模具排气不良	④增加或加大排气槽,改善排气效果
⑤残量过多,熔料在料筒内停留时间过长	⑤减少料筒内熔料残留量
⑥浇口尺寸过大或形状不适	⑥减小浇口尺寸或改变浇口形状,让气体滞留在流道内
⑦塑料或色粉的热稳定性差	⑦改用热稳定性较好的塑料或色粉
⑧熔胶筒内的熔胶夹有空气	⑧降低下料口段的温度,改善脱气情况

📇 实际案例

如图 3-32 所示的塑件上有若干格栅孔,格栅孔上的模具会对熔体的流动产生很大的流动阻力,导致熔体包流,造成困气,这是由浇口位置和塑件结构造成的困气缺陷。解决该缺陷的措施是利用顺序阀控制熔体的充填顺序,从而避免熔体产生的困气现象。

(a)　　　　　　　　　　　　　　(b)

图 3-32 熔体包流造成的困气缺陷

3.1.8 翘曲（变形）及解决方法

翘曲指的是塑件的形状与图纸的要求不一致，也称变形，如图3-33～图3-35所示。翘曲通常是因塑件的不均匀收缩而引起，但不包括脱模时造成的变形。

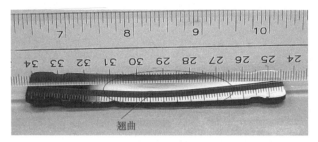

图 3-33　翘曲现象（一）

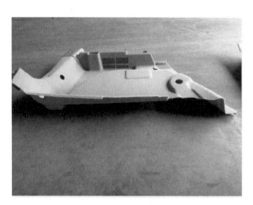

(a) 缺陷品　　　　　　　　　　　　　　　　　　(b) 合格品

图 3-34　翘曲现象（二）

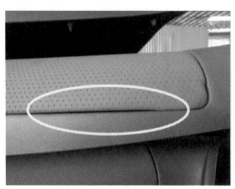

(a) 缺陷品　　　　　　　　　　　　　　　　　　(b) 合格品

图 3-35　翘曲现象（三）

导致塑件成型后翘曲的原因及相应的解决方法有以下几点。

① 分子取向不均衡。分子取向不均衡导致塑件翘曲如图3-36所示。为了尽量减少由于分子取向差异产生的翘曲变形，应创造条件减少流动取向或减少取向应力，有效的方法是降低熔体温度和模具温度，在采用这一方法时，最好与塑件的热处理结合起来，否则，减小分

子取向差异的效果往往是短暂的。热处理的方法是：塑件脱模后，将其置于较高温度下保持一定时间再缓冷至室温，即可大量消除塑件内的取向应力。

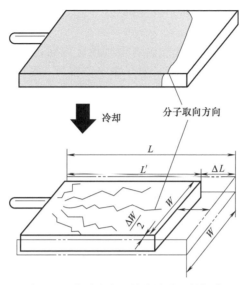

图 3-36　分子取向不均衡导致塑件翘曲

② 冷却不当。塑件在成型过程冷却不当极易产生变形现象，如图 3-37 所示。设计塑件结构时，各部位的断面厚度应尽量一致。塑件在模具内必须保持足够的冷却定型时间。对于模具冷却系统的设计，应注意将冷却管道设置在温度容易升高、热量比较集中的部位，对于那些比较冷却的部位，应尽量进行缓冷，以使塑件各部分的冷却均衡。

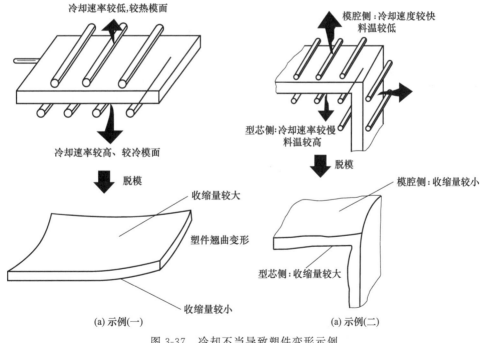

图 3-37　冷却不当导致塑件变形示例

③ 模具浇注系统设计不合理。在确定浇口位置时，不应使熔体直接冲击型芯，应使型

芯两侧受力均匀；对于面积较大的矩形或扁平塑件，当采用分子取向及收缩大的塑料原料时，应采用薄膜式浇口或多点式浇口，尽量不要采用侧浇口；对于环形塑件，应采用盘形浇口或轮辐式浇口，尽量不要采用侧浇口或点浇口；对于壳形塑件，应采用直浇口，尽量不要采用侧浇口。

④ 模具脱模及排气系统设计不合理。在模具设计方面，应合理设计脱模斜度、顶杆位置和数量，提高模具的强度和定位精度；对于中小型模具，可根据翘曲规律来设计和制造反翘模具。在模具操作方面，应适当减慢顶出速度或顶出行程。

⑤ 工艺设置不当。具体的表现有：模具、机筒温度太高；注射压力太高或注射速度太快；保压时间太长或冷却时间太短。应针对具体情况，分别调整对应的工艺参数。

⑥ 塑件结构不合理。例如：壁厚不均，变化突然或壁厚过小；制品结构造型不当，没有加强结构来约束变形。

⑦ 原料方面：酞菁系颜料会影响聚乙烯的结晶度而导致制品变形；采用增强＋粉体填充共同作用，可以有效减少塑件的变形程度。

📝 **归纳总结**

塑件翘曲产生的原因及改善方法如表 3-9 所示。

表 3-9　翘曲产生的原因及改善方法

原　因　分　析	改　善　方　法
①成品顶出时尚未冷却定形	① a. 降低模具温度 b. 延长冷却时间 c. 降低原料温度
②成品形状及厚薄不对称	② a. 脱模后用定形架(夹具)固定 b. 变更成品设计
③填料过饱形成内应力	③减少保压压力、保压时间
④多浇口进料不平均	④更改进浇口(使其进料平衡)
⑤顶出系统不平衡	⑤改善顶出系统或改变顶出方式
⑥模具温度不均匀	⑥改善模温使之各局部温度合适
⑦胶件局部粘模	⑦检修模具，改善粘模
⑧注射压力或保压压力太高	⑧减小注射压力或保压压力
⑨注射量不足导致收缩变形	⑨增加射胶量，提高背压
⑩前后模温不适(温差大或不合理)	⑩调整前后模温差
⑪塑料收缩率各向异性较大	⑪改用收缩率各向异性小的塑料
⑫取货方式或包装方式不当	⑫改善包装方式，增强保护能力

📖 **知识拓展**

盒状塑件翘曲缺陷的解决方法

如图 3-38 所示，该塑件的模具在 4 角采用串接的冷却管道来加强模具的冷却。同时，在动模镶块的 4 个转角处，采用热导率高的金属（如铍铜合金）镶件，以增加长方体模具内角的冷却效率，平衡内外角的热量传导，从而让塑件收缩均匀。

实际生产中，铍铜合金的厚度一般取塑件平均壁厚 3～4 倍，如果铍铜合金的镶件与模具本体焊接有困难，只需固定镶件的底部即可，如图 3-39 所示，铍铜合金和钢的间隙会因为铍铜的热膨胀而消失。

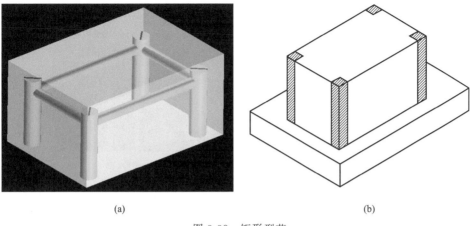

(a) (b)

图 3-38　矩形型芯

图 3-39　34in 电视机前框的注塑模具

3.1.9　收缩痕及解决方法

塑件中在壁厚差别较大的特征分界位置，由于两处特征厚度收缩不均匀而产生的明显痕迹，如图 3-40 所示。

塑件产生收缩痕的原因及相应的解决方法有以下几点。

① 成型工艺控制不当。对此，应适当提高注射压力及注射速度，增加熔料的压缩密度，延长注射和保压时间，补偿熔体的收缩，增加注射缓冲量。但保压不能太高，否则会引起凸痕。如果凹陷和缩痕发生在浇口附近，可以通过延长保压时间来解决；如果塑件在壁厚处产生凹陷，应适当延长塑件在模内的冷却时间；如果嵌件周围由于熔体局部收缩引起凹陷及缩

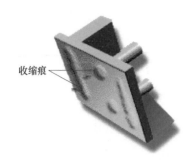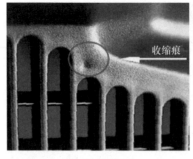

(a) 塑件(一)   (b) 塑件(二)

图 3-40 塑件上的收缩痕

痕，这主要是由于嵌件的温度太低造成的，应设法提高嵌件的温度；如果由于供料不足引起塑件表面凹陷，应增加供料量。此外，塑件在模内的冷却必须充分。

② 模具缺陷。对此，应结合具体情况，适当扩大浇口及流道截面，浇口位置尽量设置在对称处，进料口应设置在塑件厚壁的部位。如果凹陷和缩痕发生在远离浇口处，一般是由于模具结构中某一部位熔体流动不畅，妨碍压力传递。对此，应适当扩大模具浇注系统的结构尺寸，最好让流道延伸到产生凹陷的部位。对于壁厚塑件，应优先采用翼式浇口。

③ 原料不符合成型要求。对于表面要求比较高的塑件，应尽量采用低收缩率的塑料，也可在原料中增加适量润滑剂。

④ 塑件形状结构设计不合理。设计塑件形状结构时，壁厚应尽量一致。如果塑件的壁厚差异较大，可通过调整浇注系统的结构参数或改变壁厚分布来解决，如图 3-41 所示。

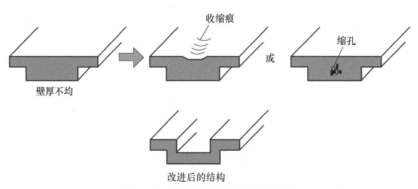

图 3-41 改变壁厚减小缩痕示意图

3.1.10 银纹（银丝、料花）及解决方法

在塑件表面沿着熔体流动方向形成的喷溅状线条称为银纹，也叫银丝或料花，如图 3-42 所示。

银纹的产生，一般是由于注射时螺杆启动过快，使熔体及模腔中的空气无法排出，空气夹混在熔体内，致使塑件表面产生了银色丝状纹路。银纹不但影响塑件外观，而且使塑件的强度降低许多。银纹的形成主要是塑料熔体中含有气体，查找这些气体产生的根源，即可找出解决缺陷的方法，相应的原因及解决的方法主要有以下几点。

① 塑料本身含有水分或油剂。由于塑料在制造过程时暴露于空气中，吸入水气/油剂或在混料时掺入错误的比例成分，使这些挥发性物质在溶胶时，受高温而变成气体。

(a) 银纹现象(一)

(b) 银纹现象(二)

(c) 银纹现象(三)

图 3-42　塑件上产生的银纹现象

② 熔体受热分解。如果熔体筒温度、背压及熔体速度调得太高，或成型周期太长，则对热敏感的塑料（如 PVC、赛钢及 PC 等），容易因高温受热分解产生气体。

③ 空气。塑料颗粒与颗粒之间均含有空气，如果熔体筒在进料斗处的温度调得很高，使塑料粒的表面在未压缩前便熔化而粘在一起，则塑料粒之间的空气便不能完全排除出来（脱气不良）。

④ 熔体塑化不良。对此，适当提高料筒温度和延长成型周期，尽量采用内加热式注料口或加大冷料井及加长流道。

⑤ 材料。

a. 注塑前先根据原料商提供的数据干燥原料。

b. 提高材料的热稳定性。

c. 粉体太多，造成夹气。

d. 材料中使用的助剂稳定性差，易分解。

⑥ 模具设计。

a. 增大主流道、分流道和浇口尺寸。

b. 检查是否有充足的排气位置。

c. 避免浇注系统出现比较尖锐的拐角，会造成热敏性材料高温分解。

⑦ 成型工艺。

a. 选择适当的注塑机，增大注塑机背压。

b. 切换材料时，把旧料完全从料筒中清洗干净。

c. 螺杆松退时，避免吸入气体。

d. 改进排气系统。

e. 降低熔体温度、注塑压力或注塑速度。

注塑 PVC、POM 类材料结束时，要用 ABS 或 AS 等清洗，避免残留造成分解气体产生。

📝 归纳总结

塑件银纹产生的原因及改善方法如表 3-10 所示。

表 3-10　银纹产生的原因及改善方法

原 因 分 析	改 善 方 法
①原料含有水分	①原料彻底烘干(在允许含水率以内)
②料温过高(熔料分解)	②降低熔料温度
③原料中含有其他添加物(如润滑剂)	③减小其使用量或更换其他添加物

续表

原 因 分 析	改 善 方 法
④色粉分解（色粉耐温性较差）	④选用耐温性较好的色粉
⑤注射速度过快（剪切分解或夹入空气）	⑤降低注射速度
⑥料筒内夹有空气	⑥ a. 减慢熔胶速度 b. 提高背压
⑦原料混杂或热稳定性不佳	⑦更换原料或改用热稳定性好的塑料
⑧熔料从薄壁流入厚壁时膨胀,挥发物气化与模具表面接触激化成银丝	⑧ a. 改良模具结构设计（平滑过渡） b. 调节射胶速度与位置互配关系
⑨进浇口过大/过小或位置不当	⑨改善进浇口大小或调整进浇口位置
⑩模具排气不良或模温过低	⑩改善模具排气或提高模温
⑪熔料残量过多（熔料停留时间长）	⑪减少熔料残量
⑫下料口处温度过高	⑫降低其温度,并检查下料口处冷却水
⑬背压过低（脱气不良）	⑬适当提高背压
⑭抽胶位置（倒索量）过大	⑭减少倒索量

3.1.11 水波纹及解决方法

水波纹是指熔体流动的痕迹在成型后无法去除而以浇口为中心呈现的水波状纹路,多见于用光面模具注塑成型的塑件上,如图3-43和图3-44所示。

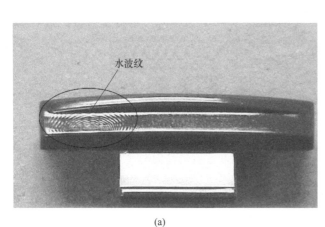
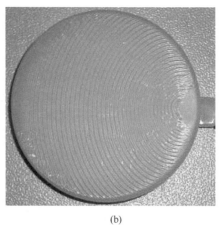

(a)　　　　　　　　　　　　　　　　(b)

图3-43　塑件上产生的水波纹（一）

(a) 缺陷品　　　　　　　　　　　　　(b) 合格品

图3-44　塑件上产生的水波纹（二）

水波纹是最初流入型腔的熔体冷却过快，而其后射入的热熔体推动前面的熔体滑移而形成的水波状纹路，其形成过程如图 3-45～图 3-47 所示。对此，可通过提高熔体温度和模具温度，加快注射速度，提高保压压力等途径来改善。残留于喷嘴前端的冷料，如果直接进入成型模腔内，也会造成水波纹，因此在主流道的末端开设冷料井可有效地防止水波纹的发生。

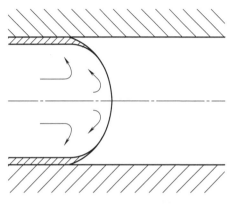

图 3-45　水波纹的成因图解（一）

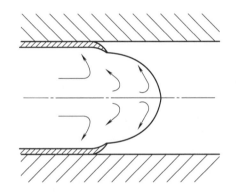

图 3-46　水波纹的成因图解（二）

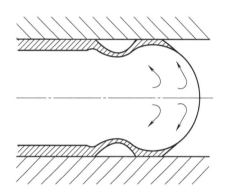

图 3-47　水波纹的成因图解（三）

归纳总结

水波纹的产生原因及改善方法如表 3-11 所示。

表 3-11　水波纹的产生原因及改善方法

原 因 分 析	改 善 方 法
①原料熔融塑化不良	① a. 提高料筒温度 b. 提高背压 c. 提高螺杆转速
②模温或料温太低	②提高模温或料温
③水波纹处注射速度太慢	③适当提高水波纹处的注射速度
④一段注射速度太慢（太细长的流道）	④提高该段注射速度

续表

原 因 分 析	改 善 方 法
⑤进浇口过小或位置不当	⑤加大进浇口或改变浇口位置
⑥冷料穴过小或不足	⑥增开或加大冷料穴
⑦流道太长或太细（熔料易冷）	⑦缩短或加粗流道
⑧熔料流动性差（FMI 低）	⑧改用流动性好的塑料
⑨保压压力过小或保压时间太短	⑨增加保压压力及保压时间

3.1.12 喷射纹（蛇形纹）及解决方法

注塑成型过程中，如果熔体在经过浇口处的注射速度过快，则塑件表面（侧浇口前方）会产生像蛇行状的纹路，其示意图如图 3-48 所示，具体的产品如图 3-49、图 3-50 所示。

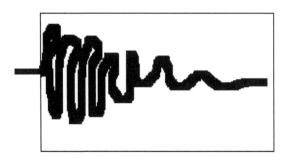

图 3-48 蛇形纹示意图

(a)　　　　　　　　(b)　　　　　　　　(c)

(d)

图 3-49 出现蛇形纹的塑件

(a)

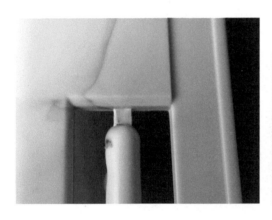

(b)

(c)

图 3-50　塑件上的蛇形纹现象

　　蛇形纹多在模具的浇口类型为侧浇口时出现。当塑料熔体高速流过喷嘴、流道和浇口等狭窄区域后，突然进入开放的、相对较宽的区域，熔融物料就会沿着流动方向如蛇一样弯曲前进，与模具表面接触后迅速冷却，如图 3-51 所示。由于这部分材料不能与后续进入型腔的树脂很好地融合，就在制品上造成了明显的波纹。在特定的条件下，熔体在开始阶段以一个相对较低的温度从喷嘴中射出，接触型腔表面之前，熔体的黏度变得非常大，因此产生了蛇形的流动，接下来随着温度较高的熔体不断进入型腔，最初的熔体就被挤压到模具中较深的位置处，因此留下了蛇形纹路。

图 3-51　用 Moldflow 模拟产生的蛇形纹

📝 **归纳总结**

塑件蛇形纹产生的原因及改善方法如表 3-12 所示。

表 3-12　蛇形纹产生的原因及改善方法

原 因 分 析	改 善 方 法
①浇口位置不当(直接对着空型腔注射)	①改变浇口位置(移到角位)
②料温或模温过高	②适当降低料温和模温
③注射速度过快(进浇口处)	③降低注射速度(进浇口处)
④浇口过小或形式不当(侧浇口)	④改大浇口或做成护耳式浇口(亦可在浇口附近设阻碍柱)
⑤塑料的流动性太好(FMI 高)	⑤改用流动性较差的塑料

🔧 **实际案例**

将潜伏式浇口改为侧浇口可以有效消除蛇形纹的产生；改变浇口位置，使熔接线的夹角变大，也可以消除熔接痕，或使熔接痕变弱，如图 3-52 所示。

图 3-52　电表箱产生的蛇形纹

3.1.13　虎皮纹及解决方法

虎皮纹是指大尺寸塑件上出现的类似虎皮状花纹状缺陷，比较容易出现在如仪表板、保险杠、门板和流程较长的较大面积的塑件上，也称为虎皮斑，如图 3-53 所示。

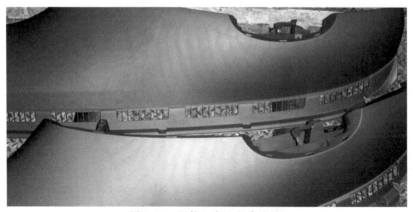

图 3-53　塑件上产生的虎皮纹

📖 **知识拓展**

　　高分子材料具有黏弹性，在压力作用下体积会收缩，当压力释放的时候，会因体积恢复而膨胀。当聚合物熔体经口模挤出时，挤出物的截面面积比口模出口截面面积大，这种现象叫作出模膨胀。1893 年，美国生物学家 Barus 首先观察到这一现象，所以又称 Barus 效应。

　　在注塑成型时，当塑料熔体通过较小的浇口时，会在浇口处遇到较大的阻力，从而使塑料在分流道中发生较大的体积收缩，一旦通过浇口后，体积就会马上膨胀，从而导致熔体流动前沿发生膨胀跳跃现象，表观上就会形成虎皮纹。

　　同样，熔体在流动过程中，如果制件较薄，型腔空隙较小，模具温度较低，制件结构造成流动困难或流程过长、这会造成熔体前沿阻力增大，熔体流动明显减速或出现停滞，此时充填的区域，其制品会出现外观光泽差的现象，但此后，较热的熔体不断从浇口涌来，橡胶体系开始吸收并储备能量，当能量积聚到一定程度时，即可突破熔胶前沿的阻力，熔体开始急速膨胀，并出现跳跃推进，此时新充填的区域，其外观光泽较好。

　　塑料中的橡胶弹性体越多，上述现象越容易出现。韧性差的材料很少会出现虎皮纹现象。例如增强材料、非增韧的尼龙、PBT 等材料成型过程中很少出现虎皮纹现象，而 ABS、HIPS 以及添加了 EPDM、POE 等橡胶成分的 PP 材料，则非常容易出现虎皮纹缺陷。

　　如图 3-54 所示为虎皮纹的产生机理示意图。

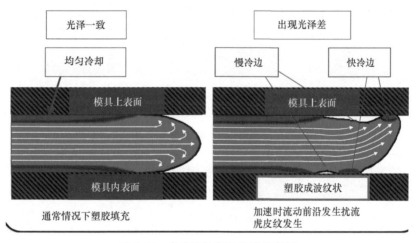

图 3-54　虎皮纹的产生机理示意图

　　要消除或降低虎皮纹现象，主要从成型工艺上加以解决，方法有提高料温、提高模温、降低注射速率等。

📇 **实际案例**

[案例 1]　虎皮纹缺陷解决（一）

　　某卡车仪表板，材料为 ABS＋PP。开始试模时，模温设定为 40℃，实测模温为 50℃，原设定的料温及其他主要工艺参数设定如图 3-55 和图 3-56 所示，浇口分布如图 3-57 所示。试模后仪表板上的虎皮纹非常明显，如图 3-58 所示。

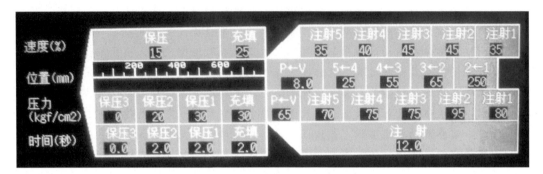

图 3-55 原设定的料温

图 3-56 其他主要工艺参数

图 3-57 浇口分布

图 3-58 试模后出现的虎皮纹

经分析后，模温设定为 53℃，实测模温为 63℃，料温及其他调整后的工艺参数设定如图 3-59 和图 3-60 所示，采用该工艺后，仪表板的大部分虎皮纹消失。

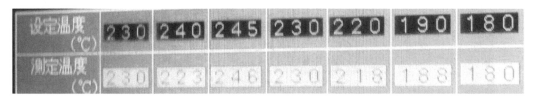

图 3-59　料温

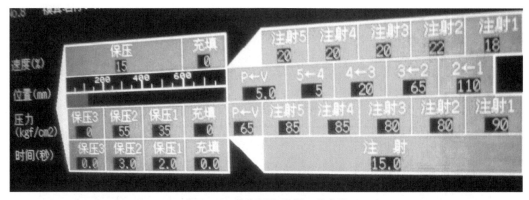

图 3-60　其他调整后的工艺参数

[案例 2]　虎皮纹缺陷解决（二）

某 46in 液晶电视机后壳，其产品结构如图 3-61 所示，材料为阻燃 ABS。该模具为 6 个进浇点，试模后出现明显的虎皮纹。

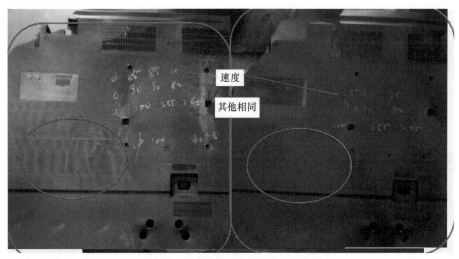

图 3-61　电视机后壳出现的虎皮纹

虽然通过提高水温，无法有效提高模具温度，但利用 3 号浇口作为主浇口，2 号、1 号只作保压，4 号延时调整接合线，在 50℃模温下，降低射速不能有效消除虎皮纹，提高料筒温度和热流道温度 30℃，从而有效地提高模温至 63℃，其他工艺参数设置如图 3-62 所示，降低注射速率，最后有效消除虎皮纹。

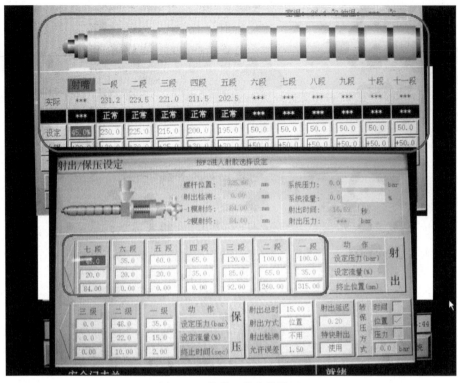

图 3-62   其他工艺参数设置

图 3-63   塑件上的气纹（一）

3.1.14   气纹（阴影）及解决方法

注塑成型过程中，如果浇口太小而注射速度过快，熔体流动变化剧烈且熔体中夹有空气，则在塑件的浇口位置、转弯位置和台阶位置等处会出现明显的阴影，该阴影称为气纹，如图 3-63 和图 3-64 所示。ABS、PC、PPO 等塑料制品，在浇口位置较容易出现气纹。

(a) 缺陷品

(b) 合格品

图 3-64   塑件上的气纹（二）

气纹产生的原因及改善方法如表 3-13 所示。

表 3-13　气纹产生的原因及改善方法

原　因　分　析	改　善　方　法
①熔料温度过高或模具温度过低	①降低料温(以防分解)或提高模温
②浇口过小或位置不当	②加大浇口尺寸或改变浇口位置
③产生气纹部位的注塑速度过快	③多级射胶,减慢相应部位的注射速度
④流道过长或过细(熔料易冷)	④缩短或加粗流道尺寸
⑤产品台阶/角位无圆弧过渡	⑤产品台阶/角位加圆弧
⑥模具排气不良(困气)	⑥改善模具排气效果
⑦流道冷料穴太小或不足	⑦加大或增开冷料穴
⑧原料干燥不充分或过热分解	⑧充分干燥原料并防止熔料过热分解
⑨塑料的黏度较大,流动性差	⑨改用流动性较好的塑料

3.1.15　黑纹(黑条)及解决方法

黑纹是塑件表面出现的黑色条纹,也称黑条,如图 3-65 所示。

图 3-65　塑件上的黑条现象

黑纹发生的主要原因是成型材料的热分解所致,常见于热稳定性差的塑料(如 PVC 和 POM 等)。有效防止黑条产生的对策是防止料筒内的熔体温度过高,并减慢注射速度。料筒或螺杆如果有伤痕或缺口,则附着于此部分的材料会过热,引起热分解。此外,止逆环开裂亦会因熔体滞留而引起热分解,所以,对于黏度高的塑料或容易分解的塑料,要特别注意防止黑条的产生。

黑条产生的原因及改善方法如表 3-14 所示。

表 3-14　黑条产生的原因及改善方法

原　因　分　析	改　善　方　法
①熔料温度过高	①降低料筒/喷嘴温度
②螺杆转速太快或背压过大	②降低螺杆转速或背压
③螺杆与炮筒偏心而产生摩擦热	③检修机器或更换机台
④射嘴孔过小或温度过高	④适当改大射嘴孔径或降低其温度
⑤色粉不稳定或扩散不良	⑤更换色粉或添加扩散剂
⑥射嘴头部黏滞有残留的熔料	⑥清理射嘴头部余胶
⑦止逆环/料管内有使原料过热的死角	⑦检查螺杆、止逆环或料管有无磨损
⑧回用水口料(浇注系统燃料)中有杂色料(被污染)	⑧检查或更改水口料
⑨进浇口太小或射嘴有金属堵塞	⑨改大进浇口或清除射嘴内的异物
⑩残量过多(熔料停留时间过长)	⑩减少残量以缩短熔料停留时间

3.1.16　发脆及解决方法

注塑成型后的塑件，其冲击性能与原材料相比出现大幅度下降，该现象被称为发脆，如图 3-66 所示。塑件发脆的直接原因是塑件内应力过大。

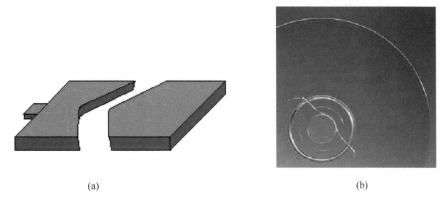

　　　　　　　　(a)　　　　　　　　　　　　　　　　　　　(b)

图 3-66　塑件发脆现象

塑件发脆的原因及应对措施如下。

（1）材料

① 注塑前设置适当的干燥条件，塑件如果连续干燥几天或干燥温度过高，尽管可以除去挥发分等物质，但同时也易导致材料降解，特别是热敏性塑料。

② 应减少使用回收料，增加原生料的比例。

③ 应选用合适的材料，选用高强度的塑胶。

（2）模具设计

增大主流道、分流道和浇口尺寸，流道避免出现尖锐的角。过小的主流道、分流道或浇口尺寸以及尖锐的拐角容易导致过多的剪切热，从而导致聚合物的分解。

（3）注塑机

选择合适的螺杆，塑化时温度分配更加均匀。如果材料温度不均，在局部容易积聚过多热量，导致材料的降解。

（4）工艺条件

降低料筒和喷嘴的温度。

降低背压、注塑压力、螺杆转速和注塑速度，减少过多剪切热的产生，避免聚合物分解。

如果是熔解痕强度不足导致的发脆，则可以通过增加熔体温度，加大注塑压力的方法，提高熔解痕强度。

降低开模速度、顶出速度和顶出压力。

（5）塑件设计

塑件中部流体要流经部位不要出现过薄的壁厚。

制品带有容易出现应力开裂的尖角、嵌件、缺口或厚度相差很大的设计。

3.1.17　裂纹（龟裂）及解决方法

注塑成型后，塑件表面开裂并形成若干条长度和大小不等的裂缝，如图 3-67 和图 3-68

所示。

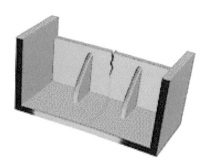

图 3-67　裂纹现象（一）

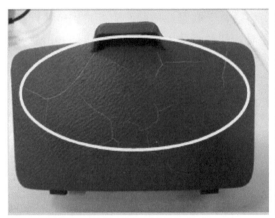

(a) 缺陷品

(b) 合格品

图 3-68　龟裂现象（二）

　　塑件的浇口形状和位置设计不当，注射压力/保压压力过大，保压时间过长而导致塑件脱模不顺（强行顶出），塑件内应力过大或分子取向应力过大等，均可能产生裂纹缺陷，具体分析如下。

　　① 残余应力太高。对此，在模具设计和制造方面，可以采用压力损失最小而且可以承受较高注射压力的直接浇口，可将正向浇口改为多个针点状浇口或侧浇口，并减小浇口直径。设计侧浇口时，可采用成型后将破裂部分除去的凸片式浇口。在工艺操作方面，通过降低注射压力来减少残余应力是一种最简便的方法，因为注射压力与残余应力呈正比例关系。应适当提高料筒及模具温度，减小熔体与模具的温度，控制模内型胚的冷却时间和速度，使取向分子链有较长的恢复时间。

　　② 外力导致残余应力集中。一般情况下，这类缺陷总是发生在顶杆的周围。出现这类缺陷后，应认真检查和校调顶出装置，顶杆应设置在脱模阻力最大部位，如凸台、加强筋等处。如果设置的顶杆数由于推顶面积受到条件限制不可能扩大，可采用小面积多顶杆的方法。如果模具型腔脱模斜度不够，塑件表面也会出现擦伤形成褶皱花纹。

　　③ 成型原料与金属嵌件的热膨胀系数存在差异。对于金属嵌件应进行预热，特别是

当塑件表面的裂纹发生在刚开机时，大部分是由于嵌件温度太低造成的。另外，在嵌件材质的选用方面，应尽量采用线胀系数接近塑料特性的材料。在选用成型原料时，也应尽可能采用高分子量的塑料，如果必须使用低分子量的成型原料嵌件周围的塑料厚度应设计得厚一些。

④ 原料选用不当或不纯净。实践表明，低黏度疏松型塑料不容易产生裂纹。因此，在生产过程中，应结合具体情况选择合适的成型原料。在操作过程中，要特别注意不要把聚乙烯和聚丙烯等塑料混在一起使用，这样很容易产生裂纹。在成型过程中，对于熔体来说，脱模剂也是一种异物，如用量不当，也会引起裂纹，应尽量减少其用量。

⑤ 塑件结构设计不合理。塑件形状结构中的尖角及缺口处最容易产生应力集中，导致塑件表面产生裂纹及破裂。因此，塑件形状结构中的外角及内角都应尽可能采用最大半径做成圆弧。试验表明，圆弧半径与转角处壁厚的比值为 1：1.7 时最佳。

⑥ 模具上的裂纹复映到塑件表面上。在注射成型过程中，由于模具受到注射压力反复的作用，型腔中具有锐角的棱边部位会产生疲劳裂纹，尤其是在冷却孔附近特别容易产生裂纹。当模具型腔表面上的裂纹复映到塑件表面上时，塑件表面上的裂纹总是以同一形状在同一部位连续出现。出现这种裂纹时，应立即检查裂纹对应的型腔表面有无相同的裂纹。如果是由于复映作用产生裂纹，应以机械加工的方法修复模具。

经验表明，PS、PC 料的制品较容易出现裂纹现象。而由于内应力过大所引起的裂纹，可以通过"退火"处理的方法来消除内应力。

📝 **归纳总结**

塑件裂纹产生的原因及改善方法如表 3-15 所示。

表 3-15　龟裂产生的原因及改善方法

原　因　分　析	改　善　方　法
①注射压力过大或末端注射速度过快	①减小注射压力或末端注射速度
②保压压力太大或保压时间过长	②减小保压压力或缩短保压时间
③熔料温度或模具温度过低/不均	③提高熔料温度或模具温度（可用较小的注射压力成型），并使模温均匀
④浇口太小、形状及位置不适	④加大浇口、改变浇口形状和位置
⑤脱模斜度不够，模具不光滑或有倒扣	⑤增大脱模斜度、省顺模具、消除倒扣
⑥顶针太小或数量不够	⑥增大顶针或增加顶针数量
⑦顶出速度过快	⑦降低顶出速度
⑧金属嵌件温度偏低	⑧预热金属嵌件
⑨水口料回用比例过大	⑨减小添加水口料比例或不用回收料

3.1.18　烧焦（炭化）及解决方法

烧焦是指注塑过程中由于模具排气不良或注射太快，模具内的空气来不及排出，则空气会在瞬间的高压下急剧升温（极端情况下温度可高达 300℃），将熔体在某些位置烧黄、烧焦，如图 3-69 所示。

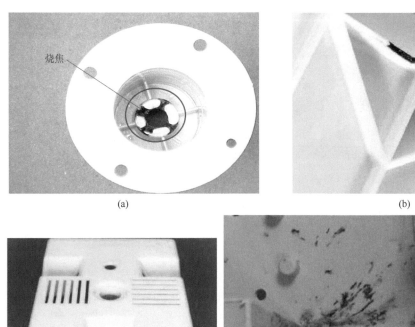

图 3-69   烧焦现象

📝 归纳总结

塑件烧焦的原因及改善方法如表 3-16 所示。

表 3-16   塑件烧焦的原因及改善方法

原 因 分 析	改 善 方 法
①末端注射速度过快	①降低最后一级注射速度
②模具排气不良	②加大或增开排气槽(抽真空注塑)
③注射压力过大	③减小注射压力(可减轻压缩程度)
④熔料温度过高(黏度降低)	④降低熔料温度,降低其流动性
⑤浇口过小或位置不当	⑤改大浇口或改变其位置(改变排气)
⑥塑胶材料的热稳定性差(易分解)	⑥改用热稳定性更好的塑料
⑦锁模力过大(排气缝变小)	⑦降低锁模力或边锁模边射胶
⑧排气槽或排气针阻塞	⑧清理排气槽内的污渍或清洗顶针

3.1.19   黑点及解决方法

透明塑件、白色塑件或浅色塑件,在注塑生产时常常会出现黑点现象,如图 3-70 所示。塑件表面出现的黑点会影响制品的外观质量,造成生产过程中废品率高、浪费大、成本高。

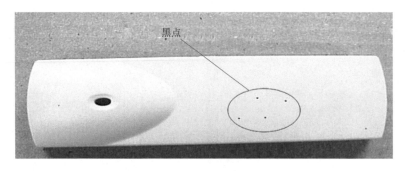

图 3-70　制品上产生的黑点

黑点问题是注塑成型中的难题，需要从水口料（流道凝料）、碎料、配料、加料、环境、停机及生产过程中各个环节加以控制，才能减少黑点。

📝归纳总结

塑件出现黑点的直接原因是混有污料或塑料熔体在高温下降解，从而在制品表面产生黑点，黑点产生的原因及改善方法如表 3-17 所示。

表 3-17　黑点产生的原因及改善方法

原 因 分 析	改 善 方 法
①原料过热分解物附着在料筒内壁上	① a. 彻底射空余胶 b. 彻底清理料管 c. 降低熔料温度 d. 减少残料量
②原料中混有异物（黑点）或烘料桶未清理干净	② a. 检查原料中是否有黑点 b. 需将烘料桶彻底清理干净
③热敏性塑料浇口过小，注射速度过快	③ a. 加大浇口尺寸 b. 降低注射速度
④料筒内有引起原料过热分解的死角	④检查射嘴、止逆环与料管有无磨损/腐蚀现象或更换机台
⑤开模时模具内落入空气中的灰尘	⑤调整机位风扇的风力及风向（最好关掉风扇），用薄膜盖住注塑机
⑥色粉扩散不良，造成凝结点	⑥增加扩散剂或更换优质色粉
⑦空气内的粉尘进入烘料桶内	⑦烘料桶进气口加装防尘罩
⑧喷嘴堵塞或射嘴孔太小	⑧清除喷嘴孔内的不熔物或加大孔径
⑨水口料不纯或污染	⑨控制好水口料（最好采用无尘车间）
⑩碎料机/混料机未清理干净	⑩彻底清理碎料机/混料机

3.1.20　顶白（顶爆）及解决方法

塑件从模具上脱模时，如果采用顶杆顶出的方式，顶杆往往会在塑件上留下或深或浅的痕迹，如果这些痕迹过深，就会出现所谓的顶白现象，如图 3-71～图 3-73 所示。严重的会发生顶穿塑件的情况，即所谓的顶爆。

图 3-71 顶白现象（一）

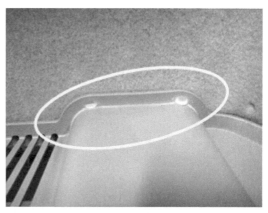

图 3-72 顶白现象（二）

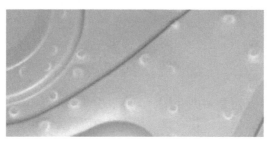

图 3-73 顶白现象（三）

📝 **归纳总结**

塑件出现顶白现象的原因主要是制品粘模力较大，而塑件上顶出部位的强度不够，导致顶杆顶出位置产生白痕。顶白产生的原因及改善方法如表 3-18 所示。

表 3-18 顶白产生的原因及改善方法

原因分析	改善方法
①后模温度太低或太高	①调整合适的模温
②顶出速度过快	②减慢顶出速度
③有脱模倒角	③检修模具（抛光）
④成品顶出不平衡（断顶针板弹簧）	④检修模具（使顶出平衡）
⑤顶针数量不够或位置不当	⑤增加顶针数量或改变顶针位置
⑥脱模时模具产生真空现象	⑥清理顶针孔内污渍,改善进气效果
⑦成品骨位、柱位粗糙（倒扣）	⑦抛光各骨位及柱位
⑧注射压力或保压压力过大	⑧适当降低其压力
⑨成品后模脱模斜度过小	⑨增大后模脱模斜度
⑩侧滑块动作时间或位置不当	⑩检修模具（使抽芯动作正常）
⑪顶针面积太小或顶出速度过快	⑪增大顶针面积或减慢顶出速度
⑫末段的注射速度过快（毛刺）	⑫减慢最后一段注射速度

在实际生产过程中，塑件注塑成型结束后，即使顶杆没有进行顶出动作，但是顶杆头部的制件表面依然会产生光泽非常好的亮斑，如图 3-74 所示，该现象在侧抽机构成型的制件表面位置也会出现。这种现象的产生是由于成型时，顶杆或侧抽机构受力较大，或顶杆和侧

抽机构的装配间隙过大，或顶杆和侧抽机构选用的金属材料硬度不足，刚性不够，当熔体以一定的压力作用在顶杆和侧抽机构的表面时，引起其发生振动，该振动过大时，会导致其表面与熔体产生较大的摩擦热，从而引起熔体在该位置局部温度上升，结果就是塑件的外观质量与周围的表面不一致，表现出亮斑特征，严重时，可见底部存在烧焦现象。

图 3-74　顶白现象（四）

上述现象的原因主要是制品粘模力较大，而顶出部位强度不够，导致顶杆顶出位置产生白痕。按造成该类型缺陷的因素进行归类，其相应的原因及应对措施如表 3-19 所示。

表 3-19　顶白现象的因素分析

项目	原因及应对措施
注塑工艺	①在不出现缩痕的前提下，降低最后一段的注塑压力和保压压力 ②提高模具温度和熔体温度 ③顶出至制件脱离模具初始时刻，将初始顶出速度降低到 5% 以下
模具设计	①提高筋位的脱模斜度，降低筋位表面的粗糙度 ②制件若存在凹坑和桶状的结构，则要提高脱模斜度 ③使用拉料杆或拉料顶针来保证制件留在动模，因为这些机构会在顶出时跟随制件一起动作，不会产生脱模阻力；尽量少用通过降低脱模斜度或设置砂眼结构的方法，因为这些方法会产生脱模阻力 ④顶杆要均匀分布，在脱模困难的位置顶杆要多 ⑤顶杆头面积要大，减少应力集中 ⑥顶杆选材要选用刚性好的钢材 ⑦顶杆、嵌件以及抽芯机构的装配间隙不宜过大，否则引起振动发热
制件设计	①在保证变形要求的情况下，尽量减少筋位数量 ②筋位不宜太厚或太薄，最好在制件厚度的 1/3 左右 ③筋位的深度不宜太深
材料配方	①提高材料的润滑性或脱模性，减少材料与模具的摩擦系数 ②提高材料流动性，减少充模压力 ③对于筋位多的制件，材料收缩率大有利于减少脱模力 ④对于桶形制件，材料收缩率小可以减少制件对型芯的包紧力

3.1.21　拉伤（拖花）及解决方法

塑件脱模时，如果模具的型腔侧面开设有较深的纹路，但模具型腔的脱模斜度不够大，则塑件在脱离型腔后会出现纹路模糊的现象，此现象称为拉伤或拖花，如图 3-75 所示。

图 3-75　拉伤现象

📝 **归纳总结**

　　塑件拉伤的原因主要是注射压力或保压压力过大，模具型腔内侧纹路过深等。拉伤产生的原因及改善方法如表 3-20 所示。

表 3-20　拉伤产生的原因及改善方法

原 因 分 析	改 善 方 法
①模腔内侧边有毛刺(倒扣)	①省顺模腔内侧的毛刺(倒扣)
②注射压力或保压压力过大	②降低注射压力或保压压力
③模腔脱模斜度不够	③加大模腔的脱模斜度
④模腔内侧面蚀纹过粗	④将粗纹改为细纹或改为光面台阶结构
⑤锁模力过大(模腔变形)	⑤酌情减小锁模力,防止模腔变形
⑥模腔温度过高或冷却时间不够	⑥降低模腔温度或延长冷却时间
⑦模具开启速度过快	⑦减慢开模启动速度
⑧锁模末端速度过快(模腔冲撞压塌)	⑧减慢末端锁模速度,防止型腔撞塌

3.1.22　色差及解决方法

　　塑件成型后，在同一表面出现颜色不一致或光泽相同的现象，称为色差或光泽差别，如图 3-76 和图 3-77 所示。

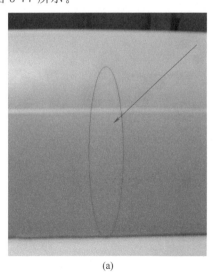

(a)

(b)

图 3-76　色差现象（一）

(a) 缺陷品　　　　　　　　　　　　　　(b) 合格品

图 3-77　色差现象（二）

📝 **归纳总结**

　　色差是由于塑件着色分布不均，或是着色剂与熔体流动方向不同，从而引起热效应破坏和塑件的严重变形导致的。此外，使用过大的脱模力，也可导致颜色不均匀而产生色差。

　　注塑过程中，如果原料、色粉发生了变化，水口料回收量未严格控制，注塑工艺（料温、背压、残量、注射速度及螺杆转速等）发生了变化，注塑机发生了变更，混料时间不同，原料干燥时间过长，颜色需配套的产品分开进行开模（多套模具），样板变色及库存产品颜色不一样等，都可能出现色差现象。色差产生的原因及改善方法如表3-21 所示。

表 3-21　色差产生的原因及改善方法

原 因 分 析	改 善 方 法
①原料的牌号/批次不同	①使用同一供应商/同一批次的原料生产同一订单的产品
②色粉的质量不稳定(批次不同)	②改用稳定性好的色粉或同一批色粉
③熔料温度变化大(忽高或忽低)	③合理设定熔料温度并稳定料温
④水口料的回用次数/比例不一致	④严格控制水口料的回用量及次数
⑤料筒内残留料过多(过热分解)	⑤减少残留量
⑥背压过大或螺杆转速过快	⑥降低背压或螺杆转速
⑦有颜色配套的产品不在同一套模内	⑦模具设计时将有颜色配套的产品尽量放在一同套模具内注塑
⑧注塑机大小不相同	⑧尽量使用同一台或同型号的注塑机
⑨配料时间及扩散剂用量不同(未控制)	⑨控制配料工艺及时间(需相同)
⑩产品库存时间过长	⑩减少库存量,以库存产品为颜色板
⑪烤料时间过长或不一致	⑪控制烤料时间,不要变化或时间太长
⑫颜色板污染变色	⑫保管好颜色板(同胶袋密封好)
⑬色粉量不稳定(底部多、顶部少)	⑬使用色浆、色母粒或拉粒料

🔍 **特别注意**

　　塑件出现色差是注塑成型中经常发生的问题，也是最难控制的问题之一。解决色差现象是一项系统工程，需要从注塑生产过程中的各个工序（各环节）加以控制，才可能得到有效改善。

3.1.23　混色及解决方法

塑件的表面或在熔体流动方向发生改变的部位，如果出现局部区域颜色偏差较明显现象，该现象称为混色，如图 3-78～图 3-80 所示。

图 3-78　混色现象（一）

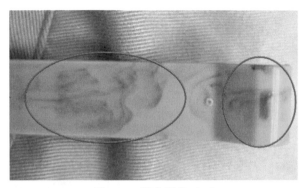

图 3-79　混色现象（二）

(a) 缺陷品

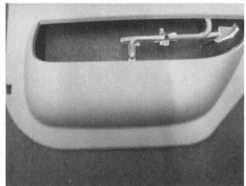

(b) 合格品

图 3-80　混色现象（三）

归纳总结

混色的原因很多，如注塑过程中色粉扩散不均（相容性差）、料筒未清洗干净、原料中混有其他颜色的水口料、回料比例不稳定、熔体塑化不良等。混色产生的原因及改善方法如表 3-22 所示。

表 3-22　混色产生的原因及改善方法

原　因　分　析	改　善　方　法
①熔料塑化不良	①改善塑化状况，提高塑化质量
②色粉结块或扩散不良	②研磨色粉或更换色粉（混色头射嘴）
③料温偏低或背压太小	③提高料温、背压及螺杆转速
④料筒未清洗干净（含有其他残料）	④彻底清洗熔胶筒（必要时使用螺杆清洗剂）
⑤注射机螺杆、料筒内壁损伤	⑤检修或更换损伤的螺杆/料筒或机台
⑥扩散剂用量过少	⑥适当增加扩散剂用量或更换扩散剂
⑦塑料与色粉的相容性差	⑦更换塑料或色粉（可适量添加水口料）
⑧回用的水口料中有杂色料	⑧检查/更换原料或水口料
⑨射嘴头部（外面）滞留有残余熔胶	⑨清理射嘴外面的余胶

3.1.24 表面光泽不良及解决方法

塑件成型后，其表面失去材料本来的光泽，或表面形成乳白色的层膜，称为表面光泽不良，如图3-81所示。

光泽不均匀

图3-81 塑件表面光泽不良

📝 **归纳总结**

塑件表面光泽不良，大都是由于模具表面状态不良所致。模具表面抛光不良或有模垢时，成型品表面当然得不到良好的光泽。此外，使用过多的脱模剂或油脂性脱模剂亦是表面光泽不良的重要原因。材料吸湿或含有挥发物及异质物混入，亦是造成制品表面光泽不良的原因之一。制品表面无光泽的原因及改善方法如表3-23所示。

表3-23 制品表面无光泽的原因及改善方法

原 因 分 析	改 善 方 法
①模具温度太低或料温太低	①提高模具温度或料温(改善复制性)
②熔料的密度不够或背压低	②增加保压压力/时间或适当增加背压
③模具内有过多脱模剂	③控制脱模剂用量,并擦拭干净
④模具表面渗有水或油	④擦拭干净水或油并检查是否漏水及油
⑤模内表面不光滑(胶渍或锈迹)	⑤模具抛光或清除胶渍
⑥原料干燥不充分(整体发哑)	⑥充分干燥原料
⑦模具型腔内有模垢/胶渍	⑦清除模具型腔内的模垢/胶渍
⑧熔料过热分解或在料筒内停留时间过长	⑧降低熔料温度或减少残量
⑨流道及进浇口过小(冷料)	⑨加大流道及浇口尺寸
⑩注射速度太慢或模温不均	⑩提高注射速度或改善冷却系统
⑪料筒未清洗干净	⑪彻底清洗料筒

3.1.25 透明度不足及解决方法

成型透明塑件过程中，如果料温过低、原料未干燥好、熔体分解、模温不均匀或模具表面光洁度不好等，均可能出现塑件透明度不足的现象。

📝 **归纳总结**

塑件出现透明度不足的原因及改善方法如表3-24所示。

表 3-24　塑件出现透明度不足的原因及改善方法

原 因 分 析	改 善 方 法
①熔料塑化不良或料温过低	①提升熔料温度,改善熔料塑化质量
②熔料过热分解	②适当降低熔料温度,防止熔料分解
③原料干燥不充分	③充分干燥原料
④模具温度过低或模温不均	④提高模温或改善模具温度的均匀性
⑤模具表面光洁度不够	⑤抛光模具或采用表面电镀的模具,提高模具的光洁度
⑥结晶型塑料的模温过高(充分结晶)	⑥降低模温,加快冷却(控制结晶度)
⑦使用了脱模剂或模具上有水及污渍	⑦不用脱模剂或清理模具内的水及污渍

3.1.26　表面浮纤及解决方法

表面浮纤是指成型玻璃纤维增强时在塑件的表面出现纤维的现象, 如图 3-82 所示。塑件表面浮纤将严重影响塑件的质量。

图 3-82　表面浮纤现象

归纳总结

　　塑件出现浮纤的原因主要有两个: 一是射出的熔体在接触模具内壁时已被过度冷却, 玻璃纤维难以浸润于熔体中, 从而形成纤痕; 二是玻璃纤维与塑料的收缩率不同, 导致局部玻纤维凸出塑件外。塑件表面浮纤产生的原因及改善方法如表 3-25 所示。

表 3-25　塑件表面浮纤产生的原因及改善方法

原 因 分 析	改 善 方 法
①模具温度过低或料温偏低	①提高模具温度或熔料温度
②保压压力/注射压力偏小	②提高保压压力及注射压力
③玻璃纤维长度偏长	③改用短玻纤增强塑料(注意强度变化)
④注塑速度偏低	④提高注塑速度
⑤浇口过小或流道过细/过长	⑤加大浇口或流道尺寸,缩短流道长度
⑥冷料穴不足或尺寸过小	⑥加开冷料穴或加大冷料穴尺寸
⑦背压过低	⑦适当提高背压,增大熔料的密度
⑧玻纤塑料的相容性差	⑧在塑料中添加偶联剂

3.1.27　尺寸超差及解决方法

　　注塑成型中, 如果注塑工艺不稳定或模具发生变形, 塑件尺寸就会产生偏差, 达不得所需尺寸的精度。

📝 归纳总结

塑件产生尺寸超差的原因及改善方法如表 3-26 所示。

表 3-26　塑件产生尺寸超差的原因及改善方法

原 因 分 析	改 善 方 法
①注射压力及保压压力偏低(尺寸小)	①增大注射压力或保压压力
②模具温度不均匀	②调整/改善模具冷却水流量
③冷却时间不够(胶件变形—尺寸小)	③延长冷却时间,防止胶件变形
④模温过低,塑料结晶不充分(尺寸大)	④提高模具温度,使熔料充分结晶
⑤塑件吸湿后尺寸变大	⑤改用不易吸湿的塑料
⑥塑料的收缩率过大(尺寸小)	⑥改用收缩率较小的塑料
⑦浇口尺寸过小或位置不当	⑦增大浇口尺寸或改变浇口位置
⑧模具变形(尺寸误差大)	⑧模具加撑头,酌情减少锁模力,提高模具硬度
⑨背压过低或熔胶量不稳定(尺寸小)	⑨提升背压,增大熔料密度
⑩塑件尺寸精度要求过高	⑩根据国际尺寸公差标准确定其精度

3.1.28　起皮及解决方法

注塑过程中,熔体相互间没有完全相容,或熔体与嵌件、杂质等相互之间没有完全压实,则塑件表面就会出现剥离、起皮(分层)等不良现象,如图 3-83 所示。

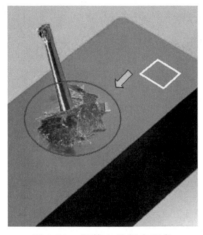

图 3-83　塑件上的起皮现象

塑件出现起皮缺陷,其原因涉及塑料原料、工艺条件等,具体原因及相应措施如下。

① 材料。应避免不相容的杂质或受污染的回收料混入原料中;避免原材料混杂;提高合金材料的相容性。

② 模具结构。应对无必要的尖锐角度的流道或浇口进行倒角处理,实现平滑过渡。

③ 工艺条件。增加料筒和模具温度;成型前对材料进行恰当的干燥处理;避免使用过多的脱模剂;不要使用过高的注射压力,防止塑件粘模;对于 PVC 塑料,注射速度过快或模具温度低亦可能造成分层剥离。

📝 归纳总结

塑件产生起皮的原因及改善方法如表 3-27 所示。

表 3-27　塑件产生起皮的原因及改善方法

原 因 分 析	改 善 方 法
①熔胶筒未清洗干净(熔料不相容)	①彻底清洗熔胶筒
②回用的水口料中混有杂料	②检查或更换水口料
③模具温度过低或熔料温度偏低	③提高模温及熔料温度
④背压太小,熔料塑化不良	④增大背压,改善熔料塑化质量
⑤模具内有油污/水渍	⑤清理模具内的油污/水渍
⑥脱模剂喷得过多	⑥不喷脱模剂

3.1.29　冷料斑及解决方法

注塑过程中，如果塑料塑化不彻底或模具流道中有冷料，则塑件表面极易产生冷料斑。

 归纳总结

冷料斑产生的原因及改善方法如表 3-28 所示。

表 3-28　冷料斑产生的原因及改善方法

原 因 分 析	改 善 方 法
①流道内有流涎的冷料	①降低喷嘴温度,减少背压,适当抽胶改善流涎
②熔料塑化不良(料温偏低,产生死胶)	②提高料温,改善塑化质量
③回用水口料中含有熔点高的杂料	③检查/更换水口料
④模具(顶针位、柱位、滑块)内留有残余的胶屑(胶粉)	④检修模具并清理模内的胶屑/胶粉
⑤模具内有倒扣(刮胶)	⑤检修模具并理顺(抛光)倒扣位

3.1.30　塑件强度不足及解决方法

注塑生产中，如果熔体过热而产生分解、水口料（流道凝料）回用比例过大、水口料中混有杂料、塑件太薄、内应力过大等，塑件在一些关键部位往往会发生强度不足的现象。当塑件强度不足，在受力或使用时会出现脆裂、断裂等问题，从而影响产品的功能、外观和使用寿命。

 归纳总结

塑件产生强度不足的原因及改善方法如表 3-29 所示。

表 3-29　塑件产生强度不足的原因及改善方法

原 因 分 析	改 善 方 法
①料温过高,熔料过热分解发脆	①适当降低料温
②熔料塑化不良(温度过低)	②提高料温/背压,改善塑化质量
③模温过低或塑料干燥不充分	③提高模温或充分干燥塑料
④残量过多,熔料在料筒内停留时间过长(过热分解)	④减少残留量
⑤脱模剂用量过多	⑤控制脱模剂用量或不使用脱模剂
⑥胶件局部太薄	⑥增加薄壁位的厚度或增添加强筋
⑦回用水口料过多或水口料混有杂料	⑦减少回用水口料比例或更换水口料
⑧料筒未清洗干净,熔料中有杂质	⑧将料筒彻底清洗干净
⑨喷嘴孔径或浇口尺寸过小	⑨增大喷嘴孔径或加大浇口尺寸
⑩PA(尼龙)料干燥过头	⑩PA 胶件进行"调湿"处理
⑪材料本身强度不足(FMI 大)	⑪改用分子量大的塑料
⑫夹水纹明显(熔合不良,强度降低)	⑫提高模温,减轻或消除夹水纹
⑬胶件残留应力过大(内应力开裂)	⑬改善工艺及模具结构,控制内应力
⑭制品锐角部位易应力集中造成开裂	⑭锐角部位加 R 角(圆弧过渡)
⑮玻纤增强塑料注塑时,浇口过小	⑮加大浇口尺寸,防止玻纤因剪切变短

3.1.31　金属嵌件不良及解决方法

注塑生产中，对于一些连接强度要求高的塑件，往往需在塑件中放入金属嵌件（如螺钉、螺母、轴等），从而制成带有金属嵌件的塑件。在注塑带有金属嵌件时，常出现金属嵌件的定位不准、金属嵌件周边塑料开裂、金属嵌件四周溢边及金属嵌件损伤等问题，如图 3-84 所示。

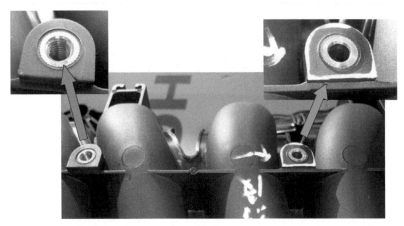

图 3-84　金属嵌件周边溢边现象

📝 归纳总结

出现金属嵌件不良的原因及改善方法如表 3-30 所示。

表 3-30　金属嵌件不良的原因分析及改善方法

原 因 分 析	改 善 方 法
①注射压力或保压压力过大	①降低注射压力及保压压力
②注射速度过快（嵌件易产生披锋）	②减慢注射速度
③熔料温度过高	③降低熔料温度
④嵌件定位不良（卧式注塑机）	④检查定位结构尺寸或稳定嵌件尺寸
⑤嵌件未摆放到位（易压伤）	⑤改善金属嵌件的嵌入方法（放到位）
⑥嵌件尺寸不良（过小或过大），放不进定位结构内或松动	⑥改善嵌件的尺寸精度并更换嵌件
⑦嵌件卡在定位结构内，脱模时拉伤	⑦调整注塑工艺条件（降低注射压力、保压压力及注射速度）
⑧嵌件注塑时受压变形	⑧减小锁模力或检查嵌入方法
⑨定位结构内有胶屑或异物（放不到位）	⑨清理模具内的异物
⑩金属嵌件温度过低（包胶不牢）	⑩预热金属嵌件
⑪金属嵌件与制品边缘的距离太小	⑪加大金属嵌件周围的胶厚
⑫嵌件周边包胶（披锋）	⑫减小嵌件间隙或调整注塑工艺条件
⑬浇口位置不适（位于嵌件附近）	⑬改变浇口位置，远离嵌件

3.1.32　通孔变盲孔及解决方法

注塑过程中，可能出现塑件内本应为通孔的位置却变成了盲孔，其原因及改善方法如表 3-31 所示。

表 3-31　塑件产生盲孔的原因及改善方法

原 因 分 析	改 善 方 法
①成型孔针断或掉落	①检修模具并重新安装成型孔针
②侧孔行位/滑块出现故障(不复位)	②检修行位(滑块)，重新做成型孔针
③成型孔针材料刚性/强度不够	③使用刚性/强度高的钢材做成型孔针
④成型孔针太细或太长	④改善成型孔针的设计(加粗/减短)
⑤注射压力或保压压力过大(包得紧)	⑤降低注射压力或保压压力
⑥锁模力大，成型孔针受压过大(断)	⑥减小锁模力，防止成型孔针压断
⑦成型孔针脱模斜度不足或粗糙	⑦加大成型孔针的脱模斜度或抛光
⑧胶件压模，压断成型孔针	⑧控制压模现象(加装锁模监控装置)

3.1.33　内应力过大及解决方法

当塑料熔体充填至模腔后进行快速冷却时，制品表面的降温速率远比内层快，表层冷却迅速而固化，由于固化后的塑料导热性差，制品内部的热量无法顺利传导出去而凝固缓慢，当模具的浇口封闭后，再也不能对内部冷却收缩的位置进行补料。制品内部会因收缩而处于拉伸状态，而表层则处于相反状态的压应力，这种应力在开模后来不及消除而留在制品内，被称为残余应力过大。

📝 **归纳总结**

塑件产生内应力过大的原因及改善方法如表 3-32 所示。

表 3-32　塑件产生内应力过大的原因及改善方法

原 因 分 析	改 善 方 法
①模具温度过低或过高(阻力小)	①提高模具温度(或降低模温)
②熔料温度偏低(流动性差，需要高压)	②提高熔料温度，降低压力
③注射压力/保压压力过大	③降低注射压力及保压压力
④胶件结构存在锐角(尖角——应力集中)	④在锐角(直角)部位加 R 圆角
⑤顶出速度过快或顶出压力过大	⑤降低顶出速度，减小顶出压力
⑥顶针过细或顶针数量过少	⑥加粗顶针或增加顶针数量
⑦胶件脱模困难(粘模力大)	⑦改善脱模斜度，减小粘模力
⑧注射速度太慢(易分子取向程度大)	⑧提高注射速度，减小分子取向程度
⑨胶件壁厚不均匀(变化大)	⑨改良胶件结构，使其壁厚均匀
⑩注射速度过快或保压位置切换过迟	⑩降低注射速度或调整保压切换位置

📖 **知识拓展**

在塑件产生内应力后，可通过"退火"的方法减轻或消除；塑件是否存在内应力，可用四氯化碳溶液或冰醋酸溶液检测。

3.1.34　光斑（鬼影）及解决方法

塑料在成型过程中，由于温度、压力或收缩突变引起的塑件外观出现的不规则光斑，俗称鬼影、光影等，如图 3-85～图 3-87 所示。

图 3-85　光斑现象（一）　　　　　　　　　　　图 3-86　光斑现象（二）

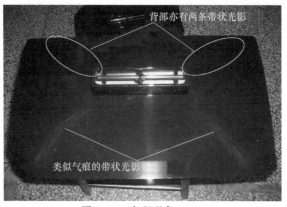

图 3-87　光斑现象（三）

实际案例

解决光斑缺陷的案例

图 3-88 所示是笔记本电脑的塑料风扇，塑件中间出现了梅花状光斑。分析其原因，模具的动模温度在中间位置偏高是造成该光影缺陷的原因之一。从塑件背面来看，8 个梅花瓣正对 8 个顶杆，由于模具是由冷却水控制温度的，而顶杆是通过模具进行接触冷却的，因此其冷却效率大大降低，尤其顶杆的间隙大时，冷却效果更差。而 8 个顶杆间的金属，由于有 8 个距离很近的孔穿透，其散热也大大被弱化了，模温在该位置非常高，进而影响塑料熔体的温度差，最终造成制品产生光泽差别。解决的方法是加大顶杆直径，减小顶杆与模具间的间隙，同时增大顶杆间距（可能需要减少顶杆数量）。

(a) 正面　　　　　　　　　　　　　　　(b) 背面

图 3-88　塑料风扇中的光斑

3.1.35　包胶不牢及解决方法

包胶不牢缺陷是指采用二次包覆成型的塑件，塑件二次包覆的软胶易剥离脱落，如图3-89 所示。二次包覆成型的工艺过程是，首先用第一种塑料成型内层零件，然后旋转动模，再用第二种塑料成型外层零件，使外层零件叠加在内层零件上，常见的有手机外壳等电子产品。对于电动工具行业，其塑件往往分两套模具；第一套模具用来成型内层制件；第二套模具用来包胶，包胶塑料一般为 TPE 类的软胶。

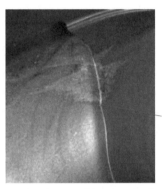

撕裂时，接触面出现图示白痕表示粘接效果较好。

图 3-89　包胶不牢现象

该工艺常见的缺陷是包胶不牢、外观差、欠注等。

二次包覆成型工艺中，包胶不牢常用解决措施如下。

① 注塑结束后，立即进行包胶，最好采用双色注塑。

② 包胶注塑时，内层材料包胶部位要干净清洁（不要人为进行清洁），无油污，无灰尘。

③ 发现包胶不牢后，应立即去除外层软胶，不可再进行二次包胶。

④ 注塑时，应采用较高注射速度和偏高的熔体温度，有利于提高粘接牢度。

⑤ 包胶后应放置一段时间，再检测塑件的质量，才能判断包胶效果是否达标。

⑥ 被包胶部位的表面避免使用脱模剂。

⑦ 塑料原料方面出现问题时，要从内外层材料两个方面来考虑，不能只考虑外层软胶的材料因素，被包胶材料对包胶效果也有影响，特别是硬胶内的助剂。

实际案例

[案例 1]　解决包胶不牢（一）

某企业反映其批量投产的塑件突然出现包胶性能严重下降的现象，而且 5 套模具同时出现。

第一天，技术员前往处理，当时客户正在生产的尼龙包胶模具总共有 8 套，其中 3 套模具包胶情况比较理想，而另外 5 套模具包胶力非常差，所采用的硬胶均为 PA6-G30 N104 本色加色粉配成 KA344 的颜色；经过现场观察，包胶力差的 5 套模具均为点浇口，而且包胶层较薄。一般而言，FLEXBOND-1030 遇到点浇口的模具时，由于料温和压力在模具中衰减过快，容易出现包胶力下降的情况，因此，技术员想通过调整注塑工艺提高包胶力，将注塑机的温度从 260℃提高到 290～300℃，并尽量提高注塑压力和速度，调整工艺后，只有 1套模具得到了改善，而其他 4 套模具没有任何改善迹象；于是同 SJ 的车间主管商量，能不能通过施加模温的方式，提高包胶力。

第二天，技术员继续前往 SJ 处理，剩下的 4 套模具中有 2 套模具是加不上模温的，因此决定先将另外 2 套模具加上模温，将模温开到 80℃之后，其中 1 套模具粘胶力有明显提高，另外 1 套模具因为模具使用年限太长，水路堵塞，模温达不到设定温度，因此粘胶力仍然没有提高。因此，我们跟客户沟通，先将模具修好，次日再来处理。

第三天，技术员到达客户车间时，模具仍然没有修好，于是在不能加模温的模具上继续调整注塑工艺。我们观察到注塑机喷嘴处的温控探头是直接压在加热片下面的，实际的熔体温度可能远远低于设定温度；于是将喷嘴处的温度不断升高，一直升高到 330℃，并尽量提高注塑压力和速度，我们感觉粘接力有一定的提高，但当时客户的 QC 已经下班，没有当面确认，与车间主管沟通，待第二天 QC 确认后再决定解决方案。

第四天，客户的 QC 表示昨天调整工艺之后的样品仍然达不到检测的标准，于是技术员又前往解决，随身携带了 1kg 左右马来酸酐接枝的 SEBS，到达客户的车间之后，按照 2％和 5％的比例，在 FLEXBOND-1030 本色中添加马来酸酐接枝 SEBS，仍然采用第三天的工艺，还是不能达到标准。万般无奈之际，客户的车间主任提示可以用 BAYER 的硬胶试试。我们实在是找不到别的解决办法了，只能采纳他的建议，让客户用 BAYER 的本色料先做硬胶制品，刚好客户的注塑机上有 10kg 左右洗机剩下的 PA6-G30 N104 本色料，于是先用 N104 本色料打硬胶制品，再用 BAYER 的本色料打硬胶制品，然后再进行包胶。结果发现两个本色料的包胶效果都出奇得好，甚至可以将包胶的温度降到 260℃。这时候已经很明显是附加的色粉影响了包胶的效果，于是，让客户将色粉厂的技术员叫到现场，经过了解情况，原来是因为该颜色产品在国外货架上长期摆放后容易变色，客户在色粉中添加了耐候剂 UV531（6‰），将色粉中的耐候剂 UV531 去掉之后，FLEXBOND-1030 本色的粘胶效果一下子就表现得非常好了。

[案例2] 解决包胶不牢（二）

某企业注塑的塑料件，生产中出现粘胶力不够的缺陷。经技术员到现场了解，操作人员反映包胶力不够的模具经常会出现粘胶力不够的问题，有时候通过工艺的调节和更换机台，问题初步解决，但从来没有找到真正的原因。这一次问题出现之后，已经连续换了 5 次机台生产，反复调整工艺都没有解决，因此生产人员判断是软胶有问题。该塑件的硬胶部分采用 PA6（尼龙6）本色，通过添加色粉配成红色，于是，技术人员先到配色室了解到色粉配方为镉红 300g、铬黄 60g、扩散粉 36g、其他色粉 14g。初步判定是因为色粉中的扩散粉引起包胶力下降，于是建议先去掉扩散粉，仅用本色料制作硬胶制件，再进行包胶。结果是扩散粉去掉之后，包胶效果非常好，并且不用提高模温，包胶效果仍然十分良好。由此可见，尼龙硬胶中所添加的某些助剂的确会影响到下一步的包胶过程。

📚 **经验总结**

加工温度过高，导致材料严重降解；回收的水口料中含有大量粉尘，在熔化中，粉尘影响塑料熔体的结合力，并带入更多的空气，这也将严重影响包胶效果。

3.1.36　制品尺寸不稳定及解决方法

注塑制品的尺寸随成型周期延长而发生变化或随环境变化而发生波动。

📝 **归纳总结**

影响塑料制品尺寸不稳定的原因如表 3-33 所示。

表 3-33 影响塑料制品尺寸不稳定的原因

项目	原 因	项目	原 因
注塑工艺	①模温不均或冷却回路不当而致模温控制不合理 ②注射压力低 ③注射保压时间不够或有波动 ④机筒温度高或注射周期不稳定	注塑设备	①加料系统不正常 ②背压不稳或控温不稳 ③液压系统出现故障
模具设计	①浇口及流道尺寸不均 ②型腔尺寸不准,收缩率没设对	材料方面	①换批生产时,树脂性能有变化 ②物料颗粒大小无规律 ③含湿量较大 ④更换助剂对收缩率有影响

3.1.37 白点及解决方法

采用 PS、PMMA、PC 等塑料时,由于一般的注塑机,其螺杆压缩比较小而导致塑料塑化不彻底,原料中可能出现无法塑化的颗粒或粉末,这些颗粒或粉末在透明塑件中就会呈现出白点,影响产品的外观质量。

📝 **归纳总结**

塑件出现白点的原因及改善方法如表 3-34 所示。

表 3-34 塑件出现白点的原因及改善方法

原 因 分 析	改 善 方 法
①注塑机螺杆的压缩比不够(塑化不良)	①更换压缩比较大的注塑机
②背压偏低或螺杆转数太低	②适当提高背压或螺杆转速
③熔料温度偏低或嘴温较低	③提高熔料温度或喷嘴温度
④螺杆或料筒内壁损伤	④检查螺杆或料筒内壁,必要时需更换
⑤喷嘴与主浇口衬套配合不良	⑤重新对嘴或清理射嘴头部余胶
⑥原料中含有难熔物质(异物)	⑥检查来料或更换原料(除粉末料斗)

3.1.38 冷胶残留及解决方法

当采用热流道成型增强型塑料或结晶速度快的塑料时,如果热流道浇口采用局部冷浇口的方式,而且热流道浇口为开放式浇口,那么在成型过程中,热流道浇口的对面往往会产生冷胶残留的现象,如图 3-90 所示。这是由于热流道浇口往往有熔体溢出到局部冷浇口内并固化,溢出的冷胶将在下一模次成型时被熔体推出。如果成型壁厚较厚的塑件,就会形成如图 3-90 所示的痕迹;如果塑件的壁厚较薄,则可能被推离浇口位置,在距离浇口一定距离的地方出现银丝。

图 3-90 塑件上残留的冷胶

解决冷胶残留的方法：

① 提高熔体温度。

② 提高热流道浇口位置温度。

③ 增大注塑机的螺杆松退，避免熔体溢出。

④ 在模具结构允许的情况下增设冷料井。

⑤ 在性能允许的情况下，减少玻纤含量或降低材料结晶速度。

3.1.39　不规则沉坑及解决方法

塑件表面出现非规则的、非圆滑的沉坑，容易被误导为缩痕，其实是熔体在型腔内流动时，由于制件结构突变，或塑料易结晶固化等原因，前沿压力损失太大，导致前沿熔体流动时逐渐变薄，并固化停止，然后熔体从其他方向流过来，重新包覆先前固化的前沿，当无法彻底包覆该前沿时，就造成不规则的沉坑，如图 3-91 所示。

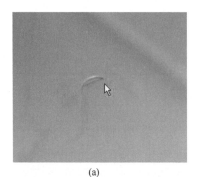

(a)

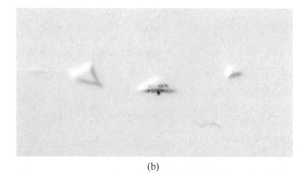

(b)

(c)

图 3-91　塑件上出现的不规则沉坑

塑件出现不规则沉坑的常用解决方法：

① 降低注射速度。

② 提高注射压力，尤其是注射末端或保压压力。

③ 避免制件厚度变化太大，或结构突变。

④ 提高材料流动性。

3.2　注塑过程中常见问题及解决方法

3.2.1　下料不顺畅及解决方法

下料不顺畅是指注塑过程中，烘料桶（料斗）内的塑料原料有时会发生不下料的现象，从而导致进入注塑机料筒的塑料不足，影响产品质量。导致下料不顺畅的原因及改善方法如表 3-35 所示。

表 3-35　导致下料不顺畅的原因及改善方法

原 因 分 析	改 善 方 法
①回用水口料的颗粒太大（大小平均）	①将较大颗粒的水口料重新粉碎（调小碎料机刀口的间隙）
②料斗内的原料熔化结块（干燥温度失控）	②检修烘料加热系统，更换新料
③料斗内的原料出现"架桥"现象	③检查/疏通烘料桶内的原料
④水口料回用比例过大	④减少水口料的回用比例
⑤熔料筒下料口段的温度过高	⑤降低送料段的料温或检查下料口处的冷却水
⑥干燥温度过高或干燥时间过长（熔块）	⑥降低干燥温度或缩短干燥时间
⑦注塑过程中射台振动大	⑦控制射台的振动
⑧烘料桶下料口或机台的入料口过小	⑧改大下料口孔径或更换机台

3.2.2　塑化时噪声过大及解决方法

塑化噪声是指在注塑过程中，螺杆转动对塑料进行塑化时，料筒内出现"叽叽"或"咯吱咯吱"的摩擦声音（在塑化黏度高的 PMMA、PC 料时，噪声更为明显）。

塑化时噪声过大的原因主要是由于螺杆的旋转阻力过大，导致螺杆与塑料原料在压缩段和送料段发生强烈的干摩擦所引起的。塑化时噪声过大产生的原因及改善方法如表 3-36 所示。

表 3-36　塑化时噪声过大的产生原因及改善方法

原 因 分 析	改 善 方 法
①背压过大	①降低背压
②螺杆转速过快	②降低螺杆转速
③料筒（压缩段）温度过低	③提高压缩段的温度
④塑料的黏度大（流动性差）	④改用流动性好的塑料
⑤树脂的自润滑性差	⑤在原料中添加润滑剂（如滑石粉）
⑥螺杆压缩比较小	⑥更换螺杆压缩比较大的注塑机

3.2.3　螺杆打滑及解决方法

注塑过程中，螺杆无法塑化塑料原料而只产生空运转的现象称为螺杆打滑。发生螺杆打滑时，螺杆只有转动行为，没有后退动作。螺杆打滑的原因及改善方法如表 3-37 所示。

表 3-37 螺杆打滑的原因及改善方法

原因分析	改善方法
①料管后段温度太高,料粒熔化结块(不落料)	①检查入料口处的冷却水,降低后段熔料温度
②树脂干燥不良	②充分干燥树脂及适当添加润滑剂
③背压过大且螺杆转速太快(螺杆抱胶)	③减小背压和降低螺杆转速
④料斗内的树脂温度高(结块不落料)	④检修烘料桶的加热系统更换新料
⑤回用水口料的料粒过大,产生"架桥"现象	⑤将过大的水口料粒挑拣出来,重新粉碎
⑥料斗内缺料	⑥及时向烘料桶添加塑料
⑦料管内壁及螺杆磨损严重	⑦检查或更换料管/螺杆

3.2.4 喷嘴堵塞及解决方法

注塑过程中，熔体无法进入模具流道的现象称为喷嘴堵塞。喷嘴堵塞的原因及改善方法如表 3-38 所示。

表 3-38 喷嘴堵塞的原因及改善方法

原因分析	改善方法
①射嘴中有金属及其他不熔物质	①拆卸喷嘴清除射嘴内的异物
②水口料中混有金属粒	②检查/清除水口料中的金属异物或更换水口料(使用离心分类器处理)
③烘料桶内未放磁力架	③将磁力架清理干净后放入烘料桶中
④水口料中混有高熔点的塑料杂质	④清除水口料中的高熔点塑料杂质
⑤结晶型树脂(如 PA、PBT)嘴温偏低	⑤提高喷嘴温度
⑥喷嘴头部的加热圈烧坏	⑥更换喷嘴头部的加热圈
⑦长喷嘴加热圈数量过少	⑦增加喷嘴加热圈数量
⑧射嘴内未装磁力管	⑧射嘴内加装磁力管

3.2.5 喷嘴流涎及解决方法

在对塑料进行塑化时，喷嘴内出现熔体流出的现象称为喷嘴流涎。接触式注塑生产中，如果喷嘴流涎，熔体流到主流道内，冷却的塑料会影响注塑的顺利进行（堵塞浇口或流道）或在塑件表面造成外观缺陷（如冷斑、缩水、缺料等），特别是流动性能好的塑料，如 PA 料，最容易产生喷嘴流涎现象。喷嘴流涎的原因及改善方法如表 3-39 所示。

表 3-39 喷嘴流涎的原因及改善方法

原因分析	改善方法
①熔料温度或喷嘴温度过高	①降低熔料温度或喷嘴温度
②背压过大或螺杆转速过高	②减小背压或螺杆转速
③抽胶量不足	③增大抽胶量(熔前或熔后抽胶)
④喷嘴孔径过大或喷嘴结构不当	④改用孔径小的喷嘴或自锁式喷嘴
⑤塑料黏度过低	⑤改用黏度较大的塑料
⑥接触式注塑成型方式	⑥改为射台移动式注塑成型

3.2.6　喷嘴漏胶及解决方法

在注塑过程中，热的塑料熔体从喷嘴头部或喷嘴螺纹与料筒连接处流出来的现象称为喷嘴漏胶。喷嘴出现漏胶现象会影响注塑生产的正常进行，轻者造成产品重量或质量不稳定，重者会造成塑件出现缩水、缺料、烧坏发热圈等不良现象，从而影响产品的外观质量。喷嘴漏胶的原因及改善方法如表 3-40 所示。

表 3-40　喷嘴漏胶的原因及改善方法

原 因 分 析	改 善 方 法
①射嘴与模具嘴贴合不紧密	①重新对嘴或检查射嘴头与模具的匹配性
②射嘴的紧固螺纹松动或损伤	②紧固射嘴螺纹或更换射嘴
③背压过大或螺杆转速过高	③减小背压或螺杆转速
④熔料温度过高或嘴温过高（黏度低）	④降低射嘴及料筒温度
⑤抽胶行程不足	⑤适当增加抽胶距离
⑥塑料黏度过低（FMI指数较高）	⑥改用熔融指数（FMI）低的塑料

3.2.7　压模及解决方法

注塑过程中，如果制品或水口料（流道凝料）没有完全取出来或制品粘在模具上而操作人员又没有及时发现，合模后留在模具内的制品或水口料会造成压伤模具，该现象被称为压模。压模是注塑生产中严重的安全生产问题，会造成生产停止，需拆模进行维修。某些尺寸精度要求高的模芯无法修复，需更换模芯，造成很大的损失，甚至影响订单的交货期。因此，注塑生产中要特别预防出现压模事件，需合理设定模具的低压保护参数，安装模具监控装置。压模产生的原因及改善方法如表 3-41 所示。

表 3-41　压模产生的原因及改善方法

原 因 分 析	改 善 方 法
①胶件粘前模	①改善胶件粘模现象（同改善粘模措施）
②模具低压保护功能失效	②合理设定模具低压保护参数
③全自动生产中未安装产品脱模监控装置	③全自动生产中加装模具监控装置
④顶针板无复位装置	④加设顶针板复位装置
⑤作业员未发现胶件粘模	⑤对作业员进行操作培训并加强责任心
⑥全自动注塑的胶件粘模	⑥有行位和深型腔结构的产品不宜使用全自动生产,改为半自动生产模式
⑦水口（流道）拉丝	⑦清理拉丝并彻底消除水口拉丝现象

3.2.8　制品粘前模及解决方法

注塑过程中，制品在开模时整体粘在前模（定模）的模腔内而导致无法顺利脱模，这种现象称为塑品粘前模。制品粘前模的原因及改善方法如表 3-42 所示。

表 3-42 制品粘前模的原因及改善方法

原因分析	改善方法
①射胶量不足(产品未注满),塑件易粘在模腔内	①增大射胶量
②注射压力及保压压力太高	②减低注射压力和保压压力
③保压时间过长(过饱)	③缩短保压时间
④末端注射速度过快	④减慢末端注射速度
⑤料温太高或冷却时间不足	⑤降低料温或延长冷却时间
⑥模具温度过高或过低	⑥调整模温及前、后模温度差
⑦进料不均使部分过饱	⑦变更浇口位置或浇口大小
⑧前模柱位及碰穿位有倒扣	⑧检修模具,消除倒扣
⑨前模表面不光滑或模边有毛刺	⑨抛光模具或省顺模边毛刺
⑩前模脱模斜度不足(太小)	⑩增大前模脱模斜度
⑪前模腔形成真空(吸力大)	⑪延长冷却时间或改善进气效果
⑫启动时开模速度过快	⑫减慢一段开模速度

3.2.9 水口料(流道凝料)粘模及解决方法

注塑过程中,开模后水口料(流道凝料)粘在模具流道内不能脱离出来的现象称为水口料粘模。水口料粘模主要是由于注塑机喷嘴与浇口套(主流道衬套)的孔径不匹配,水口料产生毛刺(倒扣)而无法顺利脱出模具所致。水口料粘模的原因及改善方法如表 3-43 所示。

表 3-43 水口料粘模的原因及改善方法

原因分析	改善方法
①射胶压力或保压压力过大	①减小射胶压力或保压压力
②熔料温度过高	②降低熔料温度
③主流道入口与射嘴孔配合不好	③重新调整主流道入口与射嘴配合状况
④主流道内表面不光滑或有脱模倒角	④抛光主流道或改善其脱模倒角
⑤主流道入口处的口径小于喷嘴口径	⑤加大主流道入口孔径
⑥主流道入口处圆弧 R 比喷嘴头部的 R 小	⑥加大主流道入口处圆弧 R
⑦主流道中心孔与喷嘴孔中心不对中	⑦调整两者孔中心在同一条直线上
⑧流道口外侧损伤或喷嘴头部不光滑	⑧检修模具,修理损伤处,清理喷嘴头(防止产生飞边倒扣)
⑨主流道无拉料扣	⑨水口顶针前端做成"Z"形扣针
⑩主流道尺寸过大或冷却时间不够	⑩减小主流道尺寸或延长冷却时间
⑪主流道脱模斜度过小	⑪加大主流道脱模斜度

3.2.10 水口(主流道前端部)拉丝及解决方法

注塑过程中,水口(主流道前端部)在脱模时会出现拉丝的现象,如果拉丝留在模具上会导致合模时模具被压坏,如留在模具的流道内,则会被后续熔体冲入型腔,从而影响制品的外观。PP、PA 等流动性好的塑料在注塑时十分容易产生拉丝现象。水口拉丝的原因及改善方法如表 3-44 所示。

表 3-44 水口拉丝的原因及改善方法

原 因 分 析	改 善 方 法
①料筒温度或喷嘴温度过高	①降低料筒温度或喷嘴温度
②喷嘴和浇口衬套配合不良	②检查/调整喷嘴
③背压过大或螺杆转速过快(料温高)	③减小背压或螺杆转速
④冷却时间不够或抽胶量不足	④增加冷却时间或抽胶量行程
⑤喷嘴流涎或喷嘴形式不当	⑤改用自锁式喷嘴

3.2.11 开模困难及解决方法

注塑生产过程中,如果出现因锁模力过大、模芯错位、导柱磨损、模具长时间处于高压锁模状态等现象造成模具变形,从而产生"咬合力",就会出现打不开模具的现象,这种现象称为开模困难。尺寸较大的塑件、型腔较深的模具及或注塑机采用肘节式锁模机构时,上述不良现象较容易出现。开模困难的原因及改善方法如表 3-45 所示。

表 3-45 开模困难的原因及改善方法

原 因 分 析	改 善 方 法
①锁模力过大造成模具变形,产生"咬合"	①重新调模,减小锁模力
②导柱/导套磨损,摩擦力过大	②清洁/润滑导柱或更换导柱、导套
③停机时模具长时间处于高压锁紧状态	③停机时手动合模(勿升高压)
④单边模具压板松脱,模具产生移位	④重新安装模具,拧紧压板螺钉
⑤注塑机的开模力不足	⑤增大开模力,或将模具拆下,更换较大的机台
⑥模具排气系统阻塞,出现"闭气"	⑥清理排气槽/顶针孔内的油污或异物(疏通进气道)
⑦三板模拉钩的拉力(强度)不够	⑦更换强度较大的拉钩

📖 特别注意

一般的铰链式合模机构的注塑机,其开模力只能达到额定锁模力的 80% 左右。

3.2.12 热流道引起的困气及解决方法

采用针阀式浇口的热流道进行注塑成型时,如果采用半热半冷流道,热流道中容易困气的位置如图 3-92 所示。熔体在从针阀式热嘴流入冷流道过程中,冷流道中的空气必须能够顺畅、

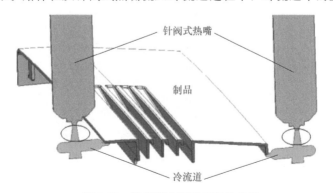

图 3-92 热流道中容易困气的位置
◯—可能困气位置

充分地排出，否则将会造成气体被该针阀式浇口流出的熔体包裹，从而导致制品产生气泡。

长时间生产的热流道模具，由于温度较高或小分子挥发物积聚等原因，很可能引起与热流道相连接的冷流道的排气受到影响，如果冷流道本身没有排气或排气效果很差，也可能导致气体进入模具型腔，从而在制品上产生气泡。

3.2.13 成型周期过长及解决方法

注塑生产过程中，成型周期非正常延长。其原因及相应措施有以下几点。

① 塑料温度高，制品的冷却时间过长。因此，应降低料筒温度，减少螺杆转速或背压压力，调节好料筒各段温度。

② 模具温度高，熔体固化时间长，但是模具温度高往往有利于成型，并取得良好的制品外观。因此，应有针对性地加强水道的冷却。

③ 成型时间不稳定。因此，应采用自动或半自动模式进行成型。

④ 料筒供热量不足，造成塑化时间过长。因此，应采用塑化能力大的机器或加强对塑料原料的预热。

⑤ 喷嘴流涎，注塑过程中，机器射料不稳定。因此，应控制好料筒和喷嘴的温度或换用自锁式喷嘴。

⑥ 塑件壁厚过厚，固化时间过长。因此，应改进模具，尽量减少塑件的壁厚。

⑦ 减少材料中的矿物质填充比例，材料的热导率低，结晶速率低，也会造成成型周期过长。因此，应增加矿物质填充比例，提高材料的热导率和结晶速度。

⑧ 其他缩短成型周期的有效措施：采用热流道模具，从而减小成型周期。如图3-93所

(a) 实物

(b) 采用普通冷流道所需成型周期

(c) 采用热流道所需成型周期

图 3-93 采用热流道缩短成型周期

示为某大型塑件，采用 CAE 进行模流分析，原模具采用普通流道，需要 51.28s；改为热流道模具后，其成型周期仅需 25.63s。

3.2.14　其他异常现象的解决方法

注塑生产过程中，由于受塑料原料、模具、注塑机器、成型工艺、操作方法、车间环境、生产管理等多方面因素的影响，注塑过程的异常现象有很多，除上述一些不良现象外，还有可能出现诸如断柱、多胶等一种或多种异常现象，其他异常现象产生的原因及改善方法如表 3-46 所示。

表 3-46　其他异常现象产生的原因及改善方法

异常现象	缺　陷　原　因	改　善　方　法
断柱	①注射压力或保压压力过大 ②柱孔的脱模斜度不够或不光滑，冷却时间不够 ③熔胶材质发脆	①减小注射压力或保压压力 ②增大柱孔的脱模斜度，省光(抛光)柱孔 ③降低料温、干燥原料、减少水口料比例
多胶	模具(模芯或模腔)塌陷、模芯组件零件脱落、成型针/顶针折断等	检修模具或更换模具内相关的脱落零件
模印	模具(模芯或模腔)上凸凹点、模具碰伤、花纹、烧焊痕、锈斑、顶针印等	检修模具，改善模具上存在的此类问题，防止断顶针及压模
顶针位凹陷	顶针过长或松脱出来	减短顶针长度或更换顶针
顶针位凸起	顶针板内有异物、顶针本身长度不足或顶针头部折断	清理顶针板内的异物、加大顶针长度或更换顶针
顶针位穿孔	顶针断后卡在顶针孔内，变成"成型针"	检修/更换顶针，并在注塑生产过程中添加顶针油(防止烧针)
顶针孔进胶	顶针孔磨损，熔料进入间隙内	扩孔后更换顶针，生产中定时添加顶针油、减小顶出行程、减少顶出次数、减小注射压力/保压压力/注射速度
断顶针	顶出不平衡、顶针次数多、顶出长度过大、顶出速度快、顶出力过大、顶针润滑不良	更换顶针，生产中定时顶针油、减小顶出行程、减少顶出次数、减小注射压力/保压压力
断成型针	保压压力过大、成型针单薄(偏细)、材质不好、压模	更换成型针，选用刚性好/强度高的钢材、减小注射压力及保压压力，防止压模
印字块装反	更换/安装印字块时，印字块装错或方向装反	对照样板安装印字块或印字块加定位销

第2篇

常用设备

- ❖ 注塑机类型及结构
- ❖ 注塑机的安装、维护与保养
- ❖ 注塑机的维修

第4章

注塑机类型及结构

4.1 注塑机的基本结构

注塑机是一种机、电、液一体化的设备，总体结构较为复杂，具体的类型也较多，其中螺杆式注塑机是应用最广泛的一类注塑机，其基本结构如图 4-1 所示。

根据结构与功能的不同，一般把注塑机分为机身、注射、合模、液压、润滑、冷却系统、电气与控制系统、安全防护等装置或系统，图 4-2 所示为业界广泛使用的海天牌注塑机的主要结构和系统。

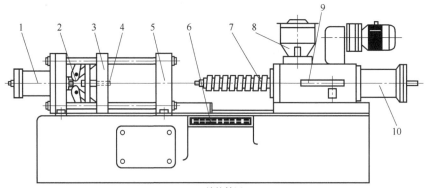

(a) 结构简图

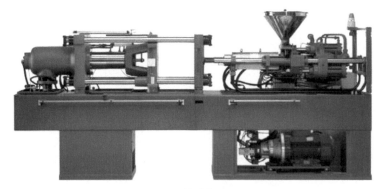

(b) 实物

图 4-1 螺杆式注塑机的基本结构

1—锁模液压缸；2—合模机构；3—移动模具安装板；4—顶杆；5—固定板；
6—控制台；7—料筒；8—料斗；9—螺杆行程开关；10—注射液压缸

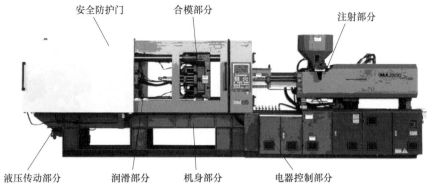

图 4-2　海天牌注塑机的主要结构和系统

4.2 注塑机的类型

（1）立式注塑机

立式注塑机如图 4-3 所示。立式注塑机的注塑装置与合模装置的轴线在同一直线上，并与水平面垂直。立式注塑机的优点是占地面积小，模具拆装方便，成型时嵌件的安放比较方便。缺点是机身比较高，机器的稳定性差，加料不方便，塑件脱模后通常靠人工取出，不容易实现全自动化操作。因此，这种形式多用于注塑量比较小的小型注塑机。

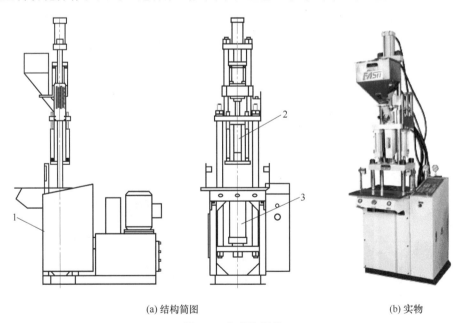

　　　　　(a) 结构简图　　　　　　　　　　　　(b) 实物

图 4-3　立式注塑机

1—机身；2—注塑装置；3—合模装置

（2）卧式注塑机

卧式注塑机如图 4-4 所示，卧式注塑机的注塑装置与合模装置的轴线重合，并呈水平排列。卧式注塑机的特点是机身低，机器的稳定性好，操作与维修方便。所以，卧式注塑机使用广泛，大、中、小型都适用，是目前国内外注塑机中的基本形式。

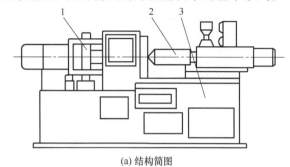

(a) 结构简图

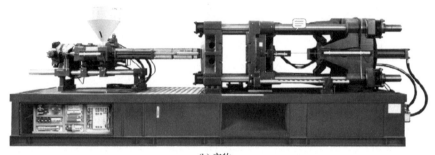

(b) 实物

图 4-4　卧式注塑机

1—合模装置；2—注塑装置；3—机身

（3）角式注塑机

角式注塑机如图 4-5 所示。角式注塑机注塑装置的轴线与合模装置的轴线成 90°夹角。因此，角式注塑机的优缺点介于立、卧两类注塑机之间，使用也比较普遍，在大、中、小型注塑机中都有应用。它特别适合于成型中心不允许留有痕迹的塑件，因为使用立式或卧式注

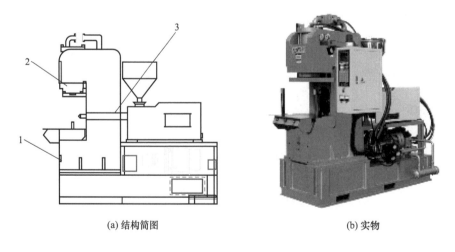

(a) 结构简图　　　　　　　　　　　　　　(b) 实物

图 4-5　角式注塑机

1—机身；2—合模装置；3—注塑装置

塑机成型塑件时，模具必须设计成多模腔或偏置一边的模腔。但是，这经常受到注塑机模板尺寸的限制。在这种情况下，使用角式注塑机就不存在该问题，因为此时熔料是沿着模具的分型面进入模腔的。

4.3　注塑机的注射装置

4.3.1　注射装置的功能

注塑机注射装置的组成如图 4-6 所示。其工作过程原理是，料斗中加入塑料原料，塑料从料斗落到加料座进入料筒加料口，在液压马达旋转力的带动下螺杆转动，不断把熔融塑料推送到螺杆头前端，后经注射油缸推动，螺杆前移，止推环受注塑力的反作用，将止推环后退封住螺杆螺槽，阻止熔融塑料逆向流动，从而将熔融塑料推出喷嘴口射入模具。

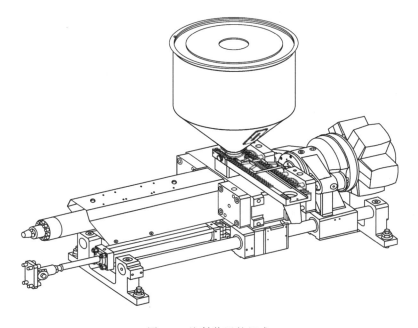

图 4-6　注射装置的组成

4.3.2　注射装置的典型结构

（1）单缸注射-液压马达直接驱动式

单缸注射-液压马达驱动螺杆注射装置的基本结构如图 4-7 所示。其工作原理是，预塑时，液压马达 5 带动塑化部件 1 中的螺杆旋转，推动螺杆中的物料向螺杆头部的储料室内聚集，与此同时螺杆在物料的反力作用下向后退，所以螺杆做的是边旋转边后退的复合运动，为了防止活塞随之转动，损害密封，在活塞和活塞杆之间装有滚动轴承 2。注射时，注射油缸 3 的右腔进高压油，推动注射活塞座通过推力轴承推动活塞杆注射。活塞杆一端与螺杆键连接，另一端与油马达主轴套键连接。防涎时，注射油缸左腔进高压油，通过位于活塞杆与螺杆尾端的卡环，拉动螺杆直线后移，从而降低螺杆头部的熔体压力，完成防涎动作。

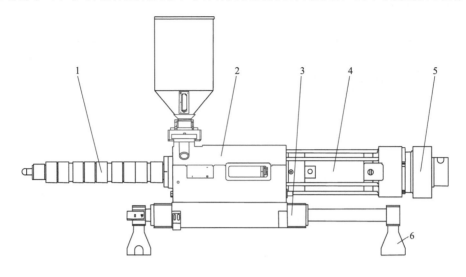

图 4-7　单缸注射-液压马达驱动螺杆注塑装置的基本结构

1—塑化部件；2—轴承；3—注射油缸；4—整移油缸；5—液压马达；6—注射座

此种结构的特点是，在注射活塞与活塞杆之间布置有滚动轴承和径向轴承，结构较复杂，由于螺杆、油马达、注射油缸是一线式排列，导致轴向尺寸加大，注射座 6 的尾部偏载因素加大，影响其稳定性。整移油缸 4 固定在注射座 6 下部的机座上。近代许多注塑机常用两个整移油缸平排对称布置固定在前模板与注塑座之间，其活塞杆和缸体的自由端分别固定在前模板和注射座上，使喷嘴推力稳定可靠。

（2）单缸注射-伺服电机驱动式

单缸注射-伺服电机驱动螺杆注射装置的基本结构如图 4-8 所示。其工作原理是，预塑时，螺杆由伺服电机通过减速箱驱动螺杆，其转速可实现精确的数学控制，从而使螺杆塑化更加稳定，计量更加准确，从而提高了注射精度。在需要防涎时，控制系统向伺服电机发出

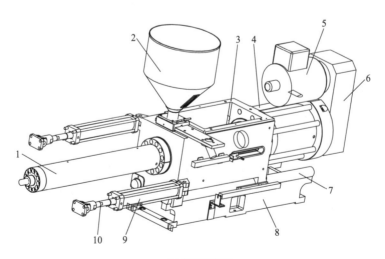

(a) 轴测示意图

反向转动信号，伺服电机进行精确的反向转动，驱动螺杆实现直线后移，从而降低了螺杆头部的熔体压力而完成防涎动作。

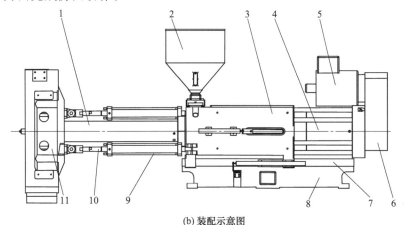

(b) 装配示意图

图 4-8　单缸注射-伺服电机驱动螺杆注塑装置基本结构

1—塑化部件；2—料斗；3—注塑座；4—注射油缸；5—伺服电机；
6—减箱；7—导轨；8—底座；9—整移油缸；10—活塞杆；11—前模板

此种装置的特点是，伺服电机安装在减速箱的高速轴上，更加节能，但结构复杂，轴向尺寸加长，造成悬臂或重量偏载。高精度的齿轮减速箱增加了装置的制造成本。

（3）双缸注射-液压马达直接驱动式

双缸注射-液压马达直接驱动螺杆注射装置的基本结构如图 4-9 所示。其工作原理是，预塑时，在塑化部件 1 中的螺杆，通过液压马达 5 驱动主轴旋转，主轴一端与螺杆键连接，另一端与液压马达轴键连接。螺杆旋转时，塑化并将塑化好的熔料推到螺杆前的储料室中，与此同时，螺杆在其物料的反作用下后退，并通过推力轴承使推力座 4 后退，通过螺母拉动双活塞杆直线后退，完成计量。注射时，注射油缸 3 的杆腔进油通过轴承推动活塞杆完成动作。活塞的杆腔进油推动活塞杆及螺杆完成注射动作。防涎时，油缸左腔进油推动活塞，通过调整螺母带动固定在推力座上的主轴套及与之用卡箍相连的螺杆一并后退，4 个调整螺母的另一个作用是调整螺杆位于料筒中的轴向极限位置，完成防涎动作。

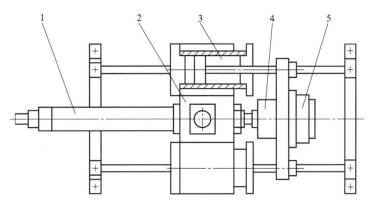

图 4-9　双缸注射-液压马达直接驱动螺杆注塑装置的基本结构

1—塑化部件；2—注射座；3—注射油缸；4—推力座；5—液压马达

此种结构的优点是，轴向尺寸短，各部分重量在注射座上的分配均衡，工作稳定，并便于液压管路和阀板的布置，使之与油缸及液压马达接近，管路短，有利于提高控制精度、节能等。

（4）电动注射装置

电动注射装置的基本结构如图 4-10 所示。其工作原理是，预塑时，螺杆由伺服电机-齿带减速机构驱动主轴旋转，主轴通过止推轴承固定在推力座上，与螺杆和带轮相连接。注射时，另一独立伺服电机通过同步带减速，驱动固定在止推轴承上的滚珠螺母旋转，使滚珠丝杠产生轴向运动，推动螺杆完成注射动作。防涎时，伺服电机带动螺母反转，螺杆直线后移，使螺杆头部的熔体卸压，完成防涎动作，如图 4-11 所示。

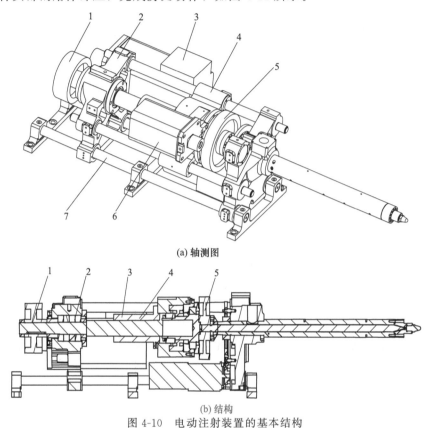

(a) 轴测图

(b) 结构

图 4-10　电动注射装置的基本结构

1—同步轮；2—轴承座；3—注射伺服电机；4—传动轴；5—传动座 6—预塑伺服电机；7—导柱

(a)

图 4-11　FANUC 电动注射装置的基本结构

1—料斗座；2—注射座；3—注射伺服电机；4—注射同步带及带轮
5—注射座移动电机；6—注射座拉杆；7—预塑伺服电机

　　与液压驱动的注射装置相比较，电动注射装置省去了复杂的液压系统，因此，该类型注射装置具有结构简单、能耗低、噪声低等优点，而且可以实现极高的注射精度。但由于齿带（同步带）不能传递过大的功率，因此，电动注射装置的最大注射压力往往不能太大。综合考虑，电动注射一般用于体积不大、精度要求高等精密零件注塑生产，如 DVD 光盘、助听器支架等。

4.3.3　注射装置的关键部件——螺杆

　　螺杆是注射装置的关键部件，主要功能是对塑料原料进行搅拌、剪切并将熔融的塑料熔体注入模具内。螺杆的基本结构如图 4-12 所示，其几何参数将直接影响塑料的塑化质量、注射效率、使用寿命，并将最终影响注塑机的注塑成型周期和制品质量。普通螺杆螺纹有效长度（L）通常分成加料段（输送段，L_1）、压缩段（塑化段，L_2）、均化段（计量段，L_3）。

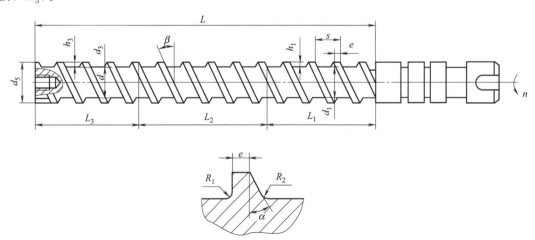

图 4-12　螺杆的基本结构

📝 知识拓展

（1）螺杆的类型

根据塑料性质不同，可分为渐变型螺杆、突变型螺杆、通用型螺杆，如图 4-13 所示。

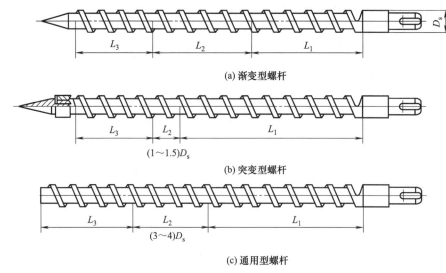

(a) 渐变型螺杆

(b) 突变型螺杆

(1～1.5)D_s

(c) 通用型螺杆

(3～4)D_s

图 4-13   螺杆的类型

① 渐变型螺杆。压缩段较长，塑化时能量转换缓和，多用于聚氯乙烯等，软化温度较宽的、高黏度的非结晶型塑料。

② 突变型螺杆。压缩段较短，塑化时能量转换较剧烈，多用于聚烯烃、聚酰胺类的结晶型塑料。

③ 通用型螺杆。适应性比较强的通用型螺杆，可适应多种塑料的加工，避免更换螺杆频繁，有利于提高生产效率。

普通螺杆各段长度如下：

螺杆类型	加料段（L_1）	压缩段（L_2）	均化段（L_3）
渐变型	25%～30%	50%	15%～20%
突变型	65%～70%	15%～50%	20%～25%
通用型	45%～50%	20%～30%	20%～30%

（2）螺杆的压缩比（ε）。

压缩比是指计量段螺槽深度（h_1）与均化段螺槽深度（h_3）之比。压缩比大，会增强剪切效果，但会减弱塑化能力，但过大的压缩比将可能对塑料原料造成过度的剪切，导致原料老化、烧焦等不良现象。

对于通用型螺杆，ε 一般取 2.3～2.6；对于结晶型塑料，如聚丙烯、聚乙烯、聚酰胺以及复合塑料，ε 一般取 2.6～3.0；对于高黏度的塑料，如硬聚氯乙烯、丁二烯与 ABS 共混，高冲击聚苯乙烯、AS、聚甲醛、聚碳酸酯、有机玻璃、聚苯醚等，ε 一般取 1.8～2.3。

（3）螺杆材料与热处理

目前，国内常用的材料为 38CrMoAl，或日本进口 SACM645。国内螺杆的热处理，一般采取镀铬工艺，镀铬之前高频淬火或氮化，然后镀铬，厚度为 0.03～0.05mm。此种螺杆适用于阻燃性塑料，透明 PC、PMMA。但镀铬层容易脱落，防腐蚀性能差，所以多采用不锈钢材料。

4.3.4　注射装置的关键部件——螺杆头

螺杆头的结构如图 4-14 所示，其作用是预塑时，能将塑化好的熔体放流到储料室中，而在高压注射时，又能有效地封闭螺杆头前部的熔体，防止倒流。

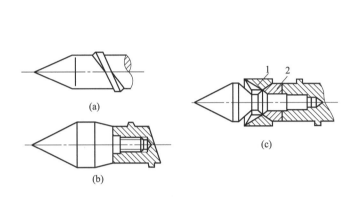

图 4-14　螺杆头的结构
1—前料筒；2—止逆环

螺杆头分两大类：带止逆环的螺杆头和不带止逆环的螺杆头。

① 带止逆环的螺杆头。预塑时，螺杆均化段的熔体将止逆环推开，通过与螺杆头形成的间隙，流入储料室中；注射时，螺杆头部的熔体压力形成推力，止逆环退回将流道封堵，防止回流。螺杆头的止逆环要灵活、光洁，有的要求增强混炼效果等，因此，螺杆头有多种结构类型，如图 4-15 所示。

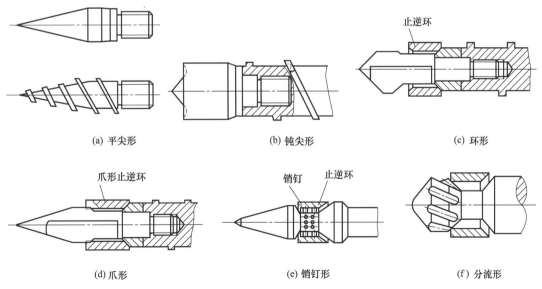

图 4-15　螺杆头的结构类型

② 不带止逆环的螺杆头。对高黏度物料（如 PMMA、PC、AC）或热稳定性差的物料（如 PVC），为减少剪切作用和物料的滞留时间，可不用止逆环，但此时在注射时会产生反流，延长熔体的充模时间。

🔍 **特别注意**

为顺利进行生产，螺杆头应满足如下技术要求。
① 止逆环与料筒配合间隙要适宜，既要防止熔料回泄，又要灵活。
② 既有足够的流通截面，又要保证止逆环端面有回程力，使在注射时快速封闭。
③ 止逆环属易磨损件，应采用硬度高的耐磨、耐蚀合金材料制造。
④ 结构上应拆装方便，便于清洗。
⑤ 螺杆头的螺纹与螺杆的螺纹方向相反，防止预塑时螺杆头松脱。

4.3.5 注射装置的关键部件——料筒

料筒大多数采用整体结构，如图 4-16 所示。料筒是塑化机构中的重要零件，内装螺杆，外装加热圈，承受复合应力和热应力的作用。定位子口 1 与料筒前体径向定位，并用端面封闭熔体，用多个螺钉旋入螺孔 2 内，将前体与料筒压紧。螺孔 3 装热电偶，要与热电偶紧密地接触，防止虚浮，否则会影响温度测量精度。

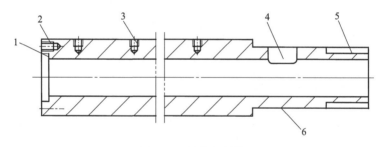

图 4-16　料筒的结构
1—定位子口；2—螺孔；3—螺孔；4—加料口；5—尾螺纹；6—定位

📖 **知识拓展**

（1）料筒间隙

料筒间隙指料筒内壁与螺杆外径的单面间隙。此间隙太大，塑化能力降低，注射回泄量增加，注射时间延长；如果太小，受热膨胀作用，使螺杆与料筒摩擦加剧，能耗加大，甚至卡死，此间隙 $\Delta = (0.002 \sim 0.005) d_s$，如表 4-1 所示。

表 4-1　料筒间隙值　　　　　　　　　　　　　mm

螺杆直径	≥15~25	>25~50	>50~80	>80~110	>110~150	>150~200	>200~240	>240
最大径向间隙	≤0.12	≤0.20	≤0.30	≤0.35	≤0.15	≤0.50	≤0.60	≤0.70

（2）料筒的加热与冷却

料筒加热方式有电阻加热、陶瓷加热、铸铝加热，应根据使用场合和加工物料合理配置。常用的有电阻加热和陶瓷加热，后者较前者承载功率大。

① 根据注塑工艺要求，料筒需分段控制，小型机 3 段，大型机 5 段。控制长度为

$3\sim5d_s$，温控精度±1.5～2℃。而对热固性塑料或热稳定性塑料，温控精度为±1℃。

　　② 注塑机料筒内产生的剪切热比挤出机要小，常规下，料筒不专设冷却系统，靠自然冷却，但是，为了保证螺杆加料段的输送效率和防止物料堵塞料口，在加料口处设置冷却水套，并在料筒上开沟槽。

4.3.6　注射装置的关键部件——喷嘴

　　喷嘴是连接注射装置与模具流道之间的重要零部件。其主要功能包括：预塑时，在螺杆头部建立背压，阻止熔体从喷嘴流出。注射时，建立注射压力，产生剪切效应，加速能量转换，提高熔体温度均化效果。保压时，起保温补缩作用。

　　喷嘴可分为敞开式喷嘴、锁闭喷嘴、热流道喷嘴和多流道喷嘴。其中敞开式喷嘴的结构形式如图 4-17 所示。敞开式喷嘴结构简单，制造容易，压力损失小，但容易发生流涎。敞开式喷嘴又分为轴孔型和长锥型。轴孔型喷嘴中，$d=2\sim3mm$，$L=10\sim15d$，适宜中低黏度，热稳定性好，如 PE、ABS、PS 等薄壁制品；长锥型喷嘴中，$D=3\sim5d$，适宜高黏度，热稳定性差，如 PMMA、PVC 等厚壁制品。

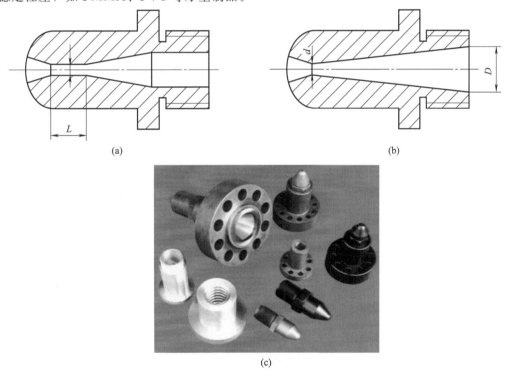

(a)　　　　　　　　　　　　　　　(b)

(c)

图 4-17　敞开式喷嘴的结构形式

　　① 自锁型喷嘴。自锁型喷嘴的结构形式如图 4-18 所示。主要用于加工某些低黏度的塑料，如尼龙（PA）类，目的是防止预塑时发生流涎。

　　自锁型喷嘴的具体结构有很多种，其中图 4-18（a）～（f）的自锁原理基本相同，具体是在预塑时，靠弹簧力通过挡圈和导杆将顶针压住，用其锥面将喷嘴孔封死。注射时，在高压作用下，用熔体压力在顶针锥面上所形成的轴向力，通过导杆、挡圈将弹簧压缩，高压熔体从喷嘴孔注入模具流道。此种喷嘴，注射时压力损失大，结构复杂，清洗不便，防流涎可靠性差，容易从配合面泄漏。

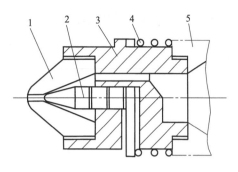

(a)

1—喷嘴头；2—阀针；3—阀座；4—弹簧；5—料筒

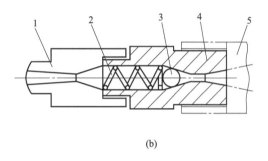
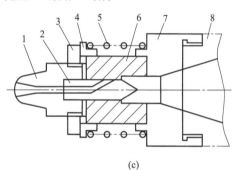

(b)

1—喷嘴头；2,4—弹簧；3—球阀；5—料筒

(c)

1—喷嘴头；2—移动阀芯；3—调整螺母；4—滑套；
5—弹簧；6—阀座；7—前体；8—料筒

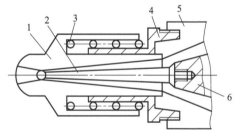
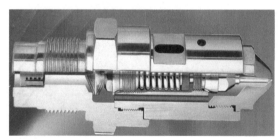

(d)

1—喷嘴体；2—阀针；3—弹簧；4—前体；5—料筒；6—螺杆

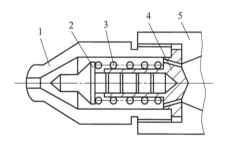
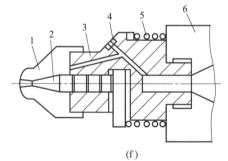

(e)

1—喷嘴头；2—阀芯；3—弹簧；4—阀座；5—料筒

(f)

1—喷嘴头；2—阀芯；3—阀座；
4—螺丝堵；5—弹簧；6—料筒

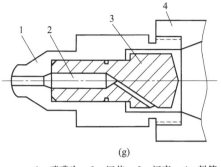
(g)

1—喷嘴头；2—阀芯；3—阀座；4—料筒

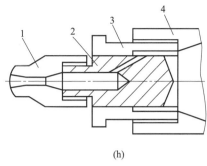
(h)

1—喷嘴头；2—阀芯；3—阀座；4—料筒

图 4-18　自锁型喷嘴的结构形式

图 4-18（g）、（h）结构的动作原理是，借助注射座的移动力将喷嘴打开或关闭。预塑时，喷嘴与模具主浇套脱开，熔料在背压作用下，使喷嘴芯前移封闭进料斜孔。注射时，注射座前移，主浇套将喷嘴芯推后，斜孔打开，熔体注入模腔。

② 液压控制式喷嘴。液压控制式喷嘴的结构形式如图 4-19 所示。喷嘴顶针在外力操纵下，在预塑时封死，注射时打开。此种喷嘴顶针的封口动作参见注塑机的控制程序，需设置喷嘴控制油缸。

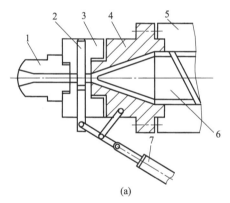
(a)

1—喷嘴头；2—阀芯；3—阀座；
4—前体；5—料筒；6—螺杆；7—油缸

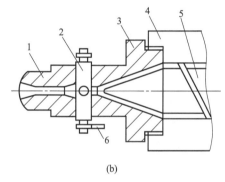
(b)

1—喷嘴头；2—阀芯；3—阀座；
4—料筒；5—螺杆；6—油缸驱动杆

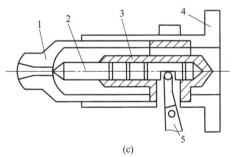
(c)

1—喷嘴头；2—阀芯；3—阀座；4—前体；5—油缸驱动杆

图 4-19　液压控制式喷嘴的结构形式

此种结构喷嘴顶针和导套之间的密封十分重要，在较大的背压作用下，熔体有泄漏可能，为此需与防涎程序配合。

📖 **知识拓展**

喷嘴的选择与安装。

① 喷嘴安装。喷嘴头与模具的浇套要同心，两个球面应配合紧密，否则会溢料。一般要求两个球面半径名义尺寸相同，而取喷嘴球面为负公差，其口径略小于浇套口径 0.5～1mm 为宜，两者同轴度公差≤0.25～0.3。

② 喷嘴口径。喷嘴口径尺寸关系到压力损失、剪切发热以及补缩作用，与材料、注塑座及喷嘴结构形式有关，如表 4-2 所示。

对高黏度物料取 $(0.1～0.6)d_s$；低黏度物料取 $(0.05～0.07)d_s$（式中，d_s 为螺杆直径）。

表 4-2　喷嘴口径　　　　　　　　　　　　　　　　　　　　　　mm

机器注射量/g		30～200	250～800	1000～2000
开式喷嘴	通用料	2～3	3.5～4.5	5～6
	硬聚氯乙烯类	3～4	5～6	6～7
锁闭式喷嘴		2～3	3～4	4～5

4.4　注塑机的合模装置

4.4.1　合模装置的功能

合模装置也称锁模装置，如图 4-20 所示，其主要功能如下。
① 实现模具的可靠开合动作和行程。
② 在注射和保压时，提供足够的锁模力。
③ 开模时提供顶出制件的行程及相应的顶出力。

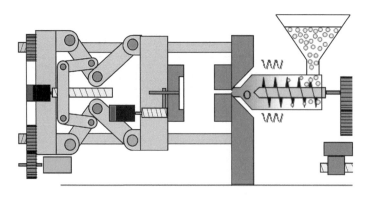

图 4-20　合模装置

合模装置一般由前后固定模板、移动模板、拉杆、液压缸、连杆、模具调整机构（调模机构)、顶出机构及安全保护机构等组成,如图 4-21 所示。合模装置的类型有 3 类,分别是液压式、机械式和液压-机械式。

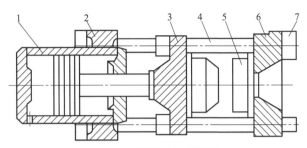

图 4-21 液压式合模装置

1—合模液压缸;2—后固定模板;3—移动模板;4—拉杆;5—模具;6—前固定模板;7—拉杆螺母

4.4.2 合模装置具体结构——单缸直压式合模装置

单缸直压式合模装置如图 4-22 所示,压力油进入液压缸的左腔时,推动活塞向右移动,模具闭合。待油压升至预定值后,模具锁紧。当油液换向进入液压缸右腔时,使模具打开。

单缸直压式合模装置结构简单,但难以满足力与行程速度双重要求,主要用于中、小型机器。

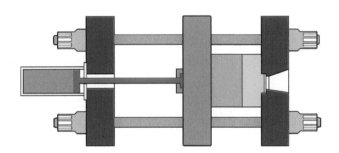

图 4-22 单缸直压式合模装置

4.4.3 合模装置具体结构——充液式合模装置

充液式液压合模装置采用两个不同缸径的液压缸分别满足行程速度和力的不同要求;但结构较笨重,刚性差,功耗大;油液易发热和变质,如图 4-23 所示。在中、大型机中较常采用。

4.4.4 合模装置具体结构——增压式合模装置

增压式合模装置如图 4-24 所示,其不需要增大缸径,而是依靠提高油液压力的方法满足锁模力要求,但受密封技术限制。主要用于中小型注射机。

4.4.5 合模装置具体结构——充液增压式合模装置

充液增压式合模装置如图 4-25 所示,模具闭合后,压力油进入增压油缸,使合模油缸内的油增压,由于合模油缸面积大及高压油的作用,保证了最终合模力的要求。其特点是:结构紧凑,效率高,主要用于大型机器。

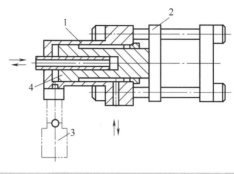

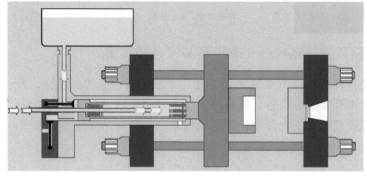

图 4-23 充液式液压合模装置

1,4—合模液压缸；2—动模板；3—充液阀

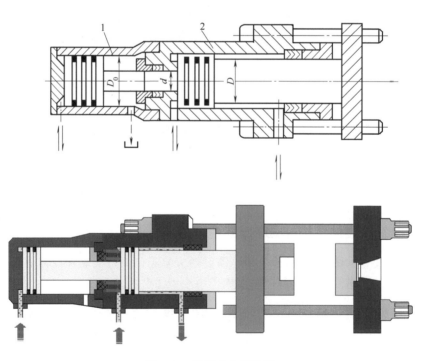

图 4-24 增压式合模装置

1—增压液压缸；2—合模液压缸

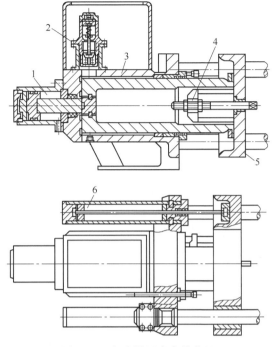

图 4-25 充液增压式合模装置

1—增压液压缸；2—充液阀；3—合模液压缸；4—顶出装置；5—动模板；6—移模液压缸

4.4.6 合模装置具体结构——稳压式合模装置

液压-闸板式稳压合模装置如图 4-26 所示，其特点是合模液压缸直径较大，产生很大的锁模力，通过锁模活塞、闸板和移模液压缸传到动模板上，使模具可靠锁紧。小直径快速移模液压缸和大直径短行程的稳压合模液压缸组合，减小注射机尺寸，缩短升压时间，一般用于 3000～5000kN 大型注射机合模装置。

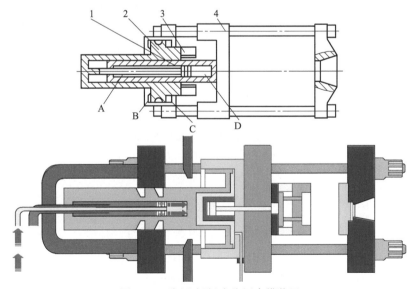

图 4-26 液压-闸板式稳压合模装置

1—移模活塞；2—合模活塞；3—闸板；4—动模板；A,D—行程液压腔；B,C—微调液压腔

4.4.7　合模装置具体结构——液压-单曲肘合模装置

液压-单曲肘合模装置如图 4-27 所示，该装置的特点是，机身长度短，模板易受力不均，两模板距离的调整较容易，具有机械增力作用（约 10 倍），主要用于锁模力在 1000kN 以下的小型注塑机。

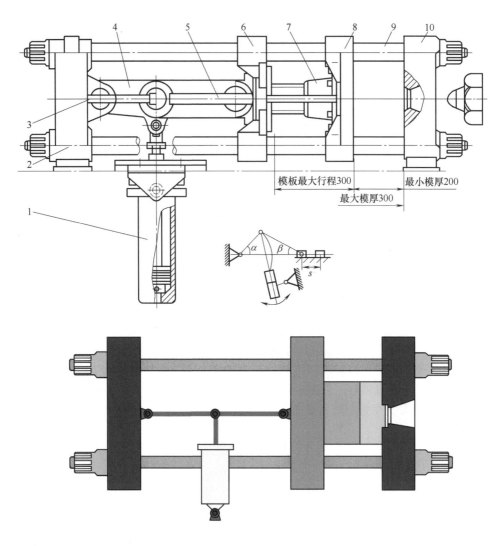

图 4-27　液压-单曲肘合模装置
1—合模液压缸；2—后模板；3—调节螺钉；4—单曲肘连杆机构；5—顶出杆；
6—支架；7—调距螺母；8—移动模板；9—拉杆；10—前模板

4.4.8　合模装置具体结构——液压-双曲肘合模装置

液压-双曲肘合模装置如图 4-28 所示，该机构的特点如下。

① 模板受力条件好，模板尺寸可加大，但行程范围不大。

② 外翻式双曲肘机构有利于扩大开模行程。

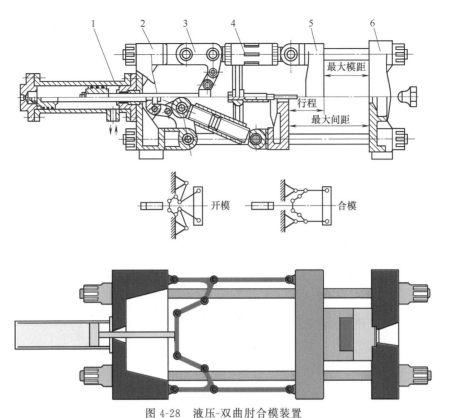

图 4-28　液压-双曲肘合模装置

1—合模油缸；2—后模板；3—曲肘；4—调距螺母；5—移动模板；6—前模板

③ 具有增力作用，增力倍数的大小与肘杆机构的形式、各肘杆的尺寸以及相互位置有关。

④ 具有自锁作用。

⑤ 模板的运动速度从合模开始到结束是变化的。

⑥ 需设置专门的调模机构调节模板间距、锁模力和合模速度，但不如液压合模装置的适应性大和使用方便。

⑦ 曲肘机构容易磨损，加工精度要求也高。

⑧ 在中、小型注射机中均有采用。

根据曲肘结构特点，液压-双曲肘合模装置分为内翻式、外翻式和液压撑板式，如图4-29 所示。

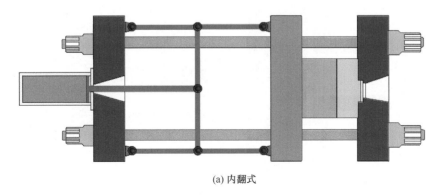

(a) 内翻式

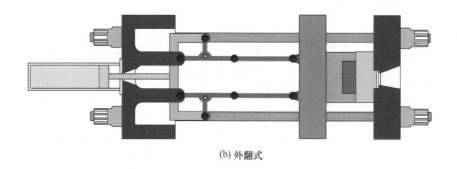

(b) 外翻式

(c) 液压撑板式

图 4-29 液压-双曲肘合模装置类型

4.4.9 合模装置具体结构——机械式合模装置

机械式合模装置如图 4-30 所示,其利用电动机、减速器、曲柄及连杆等机构实现开合模动作和提供锁模力。

其特点如下。

① 体积小、质量轻。

② 结构简单、制造容易。

③ 机构受力及运动特性差。

④ 在运动中产生的冲击和振动较大,可调整的模具厚度范围小。

⑤ 应用较少。

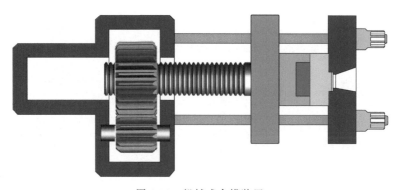

图 4-30 机械式合模装置

4.4.10 调模装置

调模装置主要由液压马达 1、齿圈 2、定位轮 4、调模螺母的齿轮 5 等组成，均固定在后模板 3 上，如图 4-31 所示，

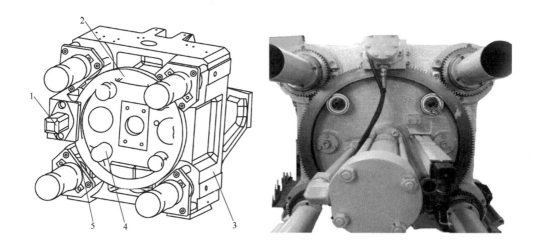

图 4-31 调模装置
1—液压马达；2—齿圈；3—后模板；4—定位轮；5—齿轮

调模是利用合模液压缸来实现的，调模行程包含在动模板行程内，它是动模板行程的一部分。该类合模装置一般只规定动、定模板间的最大开距，而不明确给出调模行程。

特别注意

为防止合模液压缸超越工作行程，必须限制模具的最小厚度，严禁注射机在无模情况下进行合模操作。

4.5 注塑机的顶出装置

顶出装置用于开模后顶出塑料制件，常用的有机械顶出机构和液压顶出机构。

① 机械顶出机构。机械顶出机构具有顶杆长度可调，顶杆的数目、位置随合模装置的特点、制件的大小而定的特点。结构简单，但顶出在开模结束时进行，模具内顶板的复位要在闭模开始后进行。

② 液压顶出机构。如图 4-32 所示，顶出装置主要由顶出油缸、顶出杆等组成，其中顶出油缸固定在动模板的支铰座上。其顶出力、速度、位置、行程和顶出次数可调并可自行复位，能在开模过程中及开模后顶出制件，有利于缩短注射机循环周期和实现自动化生产，应用广泛。

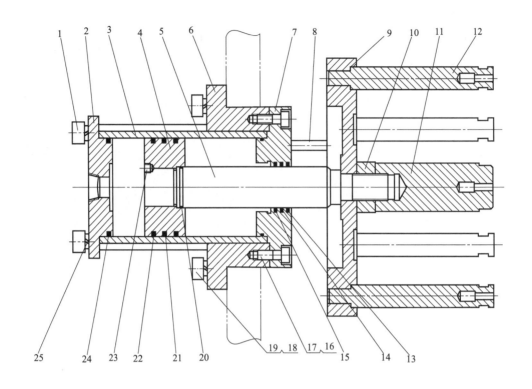

图 4-32 顶出装置装配示意图

1,15,17,19,23—螺钉；2~8—顶出油缸各零件；9—顶出接近开关杆；10~12—顶出机构杆件；

13,14,16,18,20,21,22,24,25—防尘圈、密封圈、弹簧垫圈、活塞环

4.6 注塑机的安全防护装置

为保证人、机和模具的安全，除应设置电气、液压保险外，还应设置安全防护装置（保险装置），如图 4-33 所示。为防止误动作，预防在电气、液压的安全保险装置或程序失灵且安全门未关闭的状态下，动模板失去合模能力。

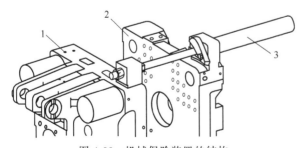

图 4-33 机械保险装置的结构

1—动模板；2—前模板；3—机械保险装置

机械保险装置的具体结构如图 4-34 所示。其工作原理是，带有螺纹的保险杆 2，通过螺母 1 调节轴向位置并固紧在二板上，保险挡板 3 通过支承套 6、垫圈 9 及螺钉 10 固定在头板上，并以此为支点摆动。当安全门未关闭时，挡板 3 在自由状态下，头部重于带有轴承 7 及其螺钉 8 的尾部，向前倾斜，置于保险杆 2 和头板的穿孔之间。

在此情况下，如果动模板无论因何种原因发生闭模动作，都将被保险挡板 3 阻止无法继续闭模。而且，这时的曲肘连杆位置处于曲肘角 α 较大的初始状态，推力放大比例较小，所以动模板的推力亦较小，容易被挡板止住。只有当安全门完全关闭时，固定在安全门上的机械保险触板 11，才压下挡板尾部的轴承，使之前部抬起，让开保险杆进入头板的穿孔位置，才能使二板闭模到底，从而实现锁模，因此，可起到保护模具及人身安全的作用。

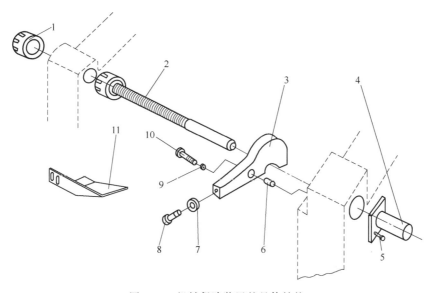

图 4-34　机械保险装置的具体结构

1—螺母；2—保险杆；3—保险挡板；4—保险罩；5,8,10—螺钉；
6—支承套；7—轴承套及其垫圈；9—垫圈；11—保险触板

第5章

注塑机的安装、维护与保养

5.1 注塑机的安装

5.1.1 新机器的安装

（1）机器的起吊

小型注塑机是整体式，不需拆装，在起吊时，调模应调到最小模厚；大型机拆装将由海天大机组人员完成。如果机器在厂房内再次移动且没有吊机，需要在机器底部垫上滚木。

🔍 **特别注意**

由于机器较重，应由有起重经验的起重工来指挥，要注意下列事项。

① 使用足够强大的提升机和搬运机将机器提起（包括起重机、提升设备、吊钩、钢丝绳等）。

② 进行任何吊挂钢丝绳与机器接触时，要在钢丝绳与机器之间放入布层或木块，以避免损伤机器的零件，如注塑机的拉杆等。

③ 注意提升机器时的稳定性和水平状态。

④ 木块垫块或垫件在机器拆卸和搬运全部完成后才能移掉。

（2）防锈处理

所有暴露在空气中的机械部分，如活塞柱、拉杆以及模板部分的加工表面，在出厂前都涂过防锈剂。轴承表面润滑油和干净液压油的混合油可以产生一层防锈薄膜。

在操作不与机器接触的部分，涂上防锈剂，为机器提供了抵抗腐蚀和恶劣环境的保护。除非确实需要，运行时再擦去防锈剂，但禁用溶剂擦去防锈剂。

🔍 **特别注意**

安装环境

安装机器时，务必对各项环境条件进行确认，若未能满足条件，则可能会产生错误动作，损坏机器，甚至降低机器的使用寿命。

温度：0～40℃（运转时的周围环境温度）。

湿度：75%以下（相对湿度），不得有结露。

海拔高度：海拔1000m以下。

📖 **经验总结**

　　湿度太高时，会使绝缘状态不佳，零件提前老化，因此勿将机器安装在多湿的环境中。也不要安装在灰尘多的场所或有瓦斯、腐蚀性气体浓度高的场所，要远离会发生电气干扰或具有磁场的（如焊接机等）机械。

（3）地基检查

　　地面载重分析应由土木工程专家进行。如果机器安装在增强型混凝土地面上，安装前一般不需要准备地基。如果机器是安装在普通的车间地面上，则必须准备相应的地基。注意大型机安装必须按地基图打地基。

（4）模板间平行度的调整

　　通常，固定模板与移动模板基准面的平行度是达标的，但由于运输和安装不当，可能会发生变化，安装后要复检。此部分主要针对海天大型机，模板拆开后重新安装时，需重新校正模板平行度。

　　固定模板与移动模板安装面之间的平行度公差值，如表 5-1 所示。

表 5-1　平行度公差值　　　　　　　　　　　　　　　　　　　　　　mm

拉杆有效间距	合模力为零时	合模力为最大时
≥200～250	0.20	0.10
＞250～400	0.24	0.12
＞400～630	0.32	0.16
＞630～1000	0.40	0.20
＞1000～1600	0.48	0.24
＞1600～2500	0.64	0.32

（5）同轴度的调整

　　喷嘴与模具定位孔同轴度的调整和螺杆与料筒同轴度的调整非常重要，调整要求如表 5-2 所示。

表 5-2　喷嘴与模具定位孔同轴度调整要求　　　　　　　　　　　　mm

模具定位孔直径	$\phi 80～100$	$\phi 125～250$	$\phi 315$ 以上
喷嘴与模具定位孔的同轴度	≤0.25	≤0.30	≤0.40

　　调整方法如下。

　　① 本项应该在模板、机身的横向和纵向水平调整之后进行。

　　② 松开注射座导杆前、后支架与机身联结的紧固螺钉；松开导杆前支架两侧水平调整螺栓上的锁紧螺母。

　　③ 用 0.05mm 以上精度的游标卡尺，按周向测量 4 点（h_1、h_2、h_3、h_4），水平调整螺栓使 $h_1＝h_3$，导杆支架上下调整螺钉使 $h_2＝h_4$，最后用水平仪检测注射产生导杆的水平度，应保证不大于 0.05mm/m，如图 5-1 所示。

　　④ 调毕，分别拧紧前后导杆支架上的紧固螺钉和前支架两侧的锁紧螺母。

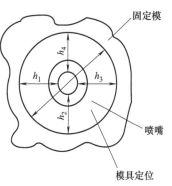

图 5-1　喷嘴与模具定位
孔同轴度的调整

（6）机器水平度的调整

由于机器的移动模板本身较重，移动惯量较大，为保持机器移动时的平稳性，必须仔细调校机身道轨的水平度，如图 5-2 所示。

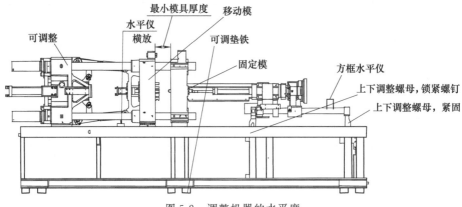

图 5-2　调整机器的水平度

（7）料筒螺杆间隙的调整

料筒末端与螺杆间隙，一般用塞尺测量，测 4 个点。均分 4 点中最小间隙应 ≥0.02mm。

（8）冷却水的连接

冷却水系统水压一般为 0.2～0.6MPa，系统应有 3 条回路，分别是液压冷却回路、螺杆料筒冷却回路、模具冷却回路。

🔍 **特别注意**

　　① 液压冷却水和模具冷却水的进水要分开（要有两路进水）。

　　② 要定时清洗冷却器。

（9）电源连接

连接电力电缆到电气箱中的电源进线，为三相五线，电压为 380V，频率为 50Hz。

电源接通后，必须检查油泵电机的运转方向，液压油必须完全注满。在开动油泵前，确保油箱中油已充满。具体操作步骤如下。

① 打开电源开关。

② 使用操作面板上的油泵马达开关，点动一下油泵电机，立即关闭。

③检查运转方向是否同电机外罩上箭头所指方向一致。

④ 供电功率应足够大（大于机器的总功率），并且配线足够粗。

如果方向不对，关闭机器及供电线路上的电源开关，将电源进线 L_1 和 L_2 互换。油泵电机的转向错误，将会损坏液压油泵，可通过操作面板上的油泵电机开关按钮来关闭油泵电机。

5.1.2　导向式拉索安装

安装导向式拉索机构时，应注意以下几点。

① 导向式拉索总成是整套提供，供货方已经按技术要求安装。操作人员不允许再对压紧螺母进行调节，以免损伤钢索，如图 5-3 所示。

图 5-3 避免损伤钢索

② 安装必须保证钢丝拉索与钢索支座垂直，钢丝拉索与导杆支座垂直，如图 5-4 所示。

图 5-4 钢丝拉索与导杆支座垂直

③ 弹簧安装必须保证开口朝外且开口不能过大，以防止弹簧从导向片中滑出，如图 5-5 所示。

④ 在调节过程中，必须控制保险挡块的行程。移动门关闭时，保险挡块抬起不能太高（以超过机械保险杆外径 5mm 左右为合适），以确保弹簧形变小、螺纹杆与拉力头之间留有间隙，如图 5-6 所示。

⑤ 安装、调节结束后，必须操作机器进行检查。调模过程中，一定要确保模座在任一位置下保险挡块都能正常抬起、下落，钢索不会卡住、干涉、拉断，如图 5-7 所示。

⑥ 为避免干涉，拉索护套管按图 5-8 走向布置。

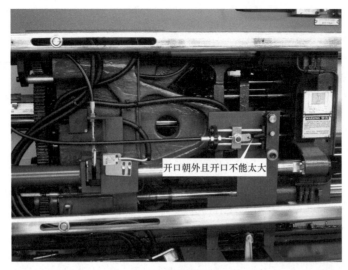

图 5-5　弹簧安装

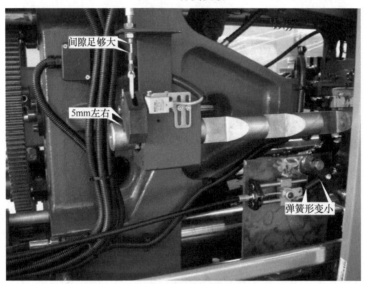

图 5-6　钢索的调整

图 5-7　机器检查

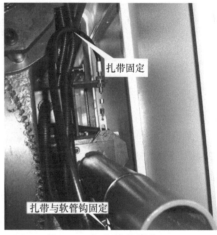

图 5-8　拉索护套管的走向

5.1.3　二板滑脚（垫铁）支承机构的安装

海天注塑机的支承采用液压支承滑脚结构，如图 5-9 所示，该机构采用两组滑脚（4 个或以上柱塞油缸）同步支承，使二板对拉杆的弯矩减小到最低限度，保证拉杆始终处于水平状态，提高了合模部件的工作性能。

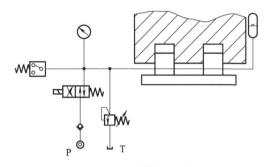

结构布局示意图

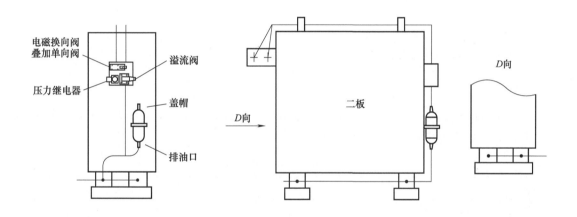

图 5-9　二板滑脚（垫铁）原理

支承压力的调整。支承压力即调整压力继电器的压力，一般压力调整范围为 2～6MPa，具体根据模具重量在此范围内调整至拉杆水平为止。调整时顺时针旋转调整螺钉，压力升高，达到要求后放松调整螺钉。当压力过高时，反时针旋转调整螺钉，同时松开蓄能器的排油口，使压力降低至要求压力以下，再顺时针旋转调整螺钉，使压力升高到要求压力，然后放松调整螺钉。

🔍 **特别注意**

调整支承压力时，应注意以下几点。

① 升高压力时，机器最好处于手动工作状态，并且要求系统压力高于支承压力。

② 此压力出厂时已调整为最佳，无特殊情况不要任意调整此压力。

③ 此处溢流阀用作安全阀，一般要求此阀压力高于要求支承压力 5bar。

5.2 注塑机的维护与保养（以海天牌注塑机为例）

5.2.1 维护与保养与计划

注塑机是注塑生产企业的重要设备，必须有一套较为完善的保养与维护制度，才能充分发挥其效能，延长其工作寿命。只有及时正确地保养与维护，才能将小问题及轻微故障及时化解，以免积重难返。保养与维护时，应制订相关的计划。

注塑机日常保养要点如下。

① 外观进行目测检查。

② 检查油位是否符合要求。

③ 检查冷却水是否符合要求。

④ 检查液压管路有无油液滴漏。

⑤ 检查安全门、射出防护罩部分是否有效。

⑥ 检查机器接地是否妥当。

⑦ 检查旁路滤油器压力。

⑧ 检查机身防护装置及围板。

经验总结

注塑机的机械、电气、液压系统及其各类元器件必须进行定期检查与维护，维护保养计划的时间范围及具体工作内容如表 5-3 所示。

表 5-3　维护保养计划

时间范围	维护保养工作
当发现吸油过滤器阻塞时,在屏幕上出现出错信息:"滤油网故障"	更换吸油滤油器
每 500 个机器运转小时	检查液压油油箱上油标的油位
500 个工作小时后	第一次更换旁路过滤器
每 6 个月(水质较差时每个月)	检查,清洗油冷却器
第一次投入运行后(1000 机器运转小时后)	更换或清洗吸油滤油器更换液压油
每 2000 个机器运转小时	更换油箱上通风过滤器的滤芯
在最大 2000 个工作小时后或当自带压力表显示最大值为 4.5bar 时	更换旁路过滤器
每 5000 个机器运行小时或至多一年	更换液压油
	更换或清洗吸油滤油器
	检查高压软管,如有必要进行更换
	检测维修电动机
每 20000 个机器运转小时,或至多 5 年	液压油缸——更换密封圈和耐磨环
	更换高压软管
每 3 年	更换系统控制器电池
每 5 年	更换操作面板上的电池

特别注意

所有的高压软管必须每 5 年更换新的，以免由于老化原因引起故障。只有崭新的软管（替代品目录中的产品）才能使用。

5.2.2 日常检查

机械部分的保养项目如下。

① 检查机身水平状况，观察调模动作是否顺畅。

② 检查射嘴中心位位置。

③ 检查预塑座运转时温度及异响，必要时替换润滑油脂。

④ 检查料筒螺杆尾端间隙匀称，运转无异响。

⑤ 注射检查止逆环封料，必要时拆查组件。

⑥ 检查二板滑脚压力及调整间隙。

⑦ 检测模板平行度。

⑧ 检测连杆机构：轴套间隙、定位销移位。

⑨ 检查模板螺孔及平面，达到使用要求。

⑩ 目测检查料筒前体、喷嘴漏胶情况。

具体的检查方法与步骤如下。

（1）螺栓锁紧

在模具和各个移动部件上的螺栓要锁紧，检查是否有松弛情况，螺栓应在正确锁紧状态，如图 5-10 所示。

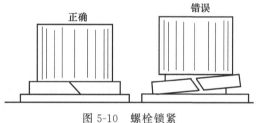

图 5-10　螺栓锁紧

（2）热电偶检查

热电偶系统随着机器的类型而有所不同，应检查安装使用情况是否正确，如图 5-11 所示。

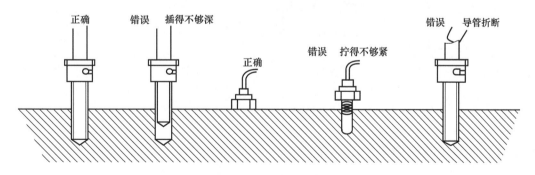

图 5-11　热电偶安装

（3）料筒温升时间设置

检查加热温升的时间是否过短或过长，加热器线路，是否会对加热圈、热电偶、接触器、熔丝以及配线等产生危险。

（4）安全门的检查

检查各种安全门与各种安全门行程开关、锁模安全装置、紧急制动按钮、液压安全阀等附加安全装置（安全盖、清除盖等）是否位置正确、灵活、可靠。

（5）冷却水的检查

在带有模具冷却水流量检测器的机器上，要检查冷却水进口和出口的位置，流量的调节，以及是否有泄漏现象。

（6）润滑油的检查

机器有各式的注油器、注油杯或集中润滑系统，要检查润滑油的油平面。如果低于要求，要重新注满。各相对滑动表面要施加少量润滑油。

（7）蓄能器充气检查

蓄能器要求充装氮气，严禁使用其他气体。氮气的充装用充气工具（随机附件）进行。充气时，松开溢流阀调节手柄，打开蓄能器上端的盖帽，装上充气工具并和高压氮气连接，缓慢打开充气工具的开关，达到规定气压 2～3MPa。当压力过高时，拧开排气螺塞使气压降到规定值。充气工具上装有氮气压力表和排气螺塞，在使用过程中，还要求定期检查蓄能器的气压，并使之保持在规定值。

🔍 **特别注意**

蓄能器严禁使用除氮气外的其他气体。未到达或超过规定气压，将使动模板液压支承滑脚系统失去作用，均不利于开闭模动作。

（8）其他检查

检查各种管道、液压装置是否有泄漏；检查电动机、油泵、油马达、加热筒、运动机构工作时是否有异常噪声；检查加热圈的外部接线是否正确、有无损坏或松动现象，如图5-12所示。

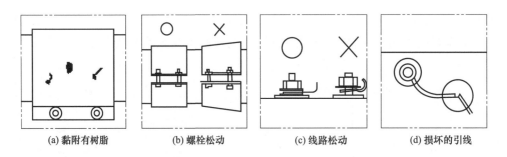

(a) 黏附有树脂　　　(b) 螺栓松动　　　(c) 线路松动　　　(d) 损坏的引线

图 5-12　其他检查

5.2.3　滑脚（减振垫铁）的调整

注塑机的滑脚，即减振垫铁，其结构如图5-13所示。

滑脚调整的方法与步骤如下。

（1）小型机滑脚的调整

小型机的机械式移动模板滑脚的调整如图5-14所示。即在移动模板的下部设置了斜铁

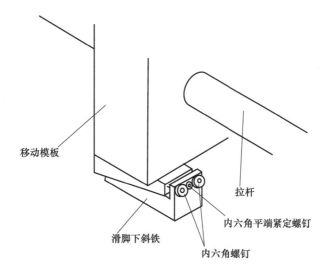

图 5-13　滑脚的结构

式可调整滑脚。调整前首先将锁模部分道轨的水平度调校好，然后卸下模具，按合模动作键伸直连杆机构，松开滑脚上的两只内六角螺钉，对称调整每只滑脚上的内六角螺钉，使滑脚上一对下斜铁移动量相等。用内卡钳测量操作面的 h_1、h_2 和 h_3 及相对应的非操作方的 h_4、h_5 和 h_6，每测一点都与外径千分尺（0.02 级游标卡尺）校对出实际值，使各点的值相等。然后按调模键，观察模厚调节时的系统压力的大小和移动模板是否平稳，调整合适后装上模具再试，直至达到满意的效果，然后锁紧内六角螺钉。

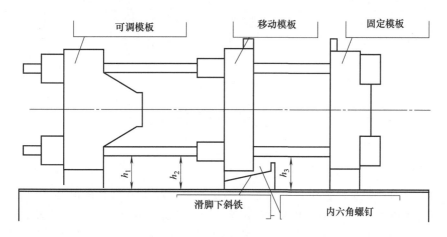

图 5-14　小型机滑脚的调整

🔍 **特别注意**

　　在滑脚下斜铁底面配置了铜垫片，经过 3 年，铜片会磨损，应及时更换。

（2）大中型机滑脚的调整

　　大中型机移动模板液压支承滑脚系统的调整、原理及结构如图 5-15 所示。即大中型机移动模板采用液压支承滑脚系统，采用 2 组滑脚（中型机器 4 个柱塞油缸、大型机器 6 个柱塞油缸）同压支承，使移动模板对拉杆的弯矩减小到最低限度，保证拉杆始终处于水平状态，调整最佳的支承压力和保持一定的充气压力有利于提高合模部件的工作性能。

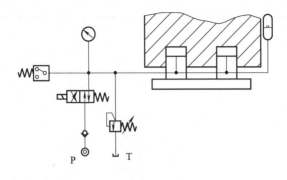

(a) 移动模板滑脚原理

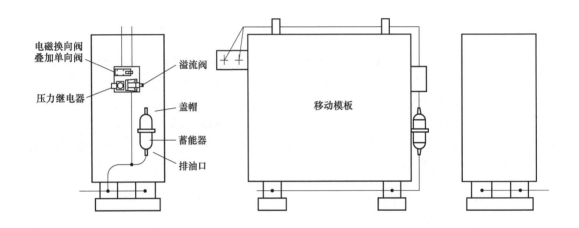

(b) 结构布局示意图

图 5-15   大中型机滑脚的调整

知识拓展

支承压力的调整即调整压力继电器的压力，一般压力调整范围为 2～6MPa，具体根据模具重量在此范围内调整至拉杆水平为止。压力继电器和溢流阀安装在操作边的移动模板的侧面，并附有压力表，调整时按顺时针旋转压力继电器调整旋钮，压力升高，达到要求后放松调整旋钮，当压力过高时，反时针旋转调整旋钮，同时松开蓄能器的溢流阀调节手柄，使压力降低至要求压力以下，旋紧蓄能器的溢流阀调节手柄，再顺时针旋转压力继电器调整旋钮，使压力升高到要求压力，然后放松调整旋钮。

特别注意

当升高支承压力时，机器应在手动工作状态，要求系统压力高于要求压力。此压力出厂时已调整为最佳，无特殊情况不要任意调整。

5.2.4　螺杆和料筒的保养

（1）保养要点

螺杆和料筒是注塑机的关键部件，也是比较容易出故障的因素，日常工作中，应注意检查以下几点。

① 定期检查预塑离合器油压马达的运行情况。

② 料筒入料口的冷却效果。

③ 料筒各段温度是否正常，隔热罩安装是否适当。

④ 射台移动的导轨应定期打上润滑油并保持清洁，禁止放置包括工具、零件在内的异物，以免损伤平台。

⑤ 对空射出的废料、塑料颗粒、粉尘等应随时清理、打扫。

（2）拆卸螺杆和料筒所需工具

检查过程中发现螺杆和料筒出现异常，应拆下螺杆进行清洗并对其进行检测。拆卸时，除各种工具外，还应准备如下工具。

① 4 或 5 块木棒（直径＜螺杆直径）×（长度＜注塑行程）。

② 4 或 5 个木块（长方体，100mm×100mm×300mm）。

③ 一把钳子。

④ 废棉布。

⑤ 一根长木棒或竹棍（直径＜螺杆直径）×（长度＞加热筒长度）。

⑥ 不可燃溶剂，如三氯乙烯。

⑦ 黄铜棒和黄铜刷子。

被拆除的螺杆，应放置在木块上，以防损坏螺杆。

（3）拆卸前的准备工作

拆卸前应将注射座调整位置，以便于操作，如图 5-16 所示。

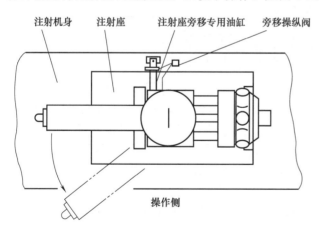

图 5-16　注射座调整位置

由于聚碳酸酯（PC）和硬聚氯乙烯（PVC）等树脂，在冷却时会粘在螺杆和加热料筒上，特别是聚碳酸酯，如果剥离时不小心，就会损坏金属表面。因此，如果采用的是这些树脂，应该先用聚苯乙烯（PS）、聚乙烯（PE）等清洗材料清洗，易于螺杆的清洁和拆卸工作（指用聚苯乙烯等对空注射几次）。

除工具以外，还应准备如下材料。

① 4 或 5 根木杆或钢杆（直径＜螺杆直径）×（长度＜注塑行程）。

② 4 或 5 段木材（100mm×100mm×300mm）。

③ 夹具。

④ 废棉絮或破布。

（4）注射装置移位

① 用注塑装置的选择开关将注塑装置全程后退，直到不能动为止。

② 卸下导杆支座紧固螺栓。

③ 卸下连接整移油缸与射台前板的圆柱销，使两者分离。

④ 用安装在非操作者一侧，注射机身台面上的专用油缸，推动注射座向操作者方转动，能满足螺杆、料筒顺利退出即可。注意不要使电线和软管绷得过紧。

操作过程：

a. 通过操作面板选择 50% 系统压力，选择 30% 系统流量。

b. 卸掉安装在专用油缸旁边的操纵阀的防护罩壳。

c. 用手向前推动操纵柄，油缸即缓慢推动注射座，朝操作方转动，直至合适位置，然后将操纵柄回到中位。

d. 注射座需回位时，将操纵柄后拉即可实现。

（5）拆卸附件

① 将加热料筒的温度加热至接近树脂的熔融温度，然后断开加热器的电源。

② 调低注射速度和注射压力，将具有多级注塑功能的注塑速度和压力调低接近 0。

③ 使螺杆（注射活塞）满行程返回停在原位置。

④ 依次卸除料筒头和喷嘴，如图 5-17 所示。

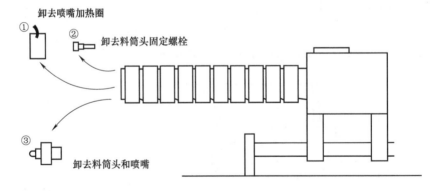

图 5-17　拆卸料筒头和喷嘴的顺序

⑤ 依次卸去与螺杆相连的零件，将螺杆固定环螺栓和其他螺栓区别放置，避免混淆，如图 5-18 所示。

（6）拆卸螺杆

① 取一段外径略小于螺杆直径长度适当的木棒，放置在螺杆尾端面与射台后板之间，用夹具（不要用手）托住木棒，如图 5-19 所示。

② 点动注射动作键向前推动螺杆，同时除去夹具。

③ 注射动作前移全程后，点动射退动作键，使射台后板退回全程。

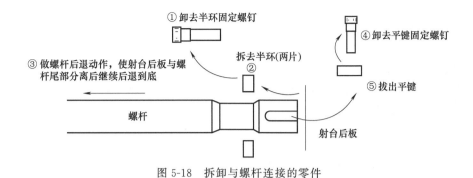

图 5-18 拆卸与螺杆连接的零件

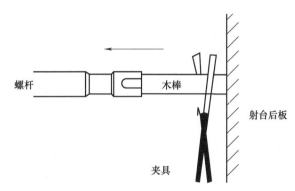

图 5-19 用夹具夹持木棒

④ 垫上第二块木棒，如图 5-20 所示，重复进行步骤①～步骤③。

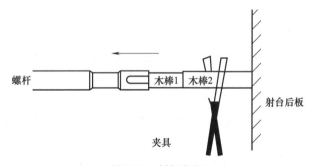

图 5-20 拆卸螺杆

🔍 **特别注意**

此时螺杆过热，切勿用手触摸；大螺杆顶出约 1/2 长度后，用吊绳套牢，吊起，使螺杆安全离筒。

螺杆应放在木块或木架上防止损伤。较长时间放置时，应垂直吊挂，防止弯曲变形。

（7）拆卸料筒

① 拆除加热料筒全部电热圈，如有必要，卸下热电线支架。

② 拧下将料筒与射台前板固定的大螺母。

③ 将料筒吊住，如图 5-21 所示。

④ 点动射退动作键，使射台后板全程退回。

⑤ 如图 5-21 所示，在射台后板与料筒后端之间插入木杆，用夹钳夹住木杆，不要用手，以防危险。

⑥ 用低注射速度和压力，产生注射动作，向前推压料筒。

⑦ 在料筒全程前移之后，点动射退动作键，再次使射台后板全程退回。

⑧ 重复进行步骤⑤～步骤⑦动作。

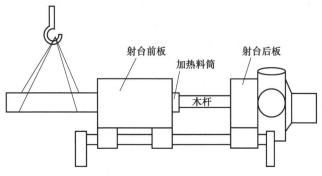

图 5-21　料筒吊挂

⑨ 在料筒配合长度近一半被推出射台前板之后，起吊高度应稍做调整。

⑩ 重复进行步骤⑤～步骤⑦动作，使加热料筒全部分离注射座，此时，要特别注意加热料筒应未冷。

⑪ 加热料筒拆下来之后，应把它放在进行下一步工作不受干扰的地方。

🔍 特别注意

安装注意事项

① 给螺栓的螺纹和螺杆头螺纹表面均匀涂上耐热润滑脂（如 MoS_2 等），以防高温锈死。

② 螺杆型号确认。

③ 安装止逆环时应注意方向，有双倒角（大倒角）的方向应向螺杆方向，以便储料时进料。

④ 止逆环和料筒的配合间隙应将止逆环磨配到比料筒小 0.08～0.10mm 间隙。

⑤ 螺杆头拧紧方向是逆时针（反螺纹）。

⑥ 前机筒螺钉拧紧一定要对称均匀。

⑦ 料筒冷却系统要清理干净，保证通畅。注意正确使用生料带，缠在工艺螺塞上。

⑧ 安装进出水接头并通水试压，0.8MPa 压力不漏水。

⑨ 加热圈安装注意事项：

a. 线芯不裸露。

b. 塑皮不压紧。

c. 瓷接头螺钉不高于平面。

d. 电热圈安装方向一般为向下 45°左右。

e. 加热圈排布且不要与防护罩干涉。

f. 拧紧螺钉。

（8）螺杆的清洗

将螺杆头拆开，如图 5-22 所示。

① 用废棉布擦拭螺杆主体，可除去大部分树脂状沉淀物。

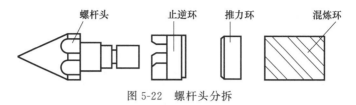

图 5-22　螺杆头分拆

② 用黄铜刷除去树脂的残留物，或用一个燃烧器加热螺杆，再用废棉布或黄铜刷清除其上的沉淀物。

③ 用同样方法清洗螺杆头，止逆环、推力环和混炼环用黄铜刷清刷。

④ 螺杆冷却后，用不易燃溶液擦去所有油迹。

🔍 **特别注意**

　　注意清洗螺杆时，不要磨伤零件的表面。在安装螺杆头前，先在螺纹处均匀地涂上一层二硫化钼润滑脂或硅油，以防止螺纹咬死。清洗的顺序和要点如图 5-23 所示。

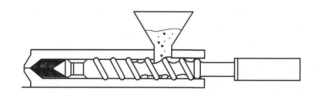

(a) 使用螺杆清洗剂时，先清空炮筒，把炮筒螺杆之残留塑胶料全部射出

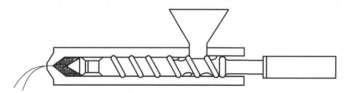

(b) 投入螺杆清洗剂，开动螺杆，把清洗剂连同炮筒内之残余塑料射出若干次，直到射出物为纯白色胶条即可

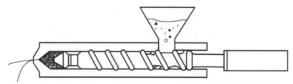

(c) 加入新塑料，射出若干次，认为满意后即可进行啤塑

图 5-23　螺杆的清洗顺序和要点

（9）料筒的清洗

料筒清洗前，先拆下喷嘴头、料筒头，如图 5-24 所示。然后按以下步骤进行清洗。

① 用黄铜刷清除黏附在料筒内表面的残留物。

② 用废棉布包在木棒或长竹子的端面，清洗筒体的内表面，在清洗过程中，应将清洗的废棉布作若干次更换。

③ 清洗料筒和喷嘴，特别注意不要擦伤与它们相配合的接触表面，导致树脂泄漏。

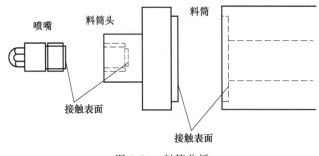

图 5-24　料筒分拆

④ 使料筒的温度下降到 30～50℃，用溶剂润湿废棉布，用上述方式，清洗筒体内表面。

⑤ 检测筒体的内表面，并应确保其干净，清洁检查方法如图 5-25 所示。

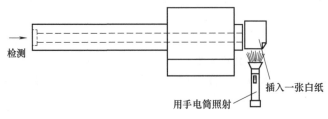

图 5-25　清洁检查方法

（10）螺杆和料筒的安装

重新装配时，按拆卸的反向步骤进行，并依次安装各部件。拧紧料筒头螺栓时应注意以下事项。

① 必须是强度级别 12.9 级的优质螺栓，给螺栓的螺纹表面均匀涂上耐热润滑脂（如 MoS_2 等）。

② 均匀地拧紧对角螺栓，螺栓拧紧顺序如图 5-26 所示，每只拧数次。

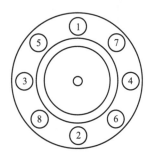

图 5-26　螺栓拧紧顺序

③ 使用适合的转矩，最好使用扭矩扳手。

④ 最后拧紧所有螺栓。

⑤ 如果加热料筒头的螺栓拧得太紧，可能导致螺纹损坏；但如太松，又可能漏料。

（11）螺杆头的安装

① 将螺杆平放在等高的两块木块上，在键槽部套上操作手柄。

② 在螺杆头的螺纹处均匀地涂上一层二硫化钼润滑脂或硅油。

③ 将擦干净的止逆环、推力环、混炼环（有的机器没有），依次套入螺杆头。

④ 用螺杆头专用扳手，套住螺杆头，反方向旋紧，完成塑化组件装配。

（12）料筒头和喷嘴的安装

① 用吊车吊平塑化组件，仔细擦干净。

② 将塑化组件缓慢地推入料筒中，使螺杆头朝外。

③ 将料筒头上穿螺钉的光孔与料筒上的螺孔对齐，止口对正，用铜棒轻敲，使配合平面贴紧。

④ 拧紧料筒头螺栓，装好料筒头螺栓。

⑤ 将喷嘴螺纹处均匀地涂上一层二硫化钼润滑脂或硅油。

⑥ 将喷嘴均匀地拧入料筒头的螺孔中，使接触表面贴紧。

经验总结

将料筒头螺栓拧紧到合适的力矩值，如表 5-4 所示。要等料筒、料筒头及其螺栓达到温度补偿的相同值。

表 5-4　螺栓拧紧力矩推荐值

强度级别 12.9 螺栓的公称直径/mm	拧紧力矩/N·m
10	80
12	150
14	240
16	370
18	530
20	720
22	910
24	1100
27	1580
30	2140
36	3740

5.2.5　合模装置的保养

合模装置保养的内容和要点如下。

① 检查模板的平行度，如果模板不平行，会引起运行振动，模具开合困难，零件磨损；如过分不平行，将会损坏模具。

② 定期检测调整模板开合全线行程，即最大模厚至最小模厚的行程来回调动几次，观察是否运动顺畅。

③ 检查活动部件的运动情况。可能由于运动速度调节不当，或由于速度改变时的位置与时间配合不当，或由于机械、油压转换不自然，都会引起锁模机构出现振动。这类振动会令机械部分加速磨损，紧固螺钉变松，噪声变大。所有活动部件均应有足够润滑，如果发现移动模板的滑脚磨损严重，应停机修复。

④ 检查高压锁模油缸行程保护装置、限位开关及油压安全开关、安全门行程开关的绝对可靠性。

⑤ 绝对禁止在锁模机构内放置任何无关的物品、产品、工具、废品、油枪、棉纱等。

5.2.6　液压系统的保养

（1）液压系统的日常保养要点

① 检查系统压力及油泵运转工况。

② 检查多泵系统各泵压力。

③ 检查速度控制，必要时调整。

④ 检查各油缸漏油及内泄情况。

⑤ 检查各油马达运转有无异常噪声，比较空负载转速。

⑥ 检查液压油颜色质地，检查滤网，清洗油箱，更换滤芯。

⑦ 检查油温、冷却器性能、冷却水配管。

特别注意

① 液压装置是由精密的液压元件所组成，当经过一段时间运转后，液压油难免受污染，并且造成密封件高压软管等的破损脱落以及一些液压元件的磨损，导致油中可能含有金属粉、油封碎片、淤垢等污染物和固形物质，从而导致各种液压故障并造成液压元件的损坏。

② 据试验与研究结果证明，液压设备的故障 80％以上都是因污染液压油所引起的。

③ 所以定期对液压油以及液压装置进行保养和检查非常重要。

（2）液压油的选择

液压介质性能质量对注塑机工作性能影响甚大，推荐使用的液压油和润滑油如表 5-5 所示。

表 5-5　推荐使用的液压油和润滑油

名称	规　　格	备　　注
液压油	液压油的黏度为 68CST/40℃，如美孚 Mobil DTE26、壳牌 Shell Tellus Oil 68、上海牌 68 号抗磨液压油	用于整机液压系统
润滑油	68 号抗磨液压油	用于大型机器的动模板滑脚和射台座板的润滑
特殊润滑脂	极压锂基脂 LIFP00 1 号锂基润滑脂 3 号锂基润滑脂	用于注射部分和锁模部分相关点的润滑

（3）液压油的检查

① 液压油在使用 6 个月内，应从油箱里抽取 100mL 的液压油送往化验室检验。如发现压力油已经劣化，应立即更换。

② 新机器运行 3 个月内，应将液压油过滤一次。如有条件，应更换液压油。然后一年一次更换液压油。

③ 每次换油时，应先清洗滤油器和油箱。

④ 如液压油无故减少，应先查明原因，再作补充。

⑤ 补充的液压油必须与系统内的液压油完全相同。不同的液压油混合后，会产生化学反应，影响液压油的品质。

⑥ 海天机推荐使用的液压油黏度为 68（cST，40℃），并且严格符合质量标准 NAS 1638 中 7 级到 9 级（美国国家）标准。

⑦ 使用过的液压油均含有潜在伤害人体的成分，应避免与皮肤长时间或重复接触。

（4）吸油过滤器的检查

注塑机滤油器一般有吸油过滤器和旁路滤油器两种，两者均是液压油的重要保护装置，应定期检查和保养。

吸油过滤器安装在油箱侧面泵进口处，用来过滤、清洁液压油，如图 5-27 所示。

机身内油箱侧面
中间内六角
端盖
端盖内六角
吸油滤油器

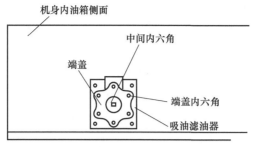

图 5-27　吸油过滤器

方法与步骤

① 吸油过滤器拆卸：先拆去机身侧面的封板，拧松过滤器中间的内六角螺钉，使滤油器与油箱中的油隔开，然后拧下端盖的内六角螺钉，拿出过滤器，最后再拆开使滤芯和中间磁棒分离。

② 吸油过滤器滤芯如图 5-28 所示，用轻油、汽油或洗涤油等彻底除去滤芯阻塞绕丝上的所有脏物，以及中间磁棒上的所有金属物；将压缩空气从内部压入，并将脏物吹离绕丝。

③ 吸油过滤器安装：把滤芯放入过滤器内，先拧紧端盖内六角螺钉，再拧紧中间内六角螺钉。

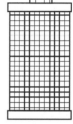

检查表面或内部状况，决定处理方法

图 5-28　吸油过滤器滤芯

（5）旁路滤油器的保养和检查

① 旁路滤油器一般安装在机器注射台部位的机身上，滤油器下端设有压力表，如图 5-29 所示。

② 在机器运行中，当压力表的指针小于 0.5MPa 时，表示过滤情况正常。

③ 当压力表的指针大于 0.5MPa 时，表示滤芯堵塞，此时应更换滤芯，以免影响滤油器的正常工作。

④ 当更换滤芯时，机器应停止工作，将滤油器顶盖上的手柄拧掉后上提，然后拔出滤芯，换上新的滤芯，按原样安装拧紧后，即可开机工作，如图 5-30 所示。

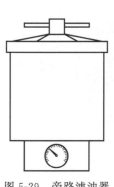

图 5-29　旁路滤油器

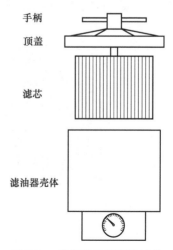

手柄
顶盖
滤芯
滤油器壳体

图 5-30　旁路滤油器更换滤芯

（6）油冷却器的保养和检查

如果冷却效果下降，管道内部可能有脏物，应拆下两端的管帽，检查是否有腐蚀和杂质，如图 5-31 所示。

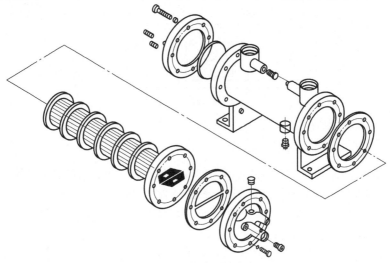

图 5-31　油冷却器分解图

🔍 **特别注意**

至少每半年对冷却器实施一次清洗。清洗时应采用碱性清洗液，清洗主体的内部和加热传导管的外部。对于难处理的夹层，可采用弱盐酸溶液清洗，主体与传导管，直至冲洗非常干净。传热管内侧的水垢较多时，应选用溶解水垢的清洗剂浸泡，然后用清水和软毛刷将其冲洗干净。

（7）叶片泵的拆洗注意事项

叶片泵是注塑机上液压部分的核心部件，如出现问题，将影响整机的生产，而引起叶片泵故障（磨损）的主要原因是液压油脏或液压油里有杂质，故一旦出现油泵声音重（有明显的噪声），或压力上不去的问题，应及时清洗过滤网和叶片泵。

叶片泵拆装步骤及注意事项如下。

① 将叶片泵上进出油口的高压软管拆除，注意不要损坏法兰上的密封圈，其结构如图 5-32 所示。

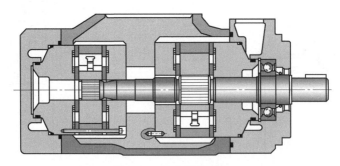

图 5-32　叶片泵的结构

② 将前端盖上的 4 个外六角螺钉拆掉，此时泵轴通过销子与联轴器连接，联轴器与电机连接，泵芯通过花键与泵轴连接，4 个外六角螺钉拆掉后，可将油泵从泵芯上抽出。注意

泵轴转动方向应与电机方向一致。

③ 将泵芯从泵壳中取出，将两个一字螺钉拆除，将两配油盘、转子、定子分离，并进行清洗。

特别注意

① 转子与泵轴通过花键相连，方向一致，按运转方向，转子上的两进油孔及开油槽应在叶片后面。

② 叶片在转子内，在运转方向上，叶片的刀口向前。

③ 定子方向应配合进出油口判断（定子是一个椭圆形）；装上定子后，在出油口，按运转方向，定子面积越来越小；在进油口，按运转方向，定子面积越来越大。

④ 如果是双联泵，应注意大小泵的方向。

5.2.7　电控系统的维护

注塑机的电气控制系统（简称电控系统）是注塑机的大脑和神经系统，目前，已经逐步由继电器控制、PLC 控制发展为计算机控制，如图 5-33 所示。因此，机器的抗干扰能力更强，可靠性更高，维护更为简单。

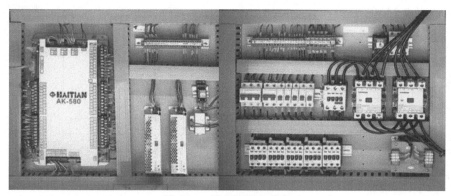

图 5-33　注塑机的电控箱

（1）电控部分的日常保养要点

① 检查操作面板按键是否破损，检查安全门是否撞击，必要时调整。

② 检查机身内各行程开关、位置尺固定是否松动，电线是否破损，检查安全门行程开关、各个接线盒是否正常。

③ 配电柜：清扫灰尘，检查各电器接线端（接触器、接线端子、电脑控制器）螺钉应紧固，清理杂乱电线。

④ 加热部分：检查加热圈紧固，接线端紧固，检查加热接线盒，清理裸露电线。

⑤ 检查机筒温度是否正常，检查热电偶。

⑥ 功能：检查压力流量电流，检查输入输出信号，检查位置显示。

⑦ 用户环境：检查电压是否正常、有无尘土影响电控部分，指导客户改进。

⑧ 电机：外部清洁，每年加注一次内部轴承润滑油。

（2）注塑机电控系统的维护

① 检查配电柜及控制电柜内所有元器件、开关、接线柱工作是否正常，是否处于安全运行状态，接线的可靠程度，是否清洁、干爽以及环境温度等。

② 检查所有线路继电器（尤其是驱动电机和电加热圈的继电器）的触点工作情况。若有火花、过热或异常响声，应及早更换。

③ 检查所有导线的塑料外层是否有损伤、硬化和开裂。

5.3 注塑机的润滑（以海天牌注塑机为例）

5.3.1 注塑机的润滑系统

为了避免注塑机运动部件的磨损，注塑机设置了众多的润滑装置和润滑点，如图 5-34 所示，注塑机合模装置的滑动副和曲轴转动副采用了自动集中控制，配以定量加压式分配器（小机器采用定阻式）和压力检测报警，以保证每一运动部位的充分润滑。

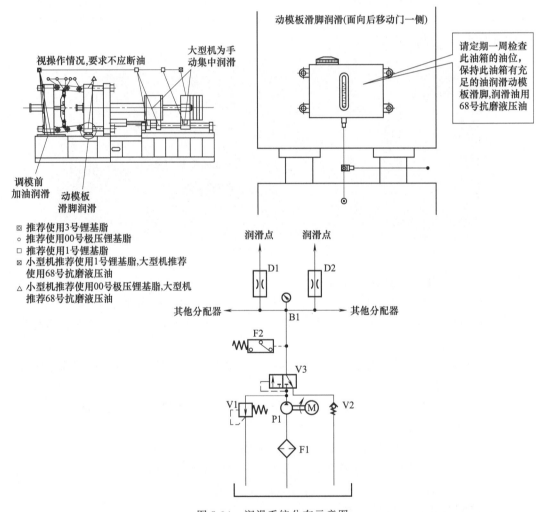

图 5-34　润滑系统分布示意图

注：润滑泵工作时，油箱内油脂必须充足，注射部分手动润滑泵（大机）位于射台后板后侧面，合模部分自动润滑泵位于机身尾部或尾板前侧面（加油时可拉开前安全门）。大型机 HTF1600X 及以上机型动模板拉杆铜套用集中式稀油润滑。

★ **相关理论**

及时、足够的润滑是保证注塑机正常工作的前提条件，特别是对于合模装置而言，由于合模装置长时间受到不断往复摩擦的作用，如果缺少的润滑，零件很快会磨损，直接影响机械零件的性能和寿命。

海天系列注塑机主要采用油脂润滑，部分机型和大机模板、推力座采用稀油润滑。此外，注射部分及调模等速度低或不常运动部分的运动副采用手动定期润滑保养，注塑机润滑系统的工作顺序如图 5-35 所示。

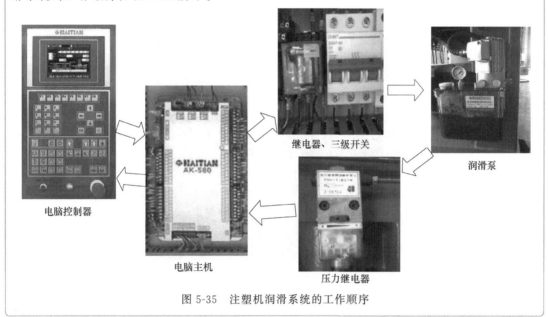

电脑控制器

继电器、三级开关

润滑泵

电脑主机

压力继电器

图 5-35 注塑机润滑系统的工作顺序

5.3.2 润滑油的选择

海天牌注塑机润滑油的选择一般遵循以下方法。

① 68 号抗磨液压油。用于大型机［海天 700T 以上（含 700T）机型］拉杆、动模板滑脚和大型机［海天 2400TB 以上（含 2400TB）机型］储料马达座内润滑。

② 极压锂基脂 LIFP00。用于锁模关节部分和小型机拉杆、动模板滑脚的润滑。

③ 1 号锂基润滑脂。用于注射导轨部分和小型机储料马达座内的润滑。

④ 3 号锂基润滑脂。用于调模部分的润滑。

5.3.3 定阻式润滑

定阻式润滑系统（海天系列锁模力小于 300T 的机型）的润滑原理如图 5-36 所示。

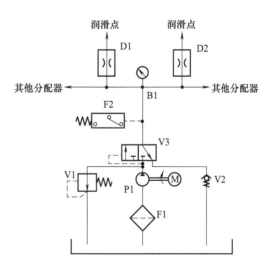

图 5-36 定阻式润滑系统的润滑原理

F1—吸油过滤器；V2—回油背压阀；B1—系统压力表；P1—润滑泵；V3—二位三通换向阀；D1,D2—定阻式分配器；V1—系统溢流阀；F2—压力继电器；M—电动机

📋 知识拓展

定阻式润滑系统配置有阻尼式分配器，如图 5-37 所示。当润滑油泵工作时，由于阻尼器的作用，从油泵出口到各分配器的油路中产生压力，当高于阻尼压差时，润滑油会克服阻尼不断地流向各润滑点，直到润滑时间结束。因分配器的阻尼孔大小不同，因此阻尼式分配器保证了润滑系统到达各润滑点的油量按需要分配。当润滑油路的压力在润滑时间内达不到压力继电器设定压力值时，机器会报警，润滑系统有问题需要检查维修。

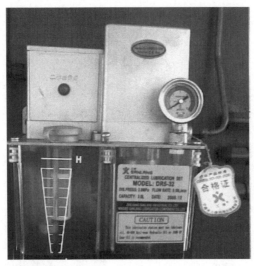

图 5-37　阻尼式分配器

5.3.4　定量加压式润滑

定量加压式润滑系统（海天锁模力大于或等于 300T 的机型）的润滑原理如图 5-38 所示。

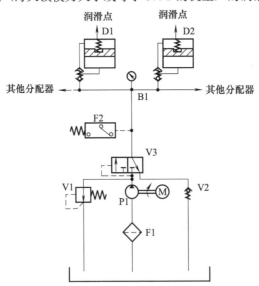

图 5-38　定量加压式润滑系统的润滑原理

F1—吸油过滤器；V2—回油背压阀；B1—系统压力表；P1—润滑泵；V3—二位三通换向阀
D1,D2—定量加压式分配器；V1—系统溢流阀；F2—压力继电器；M—电动机

📔 知识拓展

　　定量加压式润滑配置有定量加压式分配器。当油泵工作时，油泵向各分配器加压，将定量分配器上腔的润滑油压向各润滑点，均匀地润滑各点。当润滑油路的压力达到压力继电器压力设定值时，油泵停止工作，开始润滑延时计时，各分配器卸压，并自动从油路中补充润滑油到上腔，当润滑延时计时结束后，油泵再次启动，周而复始，直到润滑总时间结束。由于分配器的排油量不同，因此保证各润滑点的油量按需要分配。当润滑油路的压力在润滑时间内达不到压力继电器压力设定值时，机器会报警，润滑系统出现问题，需要维修。

5.3.5　合模装置的润滑

　　海天牌注塑机合模装置如图 5-39 所示。

图 5-39　合模装置

（1）调模部分润滑
　　推荐使用 3 号锂基脂。
（2）曲肘部分润滑
　　① 油脂润滑机型。推荐使用 00 号极压锂基脂，由机器自动润滑系统供油。
　　② 稀油润滑机型。推荐使用 150 号极压齿轮油或 68 号抗磨液压油，由机器自动润滑系统供油。
（3）拉杆部分润滑
　　① 油脂润滑机型。小机型推荐使用 00 号极压锂基脂，由机器自动润滑系统供油。中大机型推荐使用 150 号极压齿轮油或 68 号抗磨液压油，由独立的动模板自动润滑系统供油。
　　② 稀油润滑机型。小机型推荐使用 150 号极压齿轮油或 68 号抗磨液压油，由机器自动润滑系统供油。中大机型推荐使用 150 号极压齿轮油或 68 号抗磨液压油，由独立的动模板自动润滑系统供油。

5.3.6　注射装置的润滑

　　海天牌注塑机注射装置如图 5-40 所示。
（1）储料座润滑
　　小型机推荐使用 1 号锂基脂；大型机推荐使用 150 号极压齿轮油或 68 号抗磨液压油。
（2）导轨、铜套润滑
　　推荐使用 1 号锂基脂［海天 530T 以上（含 530T）机型有手动润滑泵］。

储料座

导轨、铜套

图 5-40 注射装置

5.3.7 润滑系统的保养

润滑系统的保养要点如下。

① 检查润滑泵工作状况、出油压力是否正常。

② 检查润滑压力继电器工作是否有效。

③ 检查润滑管路有无破损、折断。

④ 检查各润滑点有无润滑油渗出。

⑤ 检查手动加注润滑（预塑座、调模机构、滑动部分、机身、调模活动部位）部位是否正常。

特别注意

注塑机的润滑系统需要进行及时、合理的保养，要点如下。

① 严禁水、蒸汽、尘埃及阳光污染润滑油。使用过程中，需要定期检查各润滑点是否正常工作；每次润滑时间必须足够长，保证各润滑点的润滑；机器的润滑模数（间隔时间）及每次润滑的时间通过合理的设定来实现，建议不要轻易更改电脑中相关参数的设置，机器出厂前已合理设置，但润滑模数用户可根据实际情况做一定的改动，一般新机器6个月内润滑模数设定少一点，6个月以后可根据实际情况设定多一点。大型机设定少一点，小型机设定多一点。定量加压式润滑的时间实际是润滑报警时间，建议机器的每次润滑时间可以适当设定长一些，有足够时间来保证压力继电器起压，从而避免因润滑报警时间过短而产生的误报警。

② 定期观察润滑系统的工作状况，保持油箱中的润滑油在一个合理的油位上。如发现润滑不良，应及时润滑，并检查各润滑点的工作情况，以保证机器润滑良好。

③ 不得使用液压油作为润滑油，其原因是两者的黏度不同。

④ 调模螺母、储料马达的传动轴、注射台前后导轨及铜套、电机轴承均应采用润滑脂油嘴（黄油嘴）进行润滑，建议每月一次加注润滑油脂（黄油）。

第6章

注塑机的维修

6.1 机械装置的维修

6.1.1 注塑机性能检测

（1）石英高温压力传感器

石英高温压力传感器安装在喷嘴（射嘴）处，可测量高达 2000bar 的压力，能耐 400℃ 熔体高温，但其只能测量注射压力，不能测量温度，如图 6-1 所示。

（2）熔体压力传感器

熔体压力传感器安装在射嘴处，可以同时测量注射压力（3000bar）和射嘴温度（350℃），如图 6-2 所示。

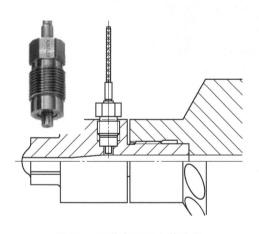

图 6-1　石英高温压力传感器

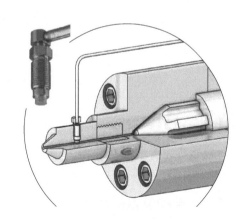

图 6-2　熔体压力传感器

（3）模腔压力传感器

模腔压力传感器属于高精度石英传感器，可直接安装在模腔里面，用于测量高达 2000bar 模腔压力，如图 6-3 所示。

（4）模腔压力与温度传感器

模腔压力与温度传感器直接安装在模腔里面，可以同时测量模腔压力与模腔温度，如图 6-4 所示。

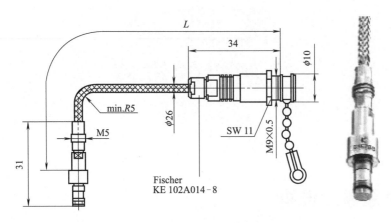

图 6-3　模腔压力传感器

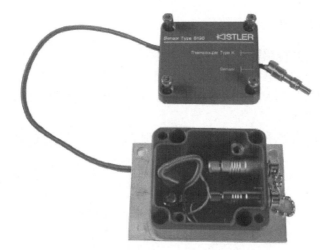

图 6-4　模腔压力与温度传感器

6.1.2　注射装置的维修

注塑机注射装置是注塑中最容易出现故障的机械装置之一，其拆卸和维修的顺序如图 6-5 所示。

6.1.3　合模装置的维修

双曲肘内翻式合模装置的拆卸如图 6-6 所示。该装置中，后连杆 1、2 通过大销轴 9 及钢套 8 与尾板的支座铰链、前连杆 3、二板的铰链支座相连；小连杆 5 的一端通过小销轴 15 及小钢套 14 与后连杆 1 相连，另一端与推力座 17 的铰链支座相连。固定在尾板上合模油缸的活塞杆，由锁紧螺母 13 调整并与推力座固紧。在推力座水平锁孔上装有导向套 6，在活塞杆作用下，以夹板拉杆 7 为导向在其上滑动。推力座通过小连杆 5 带动后连杆 2 及前连杆 3 驱动动模板实现启闭模的往复运动。因此，各曲肘、连杆、销轴、钢套及推力座的材料、结构、尺寸、各销轴及其孔的几何尺寸的制造精度、装配精度，孔间同心度、平行度等对曲肘连杆机构运行的平稳性、可靠性和锁模状态下的系统刚性及强度都有重要影响。

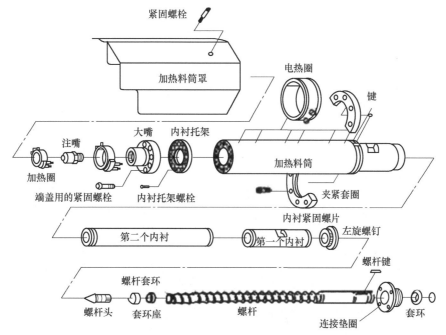

图 6-5　注射装置的拆卸和维修的顺序

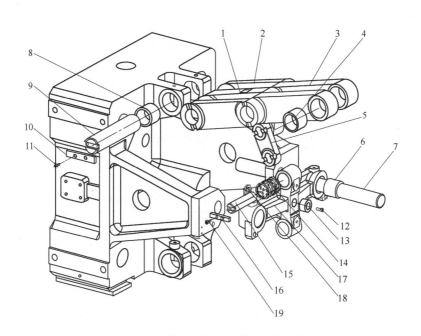

图 6-6　双曲肘内翻式合模装置的拆卸

1,2—后连杆；3—前连杆；4,8—大销轴钢套；5—小连杆；6—导向套；7—夹板拉杆；9—大销轴；10—定位键；
11,12,19—螺钉；13—锁紧螺母；14—小钢套；15—小销轴；16—定位键；17—推力座；18—垫片

　　注塑机常用调模装置的拆卸如图 6-7 所示，其中调模大齿圈 6 是外齿圈，通过 4 个滚珠轴承 4 以其内圈进行定位，并固紧在尾板上。带有外齿的调模丝母 17 与拉杆上的尾螺纹相配合，轴向由调模丝母压盖 19 和调模丝母垫 16 来限位，并与大齿圈相啮合。液压马达座 15 由圆锥销在尾板上定位并用螺钉 12、21 固紧。液压马达 7 通过调模马达齿轮 8 驱动大齿

圈及其相啮合的调模丝母 17 旋转，通过调模丝母压盖 19 和丝母垫 16，推动尾板沿拉杆尾螺纹移动，带动整个连杆及二板沿拉杆前后移动，根据允模厚度及工艺所要求的锁模力实现调模功能。

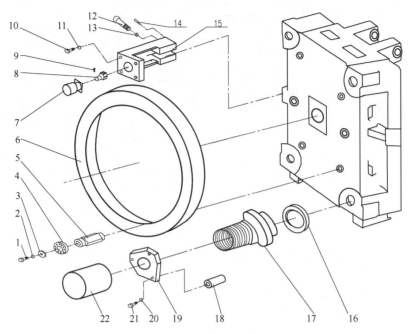

图 6-7　调模装置的拆卸

1,9,10,12,21—螺钉；2,3,11,13,20—垫圈；4—轴承；5—定位销；6—调模大齿圈；7—液压马达
8—调模马达齿轮；14—圆锥销；15—液压马达座；16—丝母垫；17—调模丝母；
18—调模压盖支杆；19—调模丝母压盖；22—拉杆护罩

6.1.4　海天牌注塑机常见机械故障原因及解决方法

海天牌注塑机常见机械故障原因及解决方法如表 6-1 所示。

表 6-1　海天牌注塑机常见机械故障原因及解决方法

故障现象	故障原因	检查方法	解决方法
开模、锁模机铰响	润滑油量小	检查电脑润滑加油时间	加大润滑油量供油时间或重新接线
	平行度超差	用百分表检查头二板平行度是否大于验收标准	调整平行度
	锁模力大	检查客户设置的锁模力是否过大	按客户产品需要调低锁模力
	电流调乱	检查电流参数是否符合验收标准	重新调整电流到验收标准值
开锁模爬行	二板导轨及哥林柱磨损大	二板导轨及哥林柱有无磨损	更换锁模板、哥林柱或加注润滑油
	开锁模速度压力调整不当	设定慢速开模时锁模板不应爬行	调整流量比例阀 Y 孔或先导阀 A-B 孔的排气孔的开口大小
开锁模行程开关故障	T24 调整不良	检查 T24 时间是否适合	调整 T24 时间长些
	开锁模速度、压力过小	检查开锁模速度、压力是否合适	加大开锁模某一速度、压力
	锁模原点发生变化	检查锁模伸直机铰后是否终止到 0 位	重新调整原点位置

续表

故障现象	故障原因	检查方法	解决方法
调模计数器故障	接近开关损坏	检查接近开关与齿轮的距离≤1mm	更换开关,调整位置
	调整位移时间短	按"取消+5"进行时间制检查,确认调模时间过小或根本没有设置调模时间	调整位移时间
	调模螺母卡住	检查调模螺母是否卡住	调整调模螺母各间隙或更换现有零件
手动有开模终止,半自动无开模终止	开模阀泄漏	手动打射台后,观察锁模二板向后退得快	更换开模阀
	放大板斜坡升降幅度调整不当	检查放大板 VCA070CD 斜率时间太长	重新调整放大板 VCA070CD 斜率时间
	顶针速度快	顶针速度快时,由于阀泄漏模板向后走,行程开关压块压不上	加长行程压块,更换开模阀或调慢顶针速度
无顶针动作	顶针限位开关坏	用万用表 DC 24V 检查 12 号线	更换顶针限位开关
	卡阀	用六角扳手调整顶针阀芯,检查阀芯是否可以移动	清洗压力阀
	顶针限位杆断	停机后用手拿限位杆	更换限位杆
	顶针开关短路	用万用表检查顶针开关,11 号 12 号线对地零电压,正常时 0V	更换顶针开关
不能调模	机械方面是平行度超差	用平行表检查其平行度	调整平行度
	压板与调模螺母间隙不合	用厚薄规测量	调整压板与螺母间隙(间隙≤0.05mm)
	螺母滑丝	检查螺母能否转动	更换螺母
	上下支板调整不当	拆开支板锁紧螺母检查	调整上下支板
	电气部分		
	调模的位移开关烧毁	在电脑上检查 IN20 灯是否有闪动	更换位移开关
	烧毁调模电机	用万用表检查调模电机接线端是否有 380V 输入,检查调模电机熔丝是否亮灯,如亮灯证明三相不平行	更换电机或修理
	烧毁交流接触器	用万用表检查输入三相电压是否为 380V,有无缺相、欠压	更换交流接触器
	烧毁热继电器	同上	更换热继电器
	线路中断,接触不良	检查控制线路及各接点	重新接线
开模时响声大	差动开模时间的位置调节不良	检查放大板斜升斜降	数控机调整放大板斜升斜降;电脑机 T37 时间适量调整
	锁模机构润滑不良	检查导杆导柱滑脚机铰润滑情况	加大润滑
	模具锁模力过大	检查模具受力时锁模力情况	视用户产品情况减少锁模力
	头二板平行度偏差大	检查头板与二板平行度	调整二板、头板平行误差
	慢速转快速开模位置过小,速度过快	检查慢速开模转快速开模位置是否适当,慢速开模速度是否过快	加长慢速开模位置,降低慢速开模的速度

故障现象	故障原因	检查方法	解决方法
不能射胶	射嘴堵塞	用万用表检测	清理或更换射嘴
	过胶头断	熔胶延时时间制通电时,检查延时闭合点是否闭合	更换过胶头
	射胶方向阀不灵活,无动作	检查射胶方向阀量是否有 24V 电压,检查线圈电阻值应有 15~20Ω,通电则应阀芯有动作	清洗阀或更换方向阀
	射胶活塞杆断	松开射胶活塞杆锁紧螺母,检查活杆是否断	更换活塞杆
	料筒温度过低	检查实际温度是否达到该料所需温度	重新设料筒温度
	射胶活塞油封损坏	检查活塞油封是否已损坏	更换油封
射台不能移动	活塞杆断	拆开活塞杆检查活塞是否已断	更换活塞杆
	射台方向阀不灵活,无动作	射移阀有电到时,用内六角扳手按阀芯是否可移动	清洗阀
	断线	检查电磁阀线圈线是否断	接线
射胶终止转换速度过快	射胶时动作转换速度过快	检查背压是否过低	加大背压,增加射胶级数
		检查射胶有否加大保压	电脑机加大保压,调整射胶级数,加熔胶延时
		数控机是否有二级射胶	使用二级射胶,降低二级射胶压力
不能熔胶	机械方面		
	烧轴承	分离螺杆熔胶时耳听有响声	更换轴承
	螺杆有铁屑	分离螺杆熔胶时用内六角扳手拆机筒检查螺杆是否有铁屑	拆螺杆清干净胶料
	熔胶阀堵塞	用内六角扳手阀芯不能移动	清洗电磁阀
	熔胶电机损坏	分离熔胶电机,熔胶不转	更换或修理熔胶电机
	电气方面		
	烧毁发热圈	用万用表检查是否正常	更换发热圈
	插头松	检查熔胶阀插头是否接触不良	上紧插头
	流量压力阀断线	当没有电流时,检查熔胶阀门处的流量和压力,检查到程序控制板的电线是否断裂	重新接线
	烧 I/O 板,程序板	用万用表检查 I/O 板程序板 105 或 202、206 输出	更换或维修
	熔胶终止行程不复位	用万用表检查 201 线是否短路或开关 S9 未复位	更换或修理
产品有墨点	螺杆有积炭	检查螺杆	抛光螺杆
	机筒有积炭及辅机不干净	检查上料料斗是否灰尘大	抛光机筒及清理辅件
	过胶头组件腐蚀	检查塑料是否腐蚀性强(如眼镜架料)	更换过胶头组件
	法兰、射嘴有积炭	检查塑料是否腐蚀性强(如眼镜架料)	更换射嘴法兰
	原材料不纯	检查原材料是否有杂质	更换原材料
	温度过高,熔胶背压过大	检查熔胶筒各段预设温度和实际温度是否相符,设定温度与注塑材料是否相符,是否过高	降温、减少背压
	装错件(如螺杆、过胶头组件、法兰等)	检查过胶头组件、螺杆、法兰装该机是否相符	检查重新装上

续表

故障现象	故障原因	检查方法	解决方法
整机无动作	放大板无输出	用万用表测试放大板输出电压	更换或修理放大板
	烧熔丝（电源板熔丝）	检查整流板熔丝	更换熔丝
	油泵电机反转	面对电机风扇逆时针方向	将三相电源其中一相互换
	油泵与电机联轴器损坏	关机后用手摸油泵联轴器是否可以转动	更换联轴器
	压力阀堵塞，无压力	检查溢流阀、压力比例阀是否有堵塞	清洗压力阀
	24V 电源线 201#、202# 线断	用万用表检查 DC 24V 是否正常	接驳线路
	数控格线断、放大板无输入控制电压	用万用表检查 401～406 到数控格有无断线	重新焊接
	油泵电机烧坏，不能启动	用万用表电阻挡检查电机线圈是否短路或开路	更换电机
	油泵损坏，不能起压，不吸油	拆开油泵检查配油盘及转子端面是否已花	更换油泵
	三相电源缺相	检查 380V 输入电压是否正常	检查电源
整机无力	总溢流阀塞住	电器正常时，检查溢流阀是否堵塞	清洗阀
	油封磨损	检查各油缸活塞油封是否磨损	更换油封
	油泵磨损	拆油泵检查配油盘，转子端面是否磨损	更换油泵或修理
	比例油制阀磨损	用新油制阀更换	更换油制阀
	油制板内裂	做完上述四项工作仍未解决就只有油制板有问题	更换油制板

6.2 液压系统的维修

6.2.1 注塑机液压系统维修要点

注塑机的液压系统是由液压泵、液压执行元件（液压缸、液压马达）、液压控制调节元件和液压辅助元件等组成，液压系统的故障排除最终都要归结到这些元件的故障排除，如图 6-8 所示。

 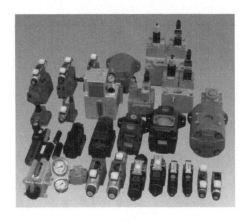

(a)　　　　　　　　　　　　　　　(b)

图 6-8　注塑机的液压系统及元件

经验总结

　　液压系统故障绝大多数是由液压油引起的。液压元件中，油泵对液压油的性能最为敏感，因泵内零件的运动速度最高，工作压力也最高，且承压时间长，油温升高。

　　液压油的最佳工作油温应在 45℃ 左右，最高不能超过 55℃。油温太高，液压油黏度降低且易氧化变色产生油泥。

　　液压元件都是依靠间隙密封，所以油质必须干净；液压油油量要充足，如不足，则容易吸进气泡，产生气蚀。

特别注意

　　除非迫不得已，否则不应拆解液压元件；在用途、原理不清的情况下，更不应拆解液压元件。

6.2.2　液压系统的基本功能

（1）压力控制功能（见图 6-9）
（2）流量控制功能（见图 6-10）

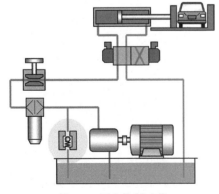 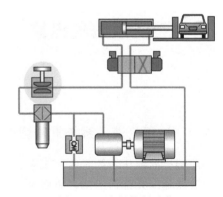

图 6-9　压力控制功能　　　　　　　　图 6-10　流量控制功能

（3）方向控制功能（见图 6-11）

6.2.3 液压元件的安装

（1）管路连接安装（见图 6-12）

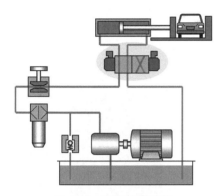

图 6-11 方向控制功能

图 6-12 管路连接安装

管路连接安装的特点：

① 系统组合简单。

② 易于故障查找。

③ 较大安装空间要求。

④ 泄漏点较多。

（2）板式安装（见图 6-13）

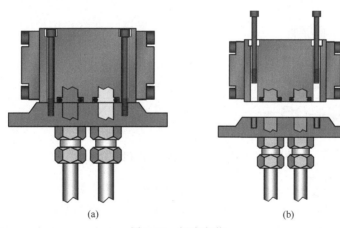

(a)　　　　　　　　　　　　　(b)

图 6-13 板式安装

板式安装的特点：

① 系统组合简单。

② 易于故障查找。

③ 泄漏点较少。

④ 较大安装空间要求。

⑤ 更换简单。

（3）叠加式安装（见图 6-14）

叠加式安装的特点：

① 系统安装灵活性较小。

② 更适用于小通径阀。

③ 减少了空间要求。

④ 安装成本较低。

（4）法兰安装（见图 6-15）

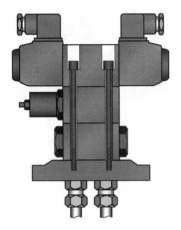

图 6-14　叠加式安装

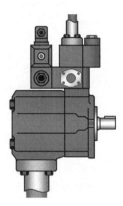

图 6-15　法兰安装

法兰安装的特点：

① 只能提供基本的泵控制阀（溢流、卸荷功能）。

② 减少了对空间的要求。

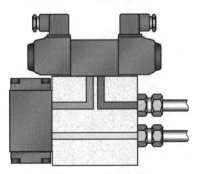

图 6-16　块式安装

（5）块式安装（见图 6-16）

块式安装的特点：

① 块式设计增加了成本。

② 故障查找困难。

③ 紧凑的安装形式。

④ 最小化的潜在泄漏危险。

6.2.4　液压元件的拆解

液压拆解时的注意事项：

① 拆解检修的工作场所一定要保持清洁，最好在净化车间内进行。

② 在检修时，要完全卸除液压系统内的液体压力，同时还要考虑好如何处理液压系统的油液问题，在特殊情况下，可将液压系统内的油液排除干净。

③ 拆解时要用适当的工具，以免将内六角和尖角损坏或将螺钉拧断等。

④ 拆解时，各液压元件和零部件应妥善保存和放置，不要丢失。建议记录拆卸顺序并画草图。

⑤ 液压元件中精度高的加工表面较多，在拆解和装配时，要防止工具或其他东西将加工表面碰伤。要特别注意工作环境的布置和准备工作。

⑥ 在拆卸油管时，应做到以下几点。

a. 事先应将油管的连接部位周围清洗干净。

b. 拆解后，在油管的开口部位，用干净的塑料制品或石蜡纸将油管包扎好。

c. 勿用棉纱或破布堵塞住油管，并注意避免杂质混入。

d. 在拆解比较复杂的管路时，应在每根油管的连接处扎上白铁皮片或塑料片并写上编号，以免装配时将油管装错。

⑦ 在更换橡胶密封件时，不要用锐利的工具，不要碰伤工作表面。在安装或检修时，应将与密封件相接触部件的尖角修钝，以免使密封圈被尖角或毛刺划伤。

⑧ 拆解后再装配时，各零部件必须清洗干净。

⑨ 在装配前，应将 O 形密封圈或其他密封件浸在油液中，以待使用，在装配时或装配好以后，密封圈不应有扭曲现象，而且要保证滑动过程中的润滑性能。

⑩ 在安装液压元件或管接头时，拧紧力要适当。尤其要防止出现液压元件壳体变形、滑阀阀芯卡阻以及接合部位漏油等现象。

⑪ 液压执行元件（如液压缸等）可动部件有可能因自重下降，应当用支撑架将可动部件牢牢支撑住。

6.2.5　液压泵的类型

液压泵为系统提供具有一定压力的油液，将机械能转变为液压能，其图形符号如表 6-2 所示。

① 基本构成：定子、转子、挤压零件，密闭腔，配油机构。

② 类型。

a. 按挤压零件不同，可以分为齿轮泵、叶片泵和柱塞泵。

b. 按排量能否改变，可以分为定量泵和变量泵。

表 6-2　液压泵的图形符号

类型	单向定量泵	双向定量泵	单向变量泵	双向变量泵	双联液压泵
图形符号					

经验总结

常见故障：不输油或油量不足，压力不能升高或压力不足，流量或压力失常，噪声过大，异常发热和外泄漏。

6.2.6　齿轮泵的维修

齿轮泵是以啮合原理工作的壳体承压型液压泵，它是液压技术中结构最简单、价格最低、产量及用量最大的一种液压泵。

齿轮泵的类型：外啮合齿轮泵和内啮合齿轮泵。其中外啮合齿轮泵应用最为普遍，这种齿轮泵中大多采用一对参数相同的齿轮，如图 6-17 所示。

外啮合齿轮泵常见故障及排除方法如表 6-3 所示。

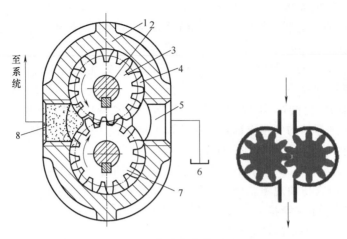

图 6-17 外啮合齿轮泵原理

1—壳体；2—传动轴；3—主动齿轮；4—密封工作腔；5—吸油腔；6—油箱；7—从动齿轮；8—压油腔

表 6-3 外啮合齿轮泵常见故障及排除方法

故障现象	排 除 方 法
(1)齿轮泵吸不上油或无压力	①原动机与泵的旋转方向不一致→纠正原动机旋转方向 ②泵传动键脱落→重新安装传动键 ③进出油口接反→按说明书纠正接法 ④油箱液位过低,吸入管口露出液面→补充油液至最低液位线以上 ⑤转速太低吸力不足→提高转速达到泵的最低转速以上 ⑥油液黏度过高或过低→选用推荐黏度的工作油液 ⑦吸入管道或过滤装置堵塞造成吸油不畅→清洗管道或过滤装置,除去堵塞物;更换或过滤油箱内油液 ⑧吸入口过滤器过滤精度过高造成吸油不畅→按产品样本及说明书正确选用过滤器 ⑨吸入管道漏气→检查管道各连接处,并予以密封、坚固
(2)齿轮泵流量不足、达不到额定值	①转速过低,未达到额定转速→按产品样本或说明书指定额定转速选用原动机转速 ②系统中有泄漏→检查系统,修补泄漏点 ③ 由于泵长时间工作,振动使泵盖连接螺钉松动→适当拧紧螺钉 ④吸入空气→检查管道各连接处,并予以密封、坚固 ⑤吸油不充分→检查管道各连接处,并予以密封、坚固。若入口过滤器堵塞或通流量过小,清洗过滤器或选用通流量为泵流量2倍以上的过滤器。若吸入管道堵塞或通径小,则清洗管道,选用不小于泵入口通径的吸入管。介质黏度不当,则应选用推荐黏度的工作介质
(3)齿轮泵压力升不上去	①泵吸不上油或流量不足→按(1)解决 ②液压系统中的溢流阀设定压力太低或出现故障→重新设定溢流阀压力或修复溢流阀 ③系统有泄漏→按(2)(流量不足,达不到额定值)解决 ④由于泵长时间工作、振动使泵盖连接螺钉松动→按(2)解决 ⑤吸入管道漏气→按(2)解决 ⑥吸油不充分→按(2)解决
(4)齿轮泵振动噪声大	①泵与原动机同轴度差→调整同轴度 ②齿轮精度低→更换或修研齿轮 ③轴封损坏→更换 ④吸油管路或过滤器堵塞→疏通、清洗 ⑤油中有空气→排空气体

6.2.7 叶片泵的维修

叶片泵是一种以叶片为挤压零件、壳体承压型液压泵，其构造复杂程度和制造成本都介于齿轮泵和柱塞泵之间。其类型有单作用（变量）叶片泵和双作用（定量）叶片泵，如图 6-18 和图 6-19 所示。

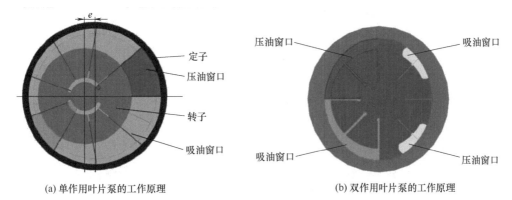

(a) 单作用叶片泵的工作原理　　　　　　　　(b) 双作用叶片泵的工作原理

图 6-18　叶片泵的工作原理

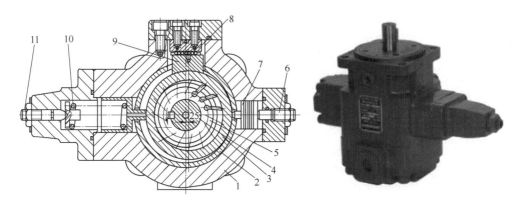

图 6-19　叶片泵的结构与实物

1—壳体；2—衬圈；3—定子；4—泵轴；5—转子；6—流量调节螺钉；7—控制活塞；
8—滚针轴承；9—滑块；10—限压弹簧；11—压力调节螺钉

叶片泵常见故障及排除方法如表 6-4 所示。

表 6-4　叶片泵常见故障及排除方法

故障现象	排　除　方　法
叶片泵不输油或无压力	①原动机与油泵旋向不一致或传动键漏装→纠正转向或重装传动键 ②进出油口接反→按说明书选用正确接法 ③泵转速过低→提高转速达到泵最低转速以上 ④油黏度过大，使叶片运动不灵活→选用推荐黏度的工作油 ⑤油箱内油位过低，吸入管口露出液面→补充油液至最低油标线以上 ⑥油温过低使油液黏度过大→加热至合适黏度后使用 ⑦吸入管道或过滤装置堵塞造成吸油不畅→拆洗、修磨泵内脏件，仔细重装，并更换油液 ⑧吸入口过滤器过滤精度过高造成吸油不畅→清洗管道或过滤装置，除去堵塞物，更换或过滤油箱内油液 ⑨小排量泵吸力不足→向泵内注满油 ⑩吸入管道密封不良漏气→检查管道质量和各连接处密封情况，更换管道或改善密封 ⑪系统油液过滤精度低，导致叶片在槽内卡阻→按产品说明书正确选用过滤器

续表

故障现象	排 除 方 法
叶片泵流量不足	①转速未达到额定转速→按说明书指定额定转速选用电机转速 ②系统中有泄漏→检查系统,修补泄漏点 ③由于油泵长时间工作、振动使泵盖螺钉松动→适当拧紧螺钉 ④吸入管道漏气→检查各连接处,并予以密封、紧固 ⑤吸油不充分 a. 油箱内油面过低→补充油液至最低油标线以上 b. 入口过滤器堵塞或通流量过小→清洗过滤器或选用通过流量为泵流量2倍以上的过滤器 c. 吸入管道堵塞或通径小→清洗管道,选用不小于油泵入口通径的吸入管 d. 油黏度过高或过低→选用推荐黏度工作油 ⑥变量泵流量调节不当→重新调节至所需流量
叶片泵压力上不去	①泵不上油或流量不足→同前述排除方法 ②溢流阀调整压力太低或出现故障→重新调试溢流阀压力或修复溢流阀 ③系统中有泄漏→检查系统、修补泄漏点 ④由于泵长时间工作振动,使泵盖螺钉松动→适当拧紧螺钉 ⑤吸入管道漏气→检查各连接处,并予以密封、紧固 ⑥吸油不充分→同前述排除方法 ⑦变量泵压力调节不当→重新调节至所需压力
叶片泵外泄漏	①密封件老化→更换密封 ②进出油口连接部位松动→紧固管接头或法兰螺钉 ③密封面磕碰或泵的壳体存在砂眼→修磨密封面或更换壳体
叶片泵振动噪声过大	①吸油不畅或液面过低→清洗过滤器或向油箱补油 ②有空气侵入→检查吸油管、注意油箱中液位 ③油液黏度过高→适当降低油液黏度 ④转速过高→降低转速 ⑤泵传动轴与原动机轴不同轴度过大→调整同轴度至规定值 ⑥配油盘端面与内孔不垂直或叶片垂直度太差→修磨配油盘端面或提高叶片垂直度
叶片泵异常发热	①油温过高→改善油箱散热条件或使用冷却器 ②油黏度太大→选用合适液压油 ③工作压力过高→降低工作压力 ④回油口误接到泵入口→回油口接至油箱液面以下

6.2.8 柱塞泵的维修

柱塞泵的结构较为复杂,其挤压零件是柱塞,并依靠柱塞在专门的缸体中往复运动吸或压排出液体,壳体只起包容、连接和支承各工作部件的作用,是一种壳体非承压型液压元件。

柱塞泵类型有轴向柱塞泵 [直轴式 (斜盘式) 和斜轴式] 和径向柱塞泵,其中直轴式 (斜盘式) 轴向柱塞泵应用最为普遍,如图 6-20 和图 6-21 所示。

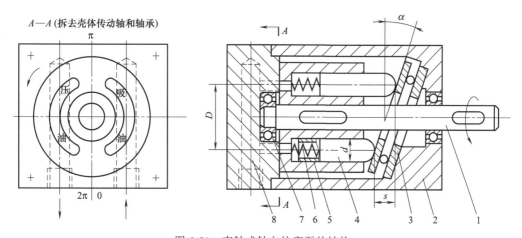

图 6-20　直轴式轴向柱塞泵的结构

1—传动轴；2—壳体；3—斜盘；4—柱塞；5—缸体；6—弹簧；7—轴承；8—配流盘

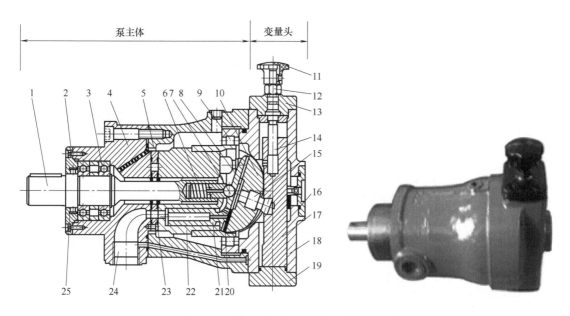

图 6-21　斜盘式手动变量轴向柱塞泵的结构

1—传动轴；2—法兰盘；3—滚珠轴承；4—泵体；5—壳体；6—中心弹簧；7—球铰；8—回程盘；9—滚柱轴承；
10—斜盘；11—调节手轮；12—锁紧螺母；13—上法兰；14—调节螺杆；15—销轴；16—刻度盘；17—变量活塞；
18—变量壳体；19—下法兰；20—滑履；21—柱塞；22—缸体；23—配流盘；24—压油口；25—骨架油封

轴向柱塞泵常见故障及排除方法如表 6-5 所示。

表 6-5　轴向柱塞泵常见故障及排除方法

故障现象	排 除 方 法
柱塞泵建立不起压力 或流量不足	①电机转向接反或电磁换向阀安装错误→调换或改正 ②泄油管泄油过多→拧开泄油管目测判断，泄油如呈喷射状，则说明效率降低 ③油液中进水或混有杂质→油液中进水呈乳白色，劣质油呈酱色或黑色柏油状，换油 ④进油口上安装滤网或滤网堵塞→选用目数较粗大的滤网或干脆拆除

故障现象	排除方法
柱塞泵建立不起压力或流量不足	⑤进油管道上漏气或有裂纹→涂黄油检查,发现声音减小,说明管道漏气,更换密封件或管道 ⑥油箱内油液不足→按油箱要求加足 ⑦管道、阀门或管接头通径尺寸不当→按说明书要求测量后改进 ⑧进油管过长、弯头过多→进油管长度应小于 2.5m,弯头不超过 2 个 ⑨泵与原动机同轴超差→停车后用手旋联轴器应手感轻松且有轴向间隙,否则应调整同轴度,消除干涉 ⑩溢流阀设定压力不当或阀及执行元件内泄漏过大→调紧溢流阀或换阀试验,油缸内泄漏过大,则活塞杆呈爬行现象 ⑪泵已磨损→修理 ⑫电磁换向阀不换向→调换 ⑬油液黏度太大或油温太低→更换较低黏度的油液或将油箱加热 ⑭电器部分有故障→由相关人员处理 ⑮缸体铜层脱落或有大小轴承烧坏,或有柱塞滑靴烧损现象→检查并更换 ⑯配流盘与泵体之间有脏物,或配流盘定位销未装好,使配流盘和缸体贴合不好→拆解泵并清洗运动副零件,重新装配 ⑰变量机构偏角太小,使流量太小、溢流阀建立不起压力或未调整好→加大变量机构的偏角以增大流量,检查溢流阀阻尼孔是否堵塞、先导阀是否密封,重新调整好溢流阀 ⑱系统中其他元件的漏损太大→检查更换有关元件 ⑲压力补偿变量泵达不到液压系统所要求的压力: a. 变量机构未调整到所要求的功率特性→重新调整泵的变量特性 b. 当温度升高时达不到所要求的压力→降低系统温度或更换由于温度升高而引起漏损过大的元件
柱塞泵外泄漏	①密封圈老化→拆检密封部位,详细检查 O 形圈和骨架油封损坏部分及配合部位的划伤、磕碰、毛刺等,并修磨干净,更换新密封圈 ②轴端骨架油封处渗漏: a. 骨架油封磨损→更换骨架油封 b. 传动轴磨损→轻微磨损可用金相砂纸、油石修正,严重偏磨应返回制造厂更换 c. 泵的内渗增加或泄漏口被堵,低压腔油压超过 0.05MPa,骨架油封损坏→清洗泄油口,检修两对运动副,更换骨架油封,在装配时应用专用工具,唇边应向压力油侧,以保证密封 d. 外接泄油管径过细或管道过长→更换合适的泄油管道
柱塞泵振动噪声过大	①泵内未注油液或未注满→重新注油 ②泵一直在低压下运行→上高压 5～10min 排空气 ③油的黏度过大,油温低于所允许的工作温度范围→更换适合于工作温度的油液或启动前低速暖机运行 ④油液中进水或混有杂质(劣质油呈黑色)→换油 ⑤吸油通道阻力过大,过滤网部分堵塞,管道过长弯头太多→减少吸油通道阻力 ⑥吸油管道漏气→用黄油涂于接头上检查并排除漏气 ⑦液压系统漏气(回油管没有插入液面以下)→把所有的回油管均插入油面以下 200mm ⑧泵与原动机同轴度差,或轴头干涉及联轴器松动产生振动→重新调整同轴度 $\phi 0.05mm$;停车后手旋联轴器应手感轻松 ⑨油箱中油液不足或泄油管没有插到液面以下→增加油箱中的油液使液面在规定范围内,将泄油管插到液面以下 ⑩未按"推荐管道、阀门或管接头通径尺寸"配管→改正 ⑪油箱中通气孔或滤气器堵塞→清洗油箱上的通气孔滤气器 ⑫系统管路振动→设置管夹,减振

续表

故障现象	排除方法
柱塞泵振动噪声过大	**特别注意** 若正常使用过程中泵的噪声突然增大,则必须停机! 其原因大多数是柱塞和滑靴滚压包球铰接松动,或泵内部零件损坏→请制造厂检修,或由有经验的工人技术员拆解检修
柱塞泵异常发热	①油液黏度不当→更换油液 ②油箱容量过小→加大油箱面积,或增设冷却装置 ③泵或液压系统漏损过大→检修有关元件 ④油箱油温不高,但泵发热: 　a. 泵长期在零偏角或低压下运转,使泵漏损过小→液压系统阀门的回油管上分流一根支管通入泵下部的放油口内,使泵体产生循环冷却 　b. 漏损过大使泵发热→检修泵 　c. 装配不良,间隙选配不当→按装配工艺进行装配,测量间隙重新配研,达到规定合理间隙 ⑤油液黏度不当→更换油液 ⑥油箱容量过小→加大油箱面积,或增设冷却装置 ⑦泵或液压系统漏损过大→检修有关元件 ⑧油箱油温不高,但泵发热: 　a. 泵长期在零偏角或低压下运转,使泵漏损过小→液压系统阀门的回油管上分流一根支管通入泵下部的放油口内,使泵体产生循环冷却 　b. 漏损过大使泵发热→检修泵 　c. 装配不良,间隙选配不当→按装配工艺进行装配,测量间隙重新配研,达到规定合理间隙
柱塞泵回油管回油过多	配油盘和缸体、变量头和滑靴两对运动副磨损→更换这两对运动副

6.2.9　液压马达的维修

液压马达为执行元件,将液压能(输入压力和流量)转变为连续回转机械能(输出转速和转矩)。

液压马达的基本构成(与泵类似)有定子、转子、挤压零件、密闭腔、配油机构,其实物如图 6-22 所示,图形符号如表 6-6 所示。

图 6-22　液压马达

表 6-6　液压马达的图形符号

类型	单向定量马达	双向定量马达	单向变量马达	双向变量马达	摆动马达
图形符号					

液压马达常见故障及排除方法如表 6-7 所示。

表 6-7　液压马达常见故障及排除方法

故障现象	排除方法
液压马达转速过低和转矩小	主要原因为液压泵供油量不足 ①原动机转速不够→找出原因,进行调整 ②吸油过滤器滤网堵塞→清洗或更换滤芯 ③油箱中油量不足或吸油管径过小造成吸油困难→加足油量、适当加大管径,使吸油通畅 ④密封不严,有泄漏,空气侵入内部→拧紧有关接头,防止泄漏或空气侵入 ⑤油的黏度过大→选择黏度小的油液 ⑥液压泵轴向及径向间隙过大,内泄增大→适当修复液压泵 ⑦变量机构失灵→检修或更换
液压马达易损坏	配油盘的支承弹簧疲劳,失去作用→检查和更换支承弹簧
液压马达转速过高(供油量过大所致)	①液压泵原动机转速过高→更换或调整 ②变量泵流量设定值过大→重新调整 ③流量阀通流面积过大→重新调整 ④超越负载作用→平衡或布置其他约束
液压马达内泄漏量过大	①配油盘磨损严重→检查配油盘接触面并修复 ②轴向间隙过大→检查并将轴向间隙调至规定范围 ③配油盘与缸体端面磨损,轴向间隙过大→修磨缸体及配油盘端面 ④弹簧疲劳→更换弹簧 ⑤柱塞与缸体磨损严重→研磨缸体孔、重配柱塞
液压马达外泄漏量大	①轴端密封损坏,磨损→更换密封圈并查明磨损原因 ②盖板处的密封圈损坏→更换密封圈 ③结合面有污物或螺栓未拧紧→检查、清除并拧紧螺栓 ④管接头密封不严→拧紧管接头
液压马达噪声大	①密封不严,有空气侵入内部→检查有关部位的密封,紧固各连接处 ②液压油被污染,有气泡混入→更换清洁的液压油 ③油温过高或过低→检查温控组件工作状况 ④联轴器不同心→校正同心 ⑤液压油黏度过大→更换黏度较小的油液 ⑥液压马达的径向尺寸严重磨损→修磨缸孔,重配柱塞 ⑦叶片已磨损→尽可能修复或更换 ⑧叶片与定子接触不良,有冲撞现象→修整 ⑨定子磨损→进行修复或更换,如因弹簧过硬造成磨损加剧,则应更换刚度较小的弹簧

6.2.10　液压缸的维修

液压缸俗称油缸,是液压系统应用广泛的执行元件。其作用是将液压介质的压力转换为往复直线运动机械能,并依靠压力油液驱动与其外伸杆相连的工作机构(装置)运动而做功。

液压缸的种类繁多,按结构特点分为活塞式、柱塞式和组合式等 3 类;而按作用方式又可分为单作用式和双作用式,图形符号如表 6-8 所示,工作原理与结构分别如图 6-23～图 6-25 所示。

表 6-8 常用液压缸图形符号

类型	活塞式液压缸		柱塞式液压缸	组合式液压缸	
	双杆活塞缸	单杆活塞缸		增压缸	双作用伸缩缸
图形符号					

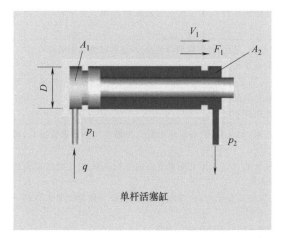 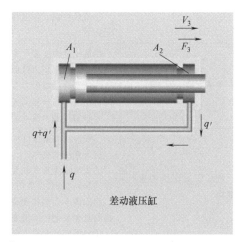

图 6-23 液压缸的工作原理

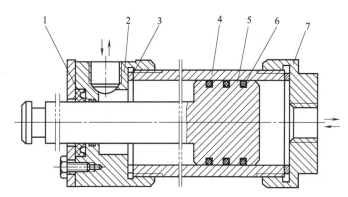

图 6-24 单杆液压缸的结构

1—Y形密封圈；2, 7—缸盖；3—铜垫；4—缸筒；5—活塞（杆）；6—O形密封圈

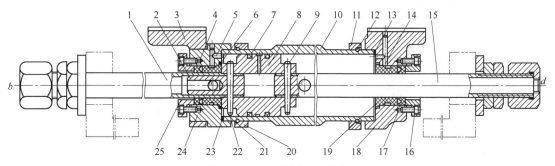

图 6-25 双杆液压缸的结构

1—活塞杆；2—堵头；3—托架；4, 7, 17—密封圈；5—排气孔；6, 19—导向套；8—活塞；9, 22—锥销；10—缸筒；
11, 20—压板；12, 21—钢丝环；13, 23—纸垫；14—排气孔；15—活塞杆；16, 25—压盖；18, 24—缸盖

液压缸常见的故障及排除方法如表6-9所示。

表6-9 液压缸常见的故障及排除方法

故障现象	排 除 方 法
液压缸移动速度下降	①液压泵、溢流阀等元件有故障,系统未供油或最少→检修泵、阀等元件 ②缸筒与活塞配合间隙太大、活塞上的密封件磨坏;缸体内孔圆柱度超差、活塞左右两腔互通→提高液压缸的制造和装配精度;保证密封件的质量和工作性能 ③油温过高,黏度太低→检查发热温升原因,选用合适的液压油黏度 ④流量控制元件选择不当,压力控制元件调压过低→合理选择和调节流量和压力控制元件
液压缸输出力不足	①液压缸内泄漏严重(如密封件磨损、老化、损坏或唇口装反)→更换或重装密封件 ②系统调定压力过低→重新调整系统压力 ③活塞移动时阻力太大,如缸体与活塞、活塞杆与导向套等配合间隙过小,液压缸制造、装配等精度不高→提高液压缸的制造和装配精度 ④脏物等进入滑动部位→过滤或更换油液
液压缸工作机构爬行故障	①液压缸内有空气或油液中有气泡,如从泵、缸等负压上吸入外界空气→拧紧管接头,减少进入系统的空气 ②液压缸无排气装置→设置排气装置并在工作之前先将缸内空气排除;缸至换向阀间的管道容积要小,以免该管道存气排不尽 ③缸体内孔圆柱度超差、活塞杆局部或全长弯曲、导轨精度差、楔铁等调得过紧或弯曲→提高缸和系统的制造安装精度 ④导轨润滑润滑不良,出现干摩擦→在润滑油中加添加剂
液压缸的缓冲装置故障(即终点速度过慢或出现撞击噪声)	①固定式节流缓冲装置配合间隙过小或过大→更换不合格零件 ②可调式节流缓冲装置调节不当,节流过度或处于全开状态→调节缓冲装置中的节流元件至合适位置并紧固 ③缓冲装置制造和装配不良,如镶在缸盖上的缓冲环脱落,单向阀装反或阀座密封不严→提高缓冲装置制造和装配精度
液压缸外泄漏大	①密封件质量差,活塞杆明显拉伤→密封件质量要好,保管使用合理,密封件磨损严重时要及时更换 ②液压缸制造和装配质量差,密封件磨损严重→提高活塞杆和沟槽尺寸的制造精度 ③油温过高或油的黏度过低→油液黏度要合适,检查温升原因并排除

6.2.11 单向阀的维修

单向阀分为普通单向阀和液控单向阀两种。

(1)普通单向阀

普通单向阀只允许液流沿管道的一个方向通过,反向流动则被截止,如图6-26所示。

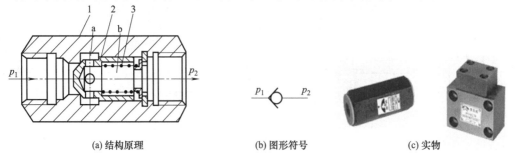

(a) 结构原理　　　　　(b) 图形符号　　　　　(c) 实物

图6-26 普通单向阀的结构原理及图形符号
1—阀体;2—阀芯;3—弹簧

普通单向阀常见故障及排除方法如表 6-10 所示。

表 6-10　普通单向阀常见故障及排除方法

故障现象	排除方法
普通单向阀反向截止时,阀芯不能将液流严格封闭而产生泄漏	①阀芯与阀座接触不紧密→重新研配阀芯与阀座 ②阀体孔与阀芯的不同轴度过大→检修或更换 ③阀座压入阀体孔有歪斜→拆下阀座重新压装 ④油液污染严重→过滤或换油
普通单向阀启闭不灵活,阀芯卡阻	①阀体孔与阀芯的加工精度低,二者的配合间隙不当→修整 ②弹簧断裂或过分弯曲→更换弹簧 ③油液污染严重→过滤或换油
普通单向阀外泄漏	①管式阀螺纹连接处螺纹配合不良或接头未拧紧→拧紧螺纹接头并在螺纹间缠绕聚四氟乙烯密封胶带 ②板式阀安装面密封圈漏装→补装密封圈 ③阀体有气孔砂眼→焊补或更换阀体
液控单向阀反向截止时,阀芯不能将液流严格封闭而产生泄漏	与普通单向阀故障原因相同→与普通单向阀故障处理方法相同
复式液控单向阀不能反向卸载	阀芯孔与控制活塞孔的同轴度误差大、控制活塞端部弯曲,导致控制活塞顶杆顶不到卸载阀芯,使卸载阀芯不能开启→修整或更换
液控单向阀关闭时不能回复到初始封油位置	与普通单向阀故障原因相同→与普通单向阀故障处理方法相同
液控单向阀噪声大	①与其他阀共振→更换弹簧 ②选用错误→重新选择
液控单向阀外泄漏	同普通单向阀故障原因→同普通单向阀故障处理方法

（2）液控单向阀

液控单向阀除能实现普通单向阀的功能外,还可按需要由外部油压控制,实现反向接通功能,如图 6-27 所示。液控单向阀在液压缸锁紧回路中的应用如图 6-28 所示。

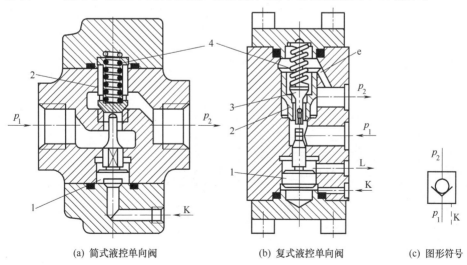

(a) 简式液控单向阀　　(b) 复式液控单向阀　　(c) 图形符号

图 6-27　液控单向阀的结构及图形符号

1—控制活塞；2—主阀芯；3—卸载阀芯；4—弹簧

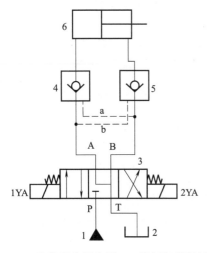

图 6-28　液控单向阀应用——液压缸锁紧回路
1—油源；2—油箱；3—三位四通电磁换向阀；
4,5—液控单向阀；6—液压缸

液控单向阀常见故障及排除方法如表 6-11 所示。

6.2.12　换向阀的维修

换向阀的主要功能是通过改变阀芯在阀体内的相对工作位置而相对运动，实现使阀体上的油口连通或断开，从而改变液流的方向，控制液压执行元件的启动、停止或换向。

换向阀类型主要有滑阀式、转阀式和球阀式 3 大类，应用最为广泛的是滑阀式换向阀，而根据具体的结构和功能，可细分为三位四通手动换向阀、二位二通机动换向阀，如图 6-29～图 6-39 所示。二位三通电磁换向阀、三位四通电磁换向阀、三位四通液动换向阀、三位四通电液动换向阀等 6 类。

表 6-11　液控单向阀常见故障及排除方法

故障现象	排除方法
液控单向阀反向截止时,阀芯不能将液流严格封闭而产生泄漏	与普通单向阀故障原因相同→与普通单向阀故障处理方法相同
复式液控单向阀不能反向卸载	阀芯孔与控制活塞孔的同轴度误差大、控制活塞端部弯曲,导致控制活塞顶杆顶不到卸载阀芯,使卸载阀芯不能开启→修整或更换
液控单向阀关闭时不能回复到初始封油位置	与普通单向阀故障原因相同→与普通单向阀故障处理方法相同
液控单向阀噪声大	①与其他阀共振→更换弹簧 ②选用错误→重新选择
液控单向阀外泄漏	同普通单向阀故障原因→同普通单向阀故障处理方法

（1）三位四通手动换向阀

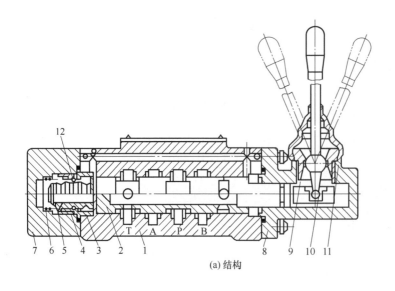

(a) 结构

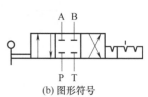

(b) 图形符号

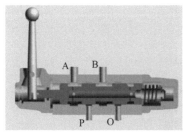

(c) 原理　　　　　　　　　　　　　(d) 实物

图 6-29　三位四通手动换向阀

1—阀体；2—阀芯；3—球座；4—护球圈；5—定位套；6—弹簧；7—后盖；8—前盖；

9—螺套；10—手柄；11—防尘套；12—钢球

（2）二位二通机动换向阀

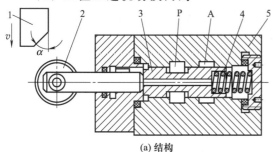

(a) 结构　　　　　　　　　　　　(b) 图形符号

图 6-30　二位二通机动换向阀

1—活动挡块；2—滚轮；3—阀芯；4—弹簧；5—阀体

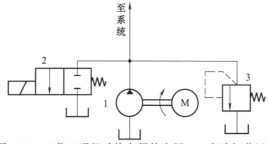

图 6-31　二位二通机动换向阀的应用——旁路卸荷回路

1—液压泵；2—二位二通电磁换向阀；3—溢流阀

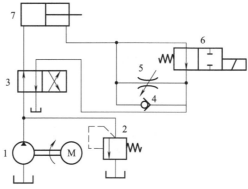

图 6-32　二位二通机动换向阀的应用——快慢速度换接回路

1—液压泵；2—溢流阀；3—二位四通换向阀；4—单向阀；5—节流阀；6—二位二通电磁阀；7—液压缸

（3）二位三通电磁换向阀

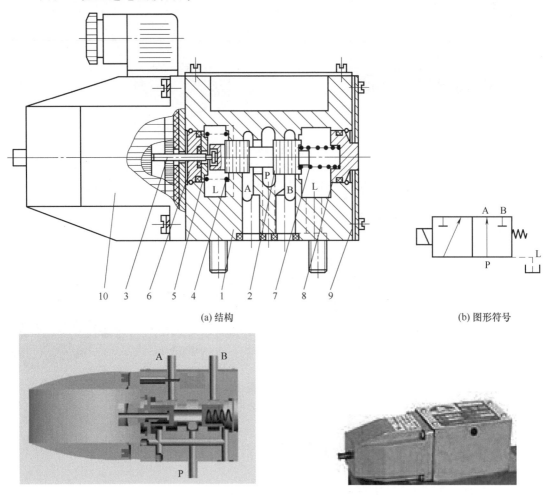

(a) 结构

(b) 图形符号

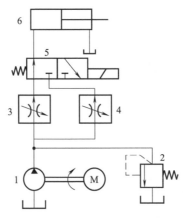

(c) 原理

(d) 实物

图 6-33 二位三通电磁换向阀

1—阀体；2—阀芯；3—推杆；4—支承弹簧；5—弹簧座；6—O形圈座；7—复位弹簧；8—复位弹簧座；9—后盖；10—电磁铁

图 6-34 二位三通电磁换向阀的应用——二次工进速度换接回路

1—液压泵；2—溢流阀；3,4—调速阀；5—二位三通电磁换向阀；6—液压缸

（4）三位四通电磁换向阀

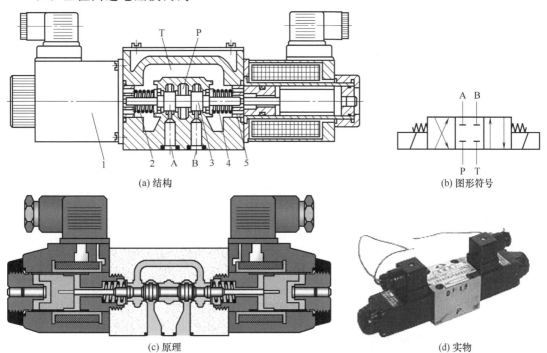

(a) 结构　　　　　　　　　　　　　　(b) 图形符号

图 6-35　三位四通电磁换向阀

1—电磁铁；2—推杆；3—阀芯；4—弹簧；5—挡圈

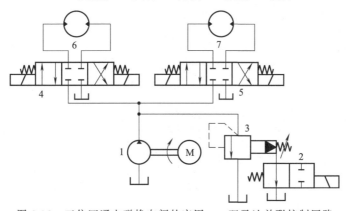

图 6-36　三位四通电磁换向阀的应用——双马达并联控制回路

1—液压泵；2—二位二通电磁换向阀；3—溢流阀；4,5—三位四通主换向阀；6,7—液压马达

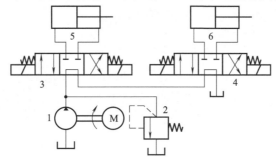

图 6-37　三位四通电磁换向阀的应用——双缸串联控制回路

1—液压泵；2—溢流阀；3,4—M 型中位能　三位四通主换向阀；5,6—液压缸

（5）三位四通液动换向阀

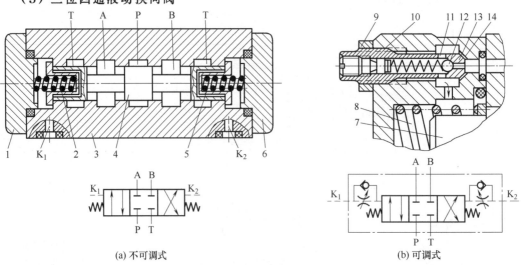

(a) 不可调式　　　　　　　　　　　(b) 可调式

图 6-38　三位四通液动换向阀

1,6—端盖；2,5—弹簧；3—阀体；4—阀芯；7—换向阀芯；8—控制腔；9—锁定螺母；
10—螺纹；11—径向孔；12—钢球式单向阀；13—锥阀式节流器；14—节流缝隙

（6）三位四通电液动换向阀

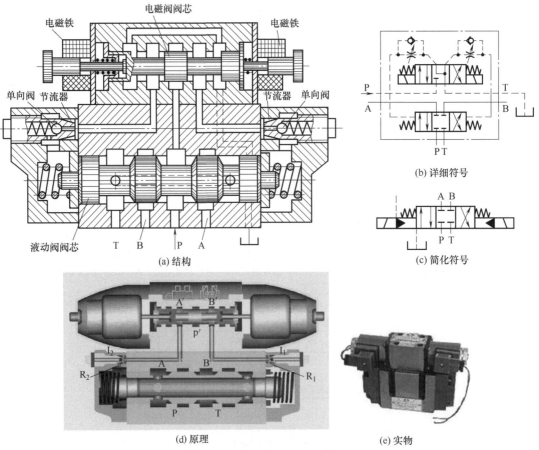

(a) 结构　　　　　　　　　　(b) 详细符号　　　(c) 简化符号

(d) 原理　　　　　　　　(e) 实物

图 6-39　三位四通电液动换向阀

换向阀常见故障及排除方法如表 6-12 所示。

表 6-12　换向阀常见故障及排除方法

故障现象	排除方法
换向阀阀芯不能移动（卡阻）	①换向阀阀芯表面划伤阀体内孔划伤、油液污染使阀芯卡阻、阀芯弯曲→卸开换向阀,仔细清洗,研磨修复阀体,校直或更换阀芯 ②阀芯与阀体内孔配合间隙不当,间隙过大,阀芯在阀体内歪斜,使阀芯卡住;间隙过小,摩擦阻力增加,阀芯移不动→检查配合间隙;间隙太小,研镗阀芯;间隙太大,重配阀芯。也可以采用电镀工艺,增大阀芯直径（阀芯直径小于 20mm 时,正常配合间隙在 0.008～0.015mm 范围内;阀芯直径大于 20mm 时,间隙在 0.015～0.025mm 正常配合范围内） ③弹簧太软,阀芯不能自动复位;弹簧太硬,阀芯推不到位→更换弹簧 ④手动换向阀的连杆磨损或失灵→更换或修复连杆 ⑤电磁换向阀的电磁铁损坏→更换或修复电磁铁 ⑥液动换向阀或电液动换向阀两端的单向节流器失灵→仔细检查节流器是否堵塞,单向阀是否泄漏,并进行修复 ⑦液动或电动换向阀的控制压力油压力过低→检查压力低的原因,对症解决 ⑧油液黏度太大→更换黏度适合的油液 ⑨油温太高,阀芯热变形卡住→查找油温高原因并降低油温 ⑩连接螺钉有的过松,有的过紧,致使阀体变形,阀芯移不动,另外,安装基面平面度超差,紧固后阀体也会变形→松开全部螺钉,重新均匀拧紧。如果因安装基面平面度超差阀芯移不动,则重磨安装基面,使基面平面度达到规定要求
换向阀电磁铁线圈过热或烧坏	①线圈绝缘不良→更换电磁铁线圈 ②电磁铁铁芯轴线与阀芯轴线同轴度不良→拆卸电磁铁重新装配 ③供电电压太高→按规定电压值纠正 ④阀芯被卡住,电磁力推不动阀芯→拆开换向阀,仔细检查弹簧是否太硬、阀芯是否被脏物卡住以及其他推不动阀芯的原因,进行修复并更换电磁铁线圈 ⑤回油口背压过高→检查背压过高原因,对症解决
换向阀外泄漏	①泄油腔压力过高或 O 形密封圈失效造成电磁阀推杆处外渗漏→检查泄油腔压力,如对于多个换向阀泄油腔串接在一起,则将它们分别接回油箱;更换密封圈 ②安装面粗糙、安装螺钉松动、漏装 O 形密封圈或密封圈失效→磨削安装面使其粗糙度符合产品要求（通常阀的安装面的表面粗糙度 Ra 不大于 $0.8\mu m$）;拧紧螺钉;补装或更换 O 形密封圈
换向阀噪声过大	①电磁铁推杆过长或过短→修整或更换推杆 ②电磁铁铁芯的吸合面不平或接触不良→拆开电磁铁,修整吸合面,清除污物

6.2.13　溢流阀的维修

溢流阀的功能主要是控制液压系统中的油液压力,以满足执行元件对输出力（输出转矩）及运动状态的不同需求。

溢流阀的类型有直动式溢流阀、减压阀、顺序阀和压力继电器等,其共同特点是利用液压力和弹簧力的平衡原理进行工作,调节弹簧的预压缩量（预调力）即可获得不同的控制压力,如图 6-40～图 6-42 所示。

（1）直动式溢流阀

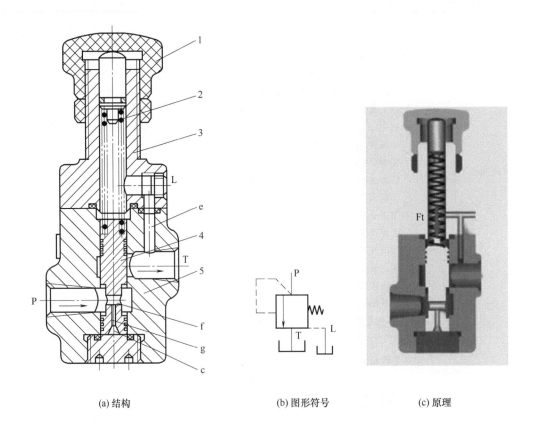

(a) 结构   (b) 图形符号   (c) 原理

图 6-40 直动式溢流阀

1—调压螺母；2—调压弹簧；3—阀盖；4—阀芯；5—阀体

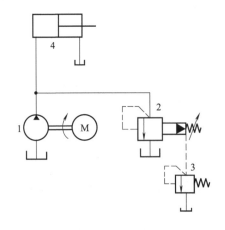

图 6-41 直动式溢流阀应用——远程调压回路

1—定量泵；2—先导式溢流阀；3—直动溢流阀；4—液压缸

（2）二节同心先导式溢流阀

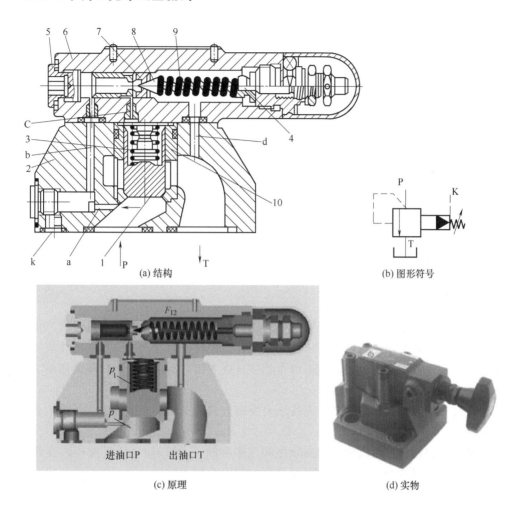

图 6-42　二节同心先导式溢流阀

1—主阀芯；2—主阀体；3—复位弹簧；4—弹簧座及调节杆；5—螺堵；6—阀盖；
7—锥阀座；8—锥阀芯；9—调压弹簧；10—主阀套

溢流阀常见故障及排除方法如表 6-13 所示。

表 6-13　溢流阀常见故障及排除方法

故障现象	排除方法
溢流阀调紧调压机构不能建立压力或压力不能达到额定值	①进出口装反→检查进出口方向并更正 ②先导式溢流阀的导阀芯与阀座处密封不严,可能有异物(如棉丝)存在于导阀芯与阀座间→拆检并清洗导阀,同时检查油液污染情况,如污染严重,则应换油 ③阻尼孔被堵塞→拆洗,同时检查油液污染情况,如污染严重,则应换油 ④调压弹簧变形、压扁或折断→更换
溢流阀调压过程中压力非连续、不均匀上升	调压弹簧弯曲或折断→拆检换新

续表

故障现象	排除方法
溢流阀调松调压机构压力不下降甚至不断上升	①先导阀孔堵塞→检查导阀孔是否堵塞,如正常,再检查主阀芯卡阻情况 ②主阀芯卡阻→拆检主阀芯,若发现阀孔与主阀芯有划伤,则用油石和金相砂纸先磨后抛。如检查正常,则应检查主阀芯的同心度。如同心度差,则应拆下重新安装,并在试验台上调试正常后再装上系统
溢流阀噪声和振动过大	先导阀弹簧自振频率与调压过程中产生的压力-流量脉动合拍,产生共振→迅速拧紧调节螺杆,使之超过共振区,如无效或实际上不允许这样做(如压力值正在工作区,无法超过),则在先导阀高压油进口处增加阻尼,如在空腔内加一个松动的堵头,缓冲先导阀的先导压力-流量脉动

6.2.14　顺序阀的维修

顺序阀的功能主要是控制多个执行元件的先后顺序动作。通常顺序阀可看做二位二通液动换向阀,其开启和关闭压力可用调压弹簧设定,当控制压力(阀的进口压力或液压系统某处的压力)达到或低于设定值时,阀可以自动打开或关闭,实现进、出口间的通断,从而使多个执行元件按先后顺序动作。

顺序阀可分为直动式和先导式;而按压力控制方式的不同,有内控式和外控式之分,如图6-43所示。

顺序阀与单向阀组合可以构成单向顺序阀(平衡阀),可以防止立置液压缸及其工作机构因自重下滑,如图6-44、图6-45所示。

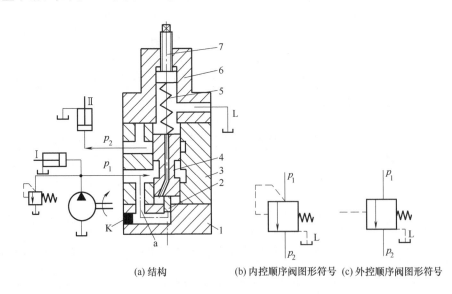

(a) 结构　　(b) 内控顺序阀图形符号　(c) 外控顺序阀图形符号

图6-43　直动式顺序阀

1—端盖;2—柱塞;3—阀体;4—阀芯(滑阀);5—调压弹簧;6—阀盖;7—调压螺钉;Ⅰ,Ⅱ—液压缸

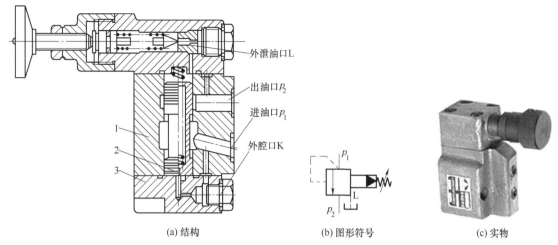

(a) 结构   (b) 图形符号   (c) 实物

图 6-44 主阀为滑阀的先导式顺序阀

1—阀体；2—阻尼孔；3—底盖

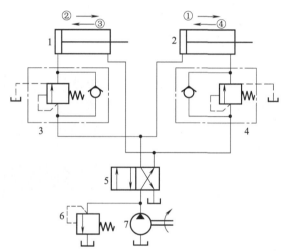

图 6-45 单向顺序阀的应用——双缸顺序动作回路

1,2—液压缸；3,4—单向顺序阀；5—二位四通换向阀；6—溢流阀；7—定量液

顺序阀常见故障及排除方法如表 6-14 所示。

表 6-14 顺序阀常见故障及排除方法

故障现象	排除方法
顺序阀不能起顺序控制作用（子回路执行元件与主回路执行元件同时动作，非顺序动作）	①先导阀泄漏严重→拆检、清洗与修理 ②主阀芯卡阻在开启状态不能关闭→拆检、清洗与修理,过滤或更换油液 ③调压弹簧损坏或漏装→更换损坏调压弹簧或补装
顺序阀执行元件不动作	①先导阀不能打开、先导管路堵塞→拆检、清洗与修理,过滤或更换油液 ②主阀芯卡阻在关闭状态不能开启、复位弹簧卡死→拆检、清洗与修理,过滤或更换油液、修复或更换复位弹簧
顺序阀振动与噪声	①回油阻力(背压)太高→降低回油阻力 ②油温过高→控制油温在规定范围内

6.2.15 减压阀的维修

减压阀的功能主要是将较高的进口压力降低为所需的压力，然后输出，并保持输出压力恒定。

减压阀可分为直动式和先导式两类。

减压阀与单向阀组合可以构成单向减压阀，如图 6-46 所示，单向减压阀的二级减压回路如图 6-47 所示。

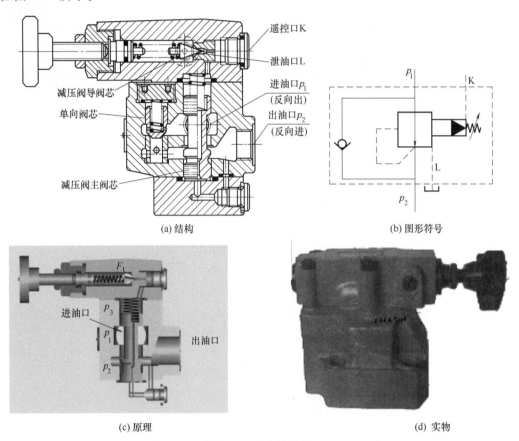

(a) 结构   (b) 图形符号

(c) 原理   (d) 实物

图 6-46　单向减压阀

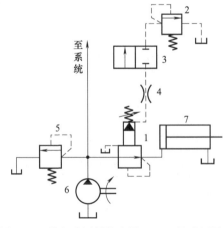

图 6-47　单向减压阀的应用——二级减压回路

1—先导式减压阀；2—远程调压阀；3—二位二通换向阀；4—固定节流器；5—溢流阀；6—定量液压泵；7—液压缸

减压阀常见故障及排除方法如表 6-15 所示。

表 6-15　减压阀常见故障及排除方法

故 障 现 象	排 除 方 法
减压阀不能减压或无输出压力	①泄油口不通或泄油通道堵塞,使主阀芯卡阻在原始位置,不能关闭→检查拆洗泄油管路、泄油口使其通畅,若油液污染,则应换油 ②无油源→检查油路,排除故障 ③主阀弹簧折断或弯曲变形→拆检换新
减压阀输出压力不能继续升高或压力不稳定	①先导阀密封不严→修理或更换先导阀或阀座 ②主阀芯卡阻在某一位置,负载有机械干扰→检查拆洗泄油管路、泄油口使其通畅,若油液污染,则应换油,检查排除执行元件机械干扰 ③单向减压阀中的单向阀泄漏过大→拆检、更换单向阀零件
减压阀调压过程中压力非连续升降,而是不均匀下降	调压弹簧弯曲或折断→拆检换新
减压阀噪声和振动大	原因与溢流阀相同→参照溢流阀故障处理方法

6.2.16　压力继电器的维修

压力继电器又叫压力开关(Pressure Switch,PS),是利用液体压力与弹簧力的平衡关系来启闭电气微动开关触点的液电转换元件。

压力继电器由压力-位移转换机构和电气微动开关两部分组成。按压力-位移转换机构不同,压力继电器主要有柱塞式和薄膜式等类型。其中柱塞式应用较为普遍,如图 6-48 所示。使用压力继电器后的顺序动作回路如图 6-49 所示,压力继电器用于控制液压缸换向如图 6-50 所示。

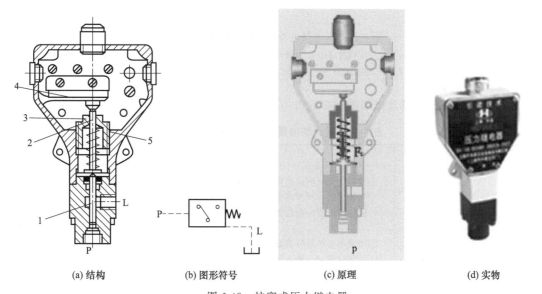

(a) 结构　　　　(b) 图形符号　　　　(c) 原理　　　　(d) 实物

图 6-48　柱塞式压力继电器

1—柱塞；2—顶杆；3—调节螺钉；4—微动开关；5—弹簧

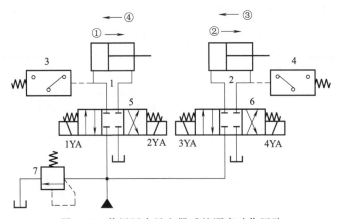

图 6-49 使用压力继电器后的顺序动作回路

1,2—液压缸；3,4—压力继电器；5,6—三位四通电磁换向阀；7—溢流阀

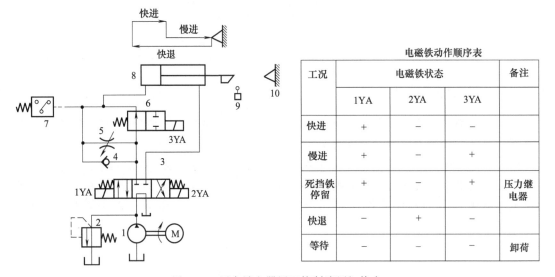

图 6-50 压力继电器用于控制液压缸换向

1—液压泵；2—溢流阀；3—三位四通电磁换向阀；4—单向阀；5—节流阀；6—二位二通电磁换向阀；
7—压力断路器；8—液压缸；9—行程开关；10—挡铁块

电磁铁动作顺序表

工况	电磁铁状态			备注
	1YA	2YA	3YA	
快进	+	−	−	
慢进	+	−	+	
死挡铁停留	+	−	+	压力继电器
快退	−	+	−	
等待	−	−	−	卸荷

压力继电器常见故障及排除方法如表 6-16 所示。

表 6-16 压力继电器常见故障及排除方法

故障现象	排除方法
节流阀流量调节失灵	①密封失效→拆检或更换密封装置 ②弹簧失效→拆检或更换弹簧 ③油液污染致使阀芯卡阻→拆开并清洗阀或换油
节流阀流量不稳定	①锁紧装置松动→锁紧调节螺钉 ②节流口堵塞→拆洗节流阀 ③内泄漏量过大→拆检或更换阀芯与密封 ④油温过高→降低油温 ⑤负载压力变化过大→尽可能使负载不变化或少变化

6.2.17　节流阀的维修

节流阀功能主要是通过改变阀芯与阀口之间的节流通流面积的大小来控制阀的通过流量，从而调节和控制执行元件运动速度（或转速）。

节流阀节流通流面积越小，通过的流量越小；反之，通过的流量越大。

流量阀常用类型的有节流阀和调速阀等，其中节流阀是结构最简单、应用最广泛的流量阀，如图 6-51 所示。

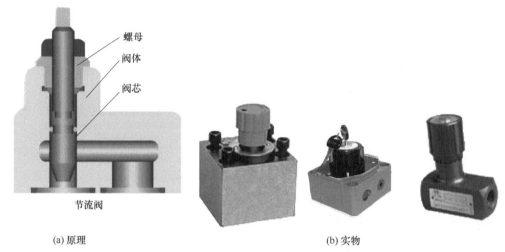

图 6-51　普通节流阀

节流阀常见故障及排除方法如表 6-17 所示。

表 6-17　节流阀常见故障及排除方法

故障现象	排除方法
节流阀流量调节失灵	①密封失效→拆检或更换密封装置 ②弹簧失效→拆检或更换弹簧 ③油液污染致使阀芯卡阻→拆开并清洗阀或换油
节流阀流量不稳定	①锁紧装置松动→锁紧调节螺钉 ②节流口堵塞→拆洗节流阀 ③内泄漏量过大→拆检或更换阀芯与密封 ④油温过高→降低油温 ⑤负载压力变化过大→尽可能使负载不变化或少变化

6.2.18　调速阀的维修

调速阀本质上是由减压阀与节流阀串联而成，如图 6-52 所示。

调速阀常见故障及排除方法如表 6-18 所示。

表 6-18　调速阀常见故障及排除方法

故障现象	排除方法
调速阀流量调节失灵	与节流阀相同
调速阀流量不稳定	①调速阀进出口接反,压力补偿器(减压阀)不起作用→检查并正确连接进出口 ②锁紧装置松动→锁紧调节螺钉 ③节流口堵塞→拆洗节流阀 ④内泄漏量过大→拆检或更换阀芯与密封 ⑤油温过高→降低油温

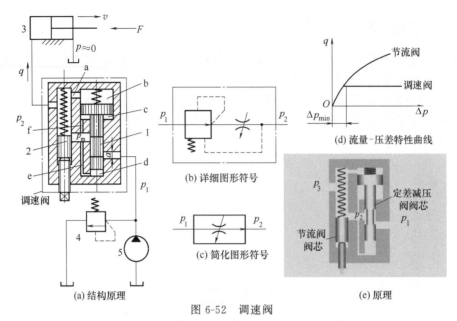

图 6-52 调速阀

1—减压阀；2—节流阀；3—液压缸；4—溢流阀；5—液压泵

6.2.19 注塑机典型动作的液压回路

（1）方向阀控制合模动作回路

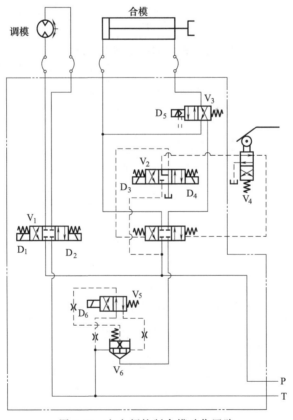

图 6-53 方向阀控制合模动作回路

（2）插装阀控制合模动作回路

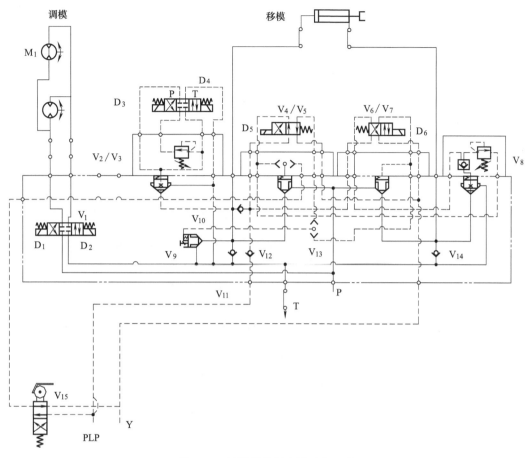

图 6-54　插装阀控制合模动作回路

（3）方向阀控制注射或预塑回路

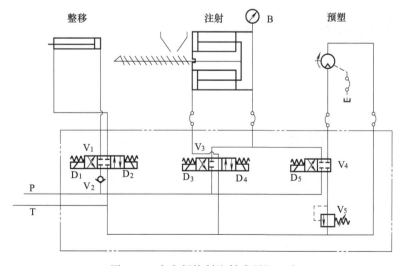

图 6-55　方向阀控制注射或预塑回路

（4）插装阀控制注射或预塑回路

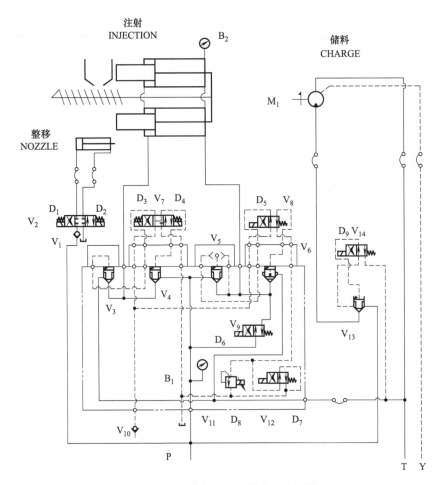

图 6-56　插装阀控制注射或预塑回路

6.3　电气控制系统的维修

6.3.1　注塑机电控系统的组成与类型

（1）注塑机电控系统的组成

注塑机电气控制系统是一套以控制器为控制核心，由各种电器、电子元件、仪表、加热器、传感器等组成，与液压系统配合，正确实现注塑机的压力、温度、速度、时间等各工艺过程以及调模、手动、半自动、全自动等各程序动作的系统，如图 6-57 所示。

（2）注塑机电控系统的类型

常用的注塑机控制系统有四种：传统继电器型、单板机控制型、可编程控制器（PLC）型和微电脑 PC 机控制（电脑控制）型。随着技术的发展，继电器型控制系统逐步被 PLC 型和微机控制型所取代。

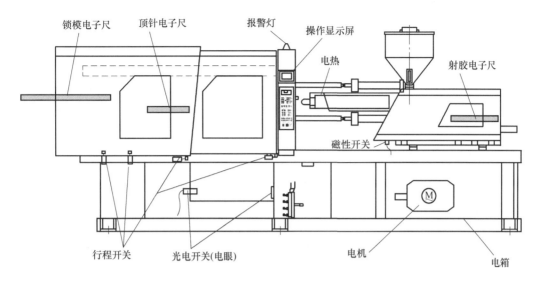

图 6-57　注塑机主要电气控制系统的组成

📋 **知识拓展**

注塑机电控系统的组成电器

① 检测系统电器。例如行程开关、接近开关、位移及速度传感器、光电开关、热电偶、压力传感器、压力继电器、应力传感器，如图 6-58 所示。

② 执行系统电器。例如电磁阀线圈、加热线圈、电动机、接触器、报警灯、蜂鸣器。

③ 逻辑判断及指令形成系统电器。例如各类通用或专用控制器、显示器、继电器、按钮、拨码开关、电源器。

④ 其他电气系统主要电器。例如刀闸开关、空气开关、低压断路器、快速熔断器、变压器、导线、电阻、电容、冷却风扇、电流表。

图 6-58　电控系统元器件

6.3.2　电控元器件的功能符号

（1）常用电控元器件功能符

注塑机电控元器件功能符号如表 6-19 所示。

表 6-19　注塑机电控元器件功能符号

说明	符号	说明	符号	说明	符号	说明	符号
导线连接		限位开关（常闭接点）	LS	电磁阀	D	闪光灯	LT
连接点	•	紧急停止开关（常开接点）	EMG	常开解头		接触器	M
端子	○	紧急停止开关（常闭接点）	EMG	常闭解头		三极开关（带隔离功能）	DISC
端子板	TB 1 2 3 4	接近开关（常开接点三线）	PRS	闭合时延迟常开触头	TR	三相断路器	DISC
导体		接近开关（常闭接点三线）	PRS	闭合时延迟常闭触头	TR	熔断器	FU
单元框架		压力开关（常开接点）	LS	重闭时延迟常开触头	TR	带熔断器开关	FU
备注		压力开关（常闭接点）	LS	重闭时延迟常闭触头	TR	开关电源	PS
接地		压力开关（常开接点）	LS	热过载继电器常开触头	DL	固态继电器	输入 + DC SSR - GND 地 输出
保接接地		钥匙开关（常闭接点）	LS	热过载继电器常闭触头	DL	热电偶	T/C
接框架		继电器、接触器	CR.M	两个独立绕组的变压器	T	位置尺	POT 3
插头插座		热过载继电器	OL	三相电动机	M 3～	热敏开关	θ
突波吸收器		得电延迟时间继电器	TR	风扇	FAN		
限位开关（常开接点）	LS	失电延迟时间继电器	TR	电热偶	HTR		

（2）常用电控元器件代号

注塑机常用电控元器件代号如表 6-20 所示。

表 6-20　注塑机常用电控元器件代号

代号	名称	代号	名称
TB1	接线座	LS19	压力继电器
DISC1	三相断路器	POT1	电子尺
DISC2	小型断路器	POT2	电子尺
DISC3	小型断路器	POT3	电子尺
DISC4	小型断路器	EMG1	紧急停止按钮
DISC11	小型断路器	EMG2	紧急停止按钮
DISC12-15	小型断路器	HTR11	电热圈 $\phi 60 \times 30$
M1	接触器	HTR12	电热圈 $\phi 120 \times 50$
CR3	继电器	HTR21	电热圈 $\phi 120 \times 50$
T1	变压器	HTR22-53	电热圈 $\phi 120 \times 50$
FU1~FU5	熔丝	T/C1	小型热电偶
SSR1-5	固态继电器	T/C2	热电偶
PS1	开关电源	T/C3	热电偶
PS2	开关电源	T/C4	热电偶
EX37H	32 点数字量输入板	T/C5	热电偶
VIO32C	32 点输出板	T/C0	热电偶
PRS1	接近开关	FAN1-2	电风扇
PRS2,3	接近开关	RECP1	插头插座
LS3	行程开关	RECP2、3	插头插座
LS4-7	行程开关	A1、A2	电流表
LS18	液位计	Z1,2	突波吸收器

6.3.3　注塑机电气故障查找方法

当注塑机控制电路发生故障时，首先要问、看、听、闻，做到心中有数。问，就是询问注塑机操作者或报告故障的人员故障发生时的现象情况，查询在故障发生前是否做过任何调整或更换元件工作；看，就是观察每一个零件是否正常工作，看控制电路的各种信号指示是否正确，看电气元件外观颜色是否改变等；听，就是听电路工作时是否有异声；闻，就是闻电路元件是否有异味。

在完成上述工作后，可采用下列方法查找电气控制电路的故障。

（1）程序检查法

注塑机是按一定程序运行的，每次运行都要经过合模、座进、注射、冷却、熔胶、射退、座退、开模、顶出及出入芯的循环过程，其中每一步称作一个工作环节，实现每一个工作环节，都有一个独立的控制电路。程序检查法就是确认故障具体出现在哪个工作环节上，这样排除故障的方向就明确了，因此针对性对排除故障很重要。这种方法不仅适用于有触点的电气控制系统，也适用于无触点控制系统，如 PC 控制系统或单片机控制系统。

（2）静态电阻测量法

静态电阻法就是在断电情况下，用万用表测量电路的电阻值是否正常，因为任何一个电子元件都是由一个 PN 结构成的，它的正反向电阻值是不同的，任何一个电气元件也都是有一定阻值，连接着电气元件的线路或开关，电阻值不是等于零就是无穷大，因而测量它们的电阻值大小是否符合规定要求，就可以判断好坏。也可用这个方法检查一个电子电路好坏有无故障，而且比较安全。

（3）电位测量法

上述方法无法确定故障部位时，可在通电情况下测量各个电子或电气元器件的断电电位，因为在正常工作情况下，电流闭环电路上各点电位是一定的，所谓各点电位，就是指电路元件上各个点对地的电位是不同的，而且是有一定大小要求，电流是从高电位流向低电位，顺电流方向去测量电子电气元件上的电位大小应符合这个规律，所以用万用表去测量控制电路上有关点的电位是否符合规定值，就可判断故障所在点，然后再判断引起电流值变化的原因，究竟是电源不正确，还是电路有断路，还是元件损坏造成的。

（4）短路法

控制电路一般由开关或继电器、接触器触点组合而成。当怀疑某个或某些触点有故障时，可以用导线把该触点短接，此时通电，若故障消失，则证明判断正确，说明该电气元件已坏。但是要牢记，当发现故障点，做完试验后，应立即拆除短接线，不允许用短接线代替开关或开关触点。短路法主要用来查找电气逻辑关系电路的断点，当然有时也可用此法测量电子电路故障。

（5）断路法

控制电路还可能出现一些特殊故障，例如电路中某些触点被短接了，查找这类故障最好的办法是断路法，就是把怀疑产生故障的触点断开，如果故障消失了，说明判断正确。断路法主要用于"与"逻辑关系的故障点。

（6）替代法

根据上述方法，发现故障出于某点或某块电路板，此时可取下怀疑有问题的元件或电路板，用新的或确认无故障的元件或电路板代替，如果故障消失，则认为判断正确。反之，则需要继续查找，维修人员往往对易损坏的元器件或重要的电子板都备有备用件，一旦出现故障，马上换上一块就解决了问题，故障件带回来再慢慢查找修复，这也是一种快速排除故障的方法。

（7）经验排除故障法

为了能够做到迅速排除故障，除了不断总结自己的实践经验，还要不断学习别人的实践经验，实践经验往往使注塑机的故障有一定规律，有的经验更是用血汗换来的重要教训，我们更应重视。这些经验可以使我们快速排除故障，减少事故发生的概率和损失。当然严格来说应该杜绝注塑机事故，这是维修人员的职责。查找注塑机电气系统故障方法除上述几种外，还有许多其他办法，不管用什么方法，维修人员必须首先要弄懂注塑机的基本原理和结构，才能维修好注塑机。

（8）电气系统排除故障基本思路

电气控制系统故障有时比较复杂，现在注塑机都是微机控制，软硬件交叉在一起，复杂性更加突出。因此，遇到故障时，首先不要紧张，排除故障时要坚持"先易后难、先外后内、综合考虑、有所联想"原则。

注塑机运行中常见故障是开关接点接触不良引起的故障，所以判断故障时，应根据故障及柜内指示灯显示的情况，先对外部线路、电源部分进行检查，即门触点、安全回路、交直流电源等，只要熟悉电路，顺藤摸瓜，很快即可解决。

有些故障不像继电器线路那么简单直观，PC注塑机的许多保护环节都是隐含在它的软硬件系统中，其故障和原因正如结果和条件是严格对应的，找故障时对它们之间的关系进行联想和猜测，逐一排除疑点，直至排除故障。

（9）测试接触不良的方法

① 在控制柜电源进线板上，通常接有电压表，观察运行中的电压，若某项电压偏低或波动较大，该项可能就有虚接部位。

② 用点温计测试每个连接处的温度，找出发热部位，打磨接触面，拧紧螺钉。

③ 用低压大电流测试虚接部位，将总电源断开，再将进入控制柜的电源断开，装一套电流发生器，用 $10mm^2$ 铜芯电线临时搭接在接触面的两端，调压器慢慢升压，短路电流达到 50A 时，记录输入电压值。按上述方法对每一个连接处都测量一次，记录每个接点电压值，哪一处电压高，就说明接触不良。

6.3.4　海天牌注塑机电控系统维修示例

（1）操作面板及电控系统（见图 6-59）

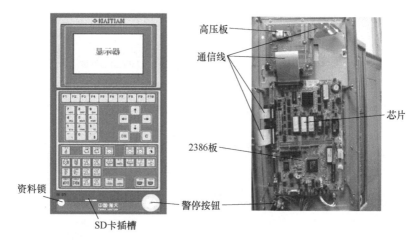

图 6-59　操作面板及电控系统

（2）现场维修判断流程（见图 6-60）

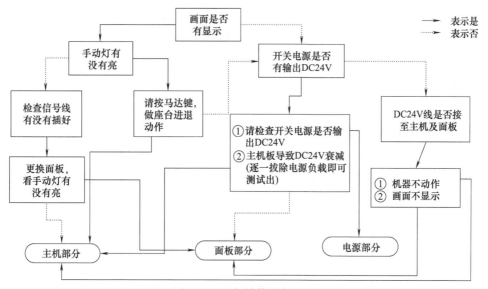

图 6-60　现场维修判断流程

（3）机器动作判断步骤

① 按下座台进键，检查面板信息。

（动作压力：×××，动作流量：×××）。

面板（信息）┅→主机（信息）┅→面板。

② 检查电流表，应按照压力、流量设定值，有对应的电流。

③ 方向阀灯是否输出？

🔍 **注意**

若主机板上的绿灯未闪烁，则面板与主机之间无通信，主机不做任何动作。

（4）主机部分——CPU 的检测（见图 6-61）

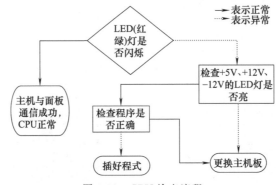

图 6-61　CPU 检查流程

（5）主机部分——输入 \ 输出检测（见图 6-62）

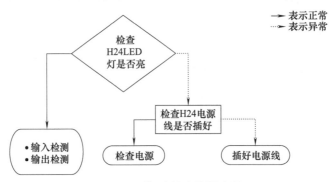

图 6-62　输入\输出检测流程

（6）输入/输出——输入检测

① 输入检测画面（PB），见图 6-63。

② 确认控制器输入信号。红灯亮代表有输入信号；不亮代表无输出信号。

③ 确认 INPUT 点是否坏掉的方法：

a. 将故障的输入电线拆掉。

b. 将故障点与 HCOM 短路（拿一条导线接即可），若一直显示 1 或 0，则代表此点损坏。短路会显示 1，放开会显示 0，即正常。

④ 故障解决方法

a. 利用 PB 点对调方式，将坏的 PB 点与良好的点对调。

b. 利用设定 PB 画面，输入"原设定点：07"，新设定点：20（假如要换到 PB20），再输入确认即可（原 PB07 的接线点，也要换到 PB20）。

（7）输入/输出——输出检测

① 输出检测画面（PC），见图 6-64。

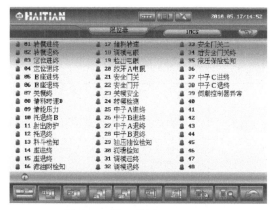

图 6-63　输入检测画面（PB）

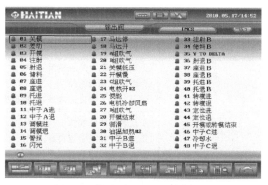

图 6-64　输出检测画面（PC）

② 可利用此检测画面（PC）来查看。

③ 如将光标移到 01 关模，再按"OK"键，这时 01 关模输出板会亮灯，表示正常。

确认 OUTPUT 点是否坏掉的方法：

① 将故障的输入点（01 关模）线拆下。

② 按照上述方式输出，若输出板（01 关模）灯不亮，看看灯是否会亮，若仍然不亮，表示（01 关模）损坏。

③ 如果画面（01 关模）显示为灰色等，主机 LED 灯却亮，表示此点损坏。

故障解决方法

① 利用 PC 点对调方式，将坏的 PC 点与良好的对调。

② 利用设 PC 画面，假如输入"原设定点：01"，新设定点：20（假如要换到 PC20），再输入确认即可（原 PC01 的接线点，也要换到 PC20）。

（8）温度不显示或显示为 0 时的检测

① 以万用表 RX10K 挡测量所有 AC/DC 电源与机台的阻抗（应在 1MΩ 以上）。

② 将感温线拆除，以短路代替感温线。如显示室内温度，则表示电路板一切正常。

③ 假如温度显示 0，先更换感温线接线板（TMPEXT）。

④ 如仍显示为零，再更换主机（温控板）。

（9）无法加温时的检测（见图 6-65）

（10）温度显示不正常飘动或跳动时的检测

① 确认机台是否已接地（至少需一铜柱块埋入地下 50cm）。

② 检查系统电源与机台短路。

③ 温度感应线需接线良好。

④ 电热圈上的电压必须足够。

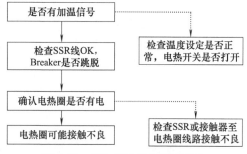

图 6-65　无法加温时的检测流程

⑤ 系统电源是否已正确装上 FILTER。

⑥ 一切正常，则更换感温线输入板或主机板。

（11）温度特殊显示时的处理方法（见表 6-21）

表 6-21　温度特殊显示时的处理方法

显示状况	处 理 方 法
777 970	① 应为小变压器 T1015(交流 10-0-10V)未入温度板 ② 检查 T1015 插座是否正常 ③ 以上若无法排除故障,请更换主机板(温度板)
888 988	① 感温线正负是否接反 ② 感温线是否断掉 ③ 以上若无法排除故障,请更换感应线输入板
999 990	① 代表超感温线范围(449℃) ② 感温线端子是否接好 ③ 电热圈线路是否正常

（12）温度偏高或偏低时的维修

当某段温度偏高或偏低时，应确认以下情况。

① 偏高且电热圈持续有电，或偏低且电热器持续无电，则应检查 SSR 或热继电器。

② 温度偏高或偏低，检测电热圈却显示电流正常，则应检查温度传感器；如温度传感器显示正常，则极可能是机器的温度控制单元损坏。

③ 当温度持续偏高，则可能是螺杆与料筒产生摩擦所致，此时应马上检查螺杆。

④ 当温度持续偏低，则可能是料筒加热圈的原因，此时应马上检查料筒电加热圈。

（13）面板无画面时的检测（见图 6-66）

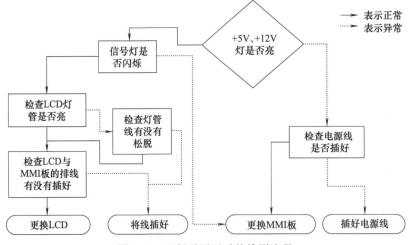

图 6-66　面板无画面时的检测流程

（14）面板按键不动作的维修

① 检查 MMI 板到 Keyboard 板的两条排线是否插好。

② 检查附锁开关是否未开或断线。

③ 更换 MMI 板。

④ 更换 Keyboard 板。

（15）面板画面不正常的维修

① 检查 MMI 板到 LCD 的排线有没有插好。

② 检查程序是否插反或差错。

③ 更换 LCD。

④ 更换 MMI 板。

（16）面板亮度不足时的维修

① 检查灯管是否有亮。

② 调整 MMI 板的可调电阻。

③ 将 MMI 板上的 51Ω 或 39Ω 水泥电阻直接短路。（原本接电阻是为了限制灯管电流，如果直接短路，则灯管是全电流，比较容易损耗灯管）。

（17）面板资料无法储存时的维修

① 资料设定后是否按输入键。

② 检查电池是否漏液。

③ 测量面板 CPU 上的电池是否在 3.5V 以上，关机时是否会立刻降低电压。

④ 如果是，则更换电池或面板。

（18）电源器检查

① 将电源器输出端 DC24V 的线卸下。

② 确认电源器指拨开关。

③ 输入电源确认。

④ 绿灯需亮起，并有 DC24V。

⑤ 为防止雷击时干扰影响系统动作，可在 AC 输入部分加装雷击器，如图 6-67 所示。

图 6-67　电源器

6.3.5　海天牌注塑机维修答疑

以下方法中所述的海天注塑机中，问题 1～9 针对的是采用中国台湾弘讯电脑芯片的机器，问题 10～14 为采用日本富士芯片的机器。

[问题 1]　如何利用检测画面检查行程开关（PB 部分）？

答：当某个输入行程开关失效时，可以在 PB 输入端，用导线直接短路 PBX 与 HCOM。在检测画面看 PBX 点是否有显示（该点变亮），如果该点变亮，则电脑部分正常，而是外部线路故障（断路）或该行程开关有问题；如果不变亮，即问题出在电脑本身。

解决办法：可以利用更换输入点的方法，把故障点更换到空余的输入点上，或更换 I/O 板。

[问题 2]　如何利用检测画面检查输出（PC）点？

答：当不能做某个动作，而压力、流量正常时，可以利用检测画面强制输出，即在输出检测画面时把某一输出点确认输出（点亮），看 I/O 板上此点指示灯是否亮，或此点与 H24 之间有无 24V 输出。如强制输出时有 24V，则电脑正常，而是外部线路故障或方向阀故障；如无 24V，确认此点已坏，也可以通过更换输出点的方法，把此点更换到空余的输出点上，或更换输出板。

[问题 3]　如何判断开关电源故障？如何维修开关电源简单故障？

答：如果发现开关电源不输出，一般检查以下几个方面：检查输入电压（220V 或

110V）是否正常，如输入电压不对（超过额定电压15%），则易引起电源损坏。注意220V/110V转换开关的位置。

取消电源负载，看能否输出＋24V，此开关电源有短路保护功能，如负载短路，则自动保护。查找并解除负载短路。

看内部熔丝是否有损坏，或保护用的压敏电阻是否裂开，可以暂时取消压敏电阻。

如以上都正常，还不能正常工作，则需要更换开关电源。

[问题4] **如无压力有流量或有压力无流量（控制器输出电流），应如何检查？**

答：① 检查线路有无断路。

② 检查比例阀电源24V（或38V）是否有输出。

③ 更换输出功率管，确认是否为功率管故障。

④ 更换D/A板。

[问题5] **压力流量电流不够大（控制器输出电流），应如何检查？**

答：① 测定比例阀阻抗大小，比例压力阀一般为10Ω，比例流量阀一般为40Ω左右，测定电流电压（24V或38V）计算最大值。

② 调节电位器电阻。

③ 更换D/A板。

[问题6] **如果温度实际值显示为0，应如何检查？**

答：① 控制器工作不正常。

② 检查各电源与机壳之间有无漏电。

③ 感温线正负两两短路，看温度是否显示，检查感温线。

[问题7] **控制器使用K型热电偶，现实测TR1＋、TR1－电压为7.2MV，室内温度为28℃，试计算出应该显示的温度。**

答：显示温度＝7.2×25＋28＝208℃。显示温度与实际值有偏差（偏高、偏低）。

A. 热电偶或控制器故障。B. 原料和螺杆剪切引起的。C. 以上情况可通过万用表测定。用热电偶电压来判断显示值是否正确。如果显示值正确，则原因由B引起。如果显示值与电压值不符，则由A引起。

[问题8] **温度显示值在较大范围内跳动应如何处理？**

答：① 干扰，系统没有接地。

② 某段跳动，热电偶引起。

③ 电脑板本身故障，更换D/A板。

[问题9] **料筒不加温应如何处理？**

答：① 控制器无输出，检查控制器。

② 加热线路有短路，检查线路。

③ 加热圈故障。

[问题10] **为什么解除警报的条件满足后，屏幕上警报栏中还是有警报显示？**

答：警报发生后，首先要按取消键清除警报，然后再排除警报发生的原因。

[问题11] **日本富士控制器程序是如何对中子进行保护的？**

答：日本富士控制器程序在设计时从保护用户模具的角度出发，对模具保护设计了周密的方案。详细如下。

① 合模过程中检测中子是否到位，如果没有到位，立即停止合模动作。

② 开模过程中检测中子是否到位，如果没有到位，立即停止开模动作。

③ 顶针前进中检测中子是否到位，如果没有到位，停止顶针前进动作。

④ 所谓中子是否到位，就是中子是否进终或者退终。举例如下。

如果设定中子进位置为300，中子退位置为250，此时实际动模板位置为270。此时合模，程序会自动判断中子是否进终。如果中子没有进终，则不允许合模。如果此时开模，程序会判断中子是否退终，如果中子没有退终，则不允许开模。

如果设定中子进位置为200，中子退位置为300，如果动模板位置为250时合模，则会判断中子是否退终。如果中子没有退终，则不允许合模。如果此时开模，则会判断中子是否进终。如果没有，则不允许开模。

⑤ 中子有两种控制方式：行程和时间。

对于行程控制方式，所谓中子进终或退终，是以中子进终或中子退终信号是否有输入来进行确认。如果中子进终信号在合模过程中没有检测到，则立即停止合模动作。

对于时间控制方式，所谓中子进终或退终，是以中子进或中子退动作时间是否完成来确认。如果中子进动作时间完成，则程序认为中子进已经结束。但是，如果此时按中子退键使中子退阀有输出，则程序认为中子进没有结束。如果此时重新启动控制系统，程序也认为中子进没有结束。

[问题 12]　电眼全自动，制品检测信号有输入，但是还是会出现"制品检出故障"警报？

答：电眼自动时，如果在循环间隔时间内，控制器没有检测到"制品检测信号"有输入，则会产生报警。此时，可以根据实际生产需要加大此间隔时间，此间隔时间设定在时间/计数画面中。

[问题 13]　为什么无法进入输出测试画面？

答：输出测试画面只有在手动及电热关闭的状态下才能进入。

[问题 14]　HPC01 电脑所有温度都显示 50℃左右？

答：如果 I/O 板电热部分无烧伤痕迹，可能原因是位置尺连线的屏蔽层破损与信号线接触造成 I/O 板接地信号干扰，从而引起电热不正常。

第 3 篇

生产管理与质量控制

✦ 注塑生产管理

✦ 提高生产质量的措施与经验

第7章

注塑生产管理

7.1 注塑生产管理概要

7.1.1 注塑生产管理的特点

注塑生产是一个知识面广、技术性和实践性很强的行业。注塑生产过程中，需使用塑胶原料、色粉、水口料、模具、注塑机、周边设备、工装夹具、喷剂、各种辅料及包装材料等，这些给注塑车间的管理带来了很大的工作量和一定的难度，与其他行业或部门相比，对注塑车间各级管理人员的要求更高。

注塑生产一般需要 24h 连续不停机进行，一般为两天三班或一天三班制工作方式，导致注塑车间的工作岗位多、分工复杂，对不同岗位人员的技能要求亦不同。要想使注塑车间的生产运作顺利，需要对每个环节和各个岗位所涉及的人员、物料、设备、工具等进行管理，主要包括原料房、碎料房、配料房、生产现场、后加工区、工具房、半成品区、办公室等区域的运作与协调管理工作。

注塑生产的管理是一个系统工程，如果管理工作不到位，就会出现生产效率低、不良率失控、原材料损耗大、经常性的批次报废或客户退货、模具问题影响正常生产、不能按期交货及安全生产事故等问题。日本一位注塑车间主管说："注塑厂能不能盈利，实际上看的就是生产过程的控制和管理，管理到位了，注塑机就变成了印钞机，如果管理不到位，注塑机就成了烧钱机。""通过管理出效益"在注塑企业已经取得了共识。

注塑生产企业在产业链中处于中游位置，大都是作为上游整机企业的配套企业存在，这与整机生产等行业的管理目标有明显的差异，具体表现在如下几个方面。

① 按订单项目大批量生产的管理模式。

② 为整机生产企业提供配套服务，因此 TQC 的控制和保证能力是管理的首要目标。

a. 时间（Time）的保证——如何按时交付，满足客户的时间要求。

b. 质量（Quality）的保证——如何按质交付，满足客户的质量要求。

c. 成本（Cost）的控制——如何保证利润，维持企业生存和发展。

③ 注塑生产企业是与模具有密切关联的产业。注塑生产效率及质量 80% 以上都与模具有密切的联系。实际上，注塑企业的工程服务能力主要表现为模具管理和维护的能力，其次为注塑工艺和塑料性能的掌握。模具的重要性包括按期交付、成型周期和质量以及注塑件的质量。

a. 模具按期交付——决定注塑开始量产的时间。

b. 模具的成型周期和质量——决定注塑生产的效率（成型快则模具维护时间少）。

c. 注塑件的质量（如外观、尺寸精度、强度等），主要取决于模具的质量，好的模具能够保证生产的产品质量稳定，生产效率高。

④ 上游客户推行 JIT 生产模式（准时生产模式，Just In Time），将风险转嫁到注塑等配套生产企业。注塑企业必须做适量的库存，以满足客户交付的要求，同时还要控制风险，避免企业经营陷入困境。提高经营风险的控制能力是注塑企业健康成长的前提。

⑤ 精益生产。保证交付计划的同时，将生产过程的损失减到最小。由于实际生产过程中存在许多不确定的因素，不良率及生产效率的变化会影响交付，并产生不正常的库存。精益生产的管理模式可有效帮助企业提高效益。

⑥ 标准和规则的执行者。企业必须具备快速的应变能力（如敏捷性），以适应市场变化、客户需求变化、技术的变化。

a. 承接订单时，能够迅速回应客户何时可以交货。

b. 客户计划调整时，能够迅速调整内部生产，以满足客户需求。

c. 准确迅速地向客户沟通注塑生产进度。

7.1.2　注塑生产的组织

注塑生产过程中，随着产品的改变、规模的扩大等，往往会出现产量下降、质量不达标、员工相互间埋怨等混乱现象。因此，如何组织注塑生产是管理者面临的首要问题。

（1）制订计划

计划是进行经济管理工作的切入点，是进行各项工作的指南，也是动员和组织企业职工生产用户需要的产品的重要工具之一。

车间管理计划首先是制订整个车间的活动目标和各项技术经济指标，它能使各道工序以致每个职工都有明确的奋斗目标，能把各个生产环节互相衔接协调起来，使人、财、物各要素紧密结合，形成完整的生产系统。可以说有了计划就有了行动的方向和目标，有了计划就有了检查工作改进的依据，有了计划就有了衡量每个单位、每个职工工作成果的尺度。由于车间不参与对厂外的经营活动，因此车间制订计划的依据是企业下达的计划和本车间的实际资源情况。车间除每年制订生产经营和目标方针外，主要是按季、月、日、时制订生产作业计划，质量、成本控制计划，设备检修计划。

（2）组织指挥

组织指挥是执行其他管理职能不可缺少的前提，也是完成车间计划，保证生产，使之发展平衡，并进行调整的重要一环。

车间组织指挥的职能：一是根据车间的目标，建立、完善管理组织和作业组织，如管理机构的设置，管理人员的选择和配备，劳动力的组织和分配等。二是通过组织和制度，运用领导艺术，对工段、班组和职工进行布置、调度、指导、督促，使其活动朝着既定的目标前进，相互之间保持行动上的协调。

（3）监督控制

监督就是对各种管理制度的执行，计划的实施，上级指令的贯彻过程进行检查、督促，使之付诸实现的管理活动。控制就是在执行计划和进行各项生产经营活动过程中，把实际执行情况同既定的目标、计划、标准进行对比，找出差距，查明原因，采取措施的管理活动。

（4）生产服务

由于车间是直接组织生产的单位，因此生产服务作为车间管理的一项职能是十分必要的。生产服务的内容：一是技术指导，在生产过程中，要经常帮助职工解决技术上的难题，包括改进工艺过程、设备的改造和革新等；二是车间设备的使用服务和维修服务；三是材料和动力服务等；四是帮助工段、班组对车间以外单位进行协调和联系；五是生活服务。

（5）激励士气

企业经营效果的好坏来源于车间职工的士气。因为在一定条件下，人是起决定性作用的因素，而车间负有直接激励职工士气的职责。激励士气，就是通过各种方法，调动职工的积极性和创造性，广泛地吸收职工参加管理活动，充分发挥他们的经验和知识，使人的潜力得到激发，提高工作效率，保证完成车间生产任务。

车间管理的全部职能是相互联系且相互促进的。履行这些职能的人员有车间主任、副主任、工段长、班组长及车间生产人员。

📚 **经验总结**

如何成为一名优秀的注塑车间管理者？

① 作为一名优秀的生产车间管理者，应是公司企业文化的积极推行者。

作为一名优秀的生产车间管理者，首要工作就是要积极推进公司的企业文化，用企业文化来熏陶员工、激励员工。通过推进企业文化，让员工了解公司的发展史，增强对公司的信任度，热爱公司；通过推进企业文化，让员工清楚公司的目标、愿景、发展趋势，提高员工对公司的信心，从而坚定他们对公司的忠诚度，甘于奉献；通过推进企业文化，让员工了解公司的各项制度，使其清晰个人的发展目标，树立竞争意识，从而推动公司的发展。总之，生产车间管理者要善于利用各种时机、各种场合，积极推进企业文化，使企业文化无处不在、无时不在。

② 作为一名优秀的生产车间管理者，应会制定和实施合理的管理制度。

"没有规矩不成方圆"，任何一个集体，失去了纪律的约束，势必如同一盘散沙，毫无战斗力可言。作为一名优秀的生产车间管理者，不仅要熟悉和推行公司已有的管理制度，更要逐步建立完善车间的管理制度体系，制定出员工的行为规范，起草文件注重可操作性，尽量使每一项行动都有明确的规定，并根据使用反馈情况及时更新，变"无规定可依"为"有规定可依"，从各个方面规范员工的行为。并通过日常的督促检查，逐步培养员工良好的工作习惯，鼓励员工自觉按规程去做，固化良好行为，改正错误行为，为车间管理的正规化打下坚实的基础。

③ 作为一名优秀的生产车间管理者，应是安全生产的倡导者与实施者。

"安全为了生产，生产必须安全"。安全生产是企业、社会发展最根本的保障。不同的工种在不同的时间、不同的地点，都要求有不同的安全措施，生产车间安全生产措施、法则，可归纳为对"人、机、料、环、法"五大要素的管理和规范。

a. "人"，即人的管理。安全管理归根结底是对人的管理，生产车间岗位的人员需求程序应是非常规范的。车间新需求的员工，根据公司所推荐人员的详细材料，先形成定岗的初步意向，然后到辅助岗位进行一段时间的磨合。在这段磨合期中，车间以责任感强弱为该员工最基本的评价基准，然后根据该员工的操作技能水平、熟练程度等情况进行总评，形成书面资料，反馈给公司，以落实定岗。对初评不能担当本岗位者，车间通过培训、再教育等途径提升该员工的综合能力，以达到胜任岗位的目的。如仍不能胜任，则谢绝录用。

在日常生产中，车间管理者要注重与员工进行沟通，通过表扬、鼓励、奖励等方法增加员工的工作信心和热情。

b. "机"，即机器设备的管理。机器设备是企业进行生产活动的重要物质条件，也是进行安全生产的首要保障。作为一名生产车间管理者，应根据设备保养的复杂性，对每台设备定制"设备责任牌"，落实专人负责。公司不定期开展现场管理检查，并建立相配套的奖罚制度，使每个设备责任人形成自觉保养设备的良好习惯。员工在交接班的时候，必须有机器设备运行情况的交接记录，一旦发现机器设备运行异常，便可及时报告、维护。此外，还应定期组织安排机器设备操作培训或理论培训，以达到安全操作的目的。

c. "料"，即物料的管理。物料管理是安全生产中的基本因素，由于化学物料的特殊性，物料性能的转换相当快。也就是说，从低温到高温，从低压到高压，由稀变稠等一系列反应，伴随着一种物料的加入，瞬间便可完成。车间应从领料人员开始着手，进行专业的培训，使他们熟悉工艺流程，通晓每种物料的化学性质、物理性质，对一天所需物料能做到计算精确。对于不适于存放的物料，严禁在车间停留，做到现领现用。领料人员必须对仓库原料进行及时检验，严禁将不合格原料领进车间。因此，车间还应建立专门的考核制度，培养员工认真、仔细的工作作风。

d. "环"，即环境的管理。环境可直接影响到安全生产，也是创造优质产品的前提。作为一名生产车间管理者，应结合"整理、整顿、清扫、清洁、素养"的5S管理思想，以现场管理为出发点，通过开展自查与互查的方式，结合车间实际制定相应细则。车间各种用品、工具的摆放应当规范，并成为一种习惯。生产车间管理者应鼓励员工积极参加"合理化建议"活动，发现、探索各类提高现场管理的有效建议，并对相关建议进行分析、完善，付诸实施，以达到不断改进的目的。

e. "法"，即操作法，指导书。操作法是引导操作的路线，在操作过程中，路线不能变。有的操作工特别是新员工对操作法常有疑惑，作为生产车间管理者，除了解释，还应派出经验丰富的老操作工进行手把手教导，直到他们完全理解和掌握。为了减少安全隐患，车间还应根据原始记录、显示记录仪，不定期地进行检查，提醒操作人员时刻保持警惕，做到操作与规定完全一致。针对每个不同岗位，车间还应制定各岗位的职能考核细则，一周一小评，一月一大评，奖罚根据考核细则所规定的条例进行，进一步提高操作工在操作工序中的细心程度。

总之，作为生产车间管理者，一定要认清：安全生产不是一项阶段性工作，而是长期不断的持续性工程。安全生产管理，还应注重以下4个方面。

a. 安全管理以人为本必须坚定不移。首先是管理层要更新观念，破除墨守成规，不思进取的保守思想；其次是要在员工身上下功夫，卡死职工素质关、上岗关和思想关，一切按标准办事。要善于研究职工思想动态，把隐患消除在岗前、岗下；最后就是要改进工作的方式和方法，注重采用灵活多样的形式开展工作，做到严而不死，注重感情投入，营造和谐的团队氛围。

b. 安全管理必须注重对作业过程的控制。一是要建立管理考核机制，管理人员要加强对现场作业过程的检查和监督，真正发现和处理动态过程中的安全隐患，消除形式主义；二是对基层部门考核检查，做到结果与过程相结合，在深入现场实际调查研究的基础上，开展结果检查，杜绝片面性。

c. 安全管理必须实现由外部管理向班组自我管理转变。首先要建立班组考核机制，建立车间考核班组、班组考核小组、小组考核岗位的逐级考核框架，把责、权、利下放到班组，将责任和权力变为压力和动力，以调动每个职工的积极性，自觉主动参与安全管理，实现安全管理中的自控、互控、他控。实现班组的自我管理，才能真正从基础上夯实筑牢第一道防线。

d. 安全管理应做到超前防范，关口前移，抓好典型。一是要主动出击，自寻压力，敢于揭丑。对存在的突出安全隐患，要抓住典型，扩大教育分析，使责任人引起震动，使员工得到教育。二是注重确立防范措施，突出预防为主的方针，对日常检查发现和管理工作发现的突出共性问题，迅速制定防范措施，果断予以纠正，查找工作中的关键人、关键岗位，重点加以控制，达到预防事故发生的目的。

④ 作为一名优秀的生产车间管理者，应注意避免各种不必要的浪费，节约成本和资源。

在日常工作中，一般的生产工序都会产生诸多的"浪费"，其实，在生产管理中，通常也会出现"七种浪费"。这"七种浪费"不仅发生在生产现场，也会发生在一些"隐蔽"场所。如果仅仅关注现场存在的问题，而不解决被现象所掩盖的本质问题，无疑是舍本逐末，即使表面上轰轰烈烈，但实际效果也很有限。所以，作为一名优秀的生产车间管理者，不仅要了解这"七种浪费"产生的原因，更要注意避免和杜绝这些浪费，节约成本和资源，提高生产效率。那么，这"七种浪费"是什么呢？我们来看一看：一是等待上级的指示、等待外部的回复、等待下级的汇报、等待生产现场的联系——"等待的浪费"；二是工作进程的协调不利、领导指示的贯彻协调不利、信息传递的协调不利、业务流程的协调不利——"协调不利的浪费"；三是固定资产的闲置、职能的闲置或重叠、工作程序复杂化形成的闲置、人员的闲置、信息的闲置——"闲置的浪费"；四是职责不清造成的无序、业务能力低下造成的无序、有章不循造成的无序、业务流程的无序——"无序的浪费"；五是"失职的浪费"，这是管理中的最大浪费；六是工作的低效率或无效率、错误的工作，是一种负效率——"低效的浪费"；七是计划编制无依据、计划执行不严肃、计划考核不认真、计划处置完善不到位、费用投入与收入（收益）不配比——"管理成本的浪费"。

管理工作中的七种浪费不仅比生产现场中的七种浪费严重得多，解决起来也困难得多。因为生产现场中的浪费大多数可以量化，然而管理工作大多为软性指标，具有较大的弹性，要想进行量化和细化相对较困难。作为一名生产车间管理者，如果不能引导车间各级管理人员对管理工作中的浪费形成共识，齐抓共管，是很难持续有效地长期开展下去的，这就要求生产车间管理要引导大家做打持久战的心理准备，鼓足勇气，从消除点滴的任务做起，向着经营管理革新的目标一步一步地坚定不移地走下去。

⑤ 作为一名优秀的生产车间管理者，要学会向上管理和向下负责。

在与管理者讨论时，我发现了一个很普遍的现象：几乎所有的管理者都会认为管理是向下，而负责是向上的。如果你问大家，你向谁负责？你得到的答复一定是：我们向领导负责；你问大家，你管理谁？那么结果也一定是：我管理下属。但这个答复是错误的。

向上管理，管理自己的上级：我们知道，管理需要资源，资源的分配权力在你的上级手上，这也是由于管理的特性决定的。因此，当你需要进行管理的时候，你所需做的就是获得资源，这样你就需要对你的上级进行管理。我们可以这样定义向上管理："为了给你、你的上级和公司取得最好成绩，而有意识地配合你的上级一起工作的过程。"所以，向上管理的内容就包括：第一，适合彼此的需要和风格；第二，分享彼此的期望；第三，相互依赖、诚实和信任。向上管理，简单地说，就是发现上级的长处，尽量避免上级的短处。

向下负责，给下属提供机会：负责是一种能力的表现，也是一种工作方式。当我们说我们会对你负责的时候，实际上已经把你放在了自己的生存范畴中，我们可以这样定义向下负责："为了给你、你的下属和公司取得最好成绩而有意识地带领你的下属一起工作的过程。"所以，向下负责就包含：第一，给下属提供平台；第二，对下属的工作结果负有责任；第三，对下属的成长负有责任。向下负责，简单地说，就是发挥下属的长处，尽量避免下属的短处。

⑥ 作为一名优秀的生产车间管理者，要善于做好生产现场管理。

现场管理是企业管理中不可少的一个重要环节。做好现场管理工作，不仅要求现场管理者具有一定的管理经验，还必须对现场各工序的诸多环节了如指掌，熟悉各工种的基本作业，并能够把握住生产线各种管理要素，把现场管理工作处理得井然有序，有条不紊。

现场管理水平的高低是衡量企业管理水平的具体表现。优秀的生产车间管理者，必须了解现场的管理内容、企业的管理模式、企业内部的各项干部制度，才能把管理工作做好。

a. 现场管理者要有良好的协调能力。"管"，是管理人和事，把现场管理好，而"理"，是把现场存在的问题处理的有条有理，使现场具有良好的生产秩序和生产条件。在安排工作和处理问题时，现场管理者必须具备良好的是非辨别能力和良好的思想意识，不但要在生产线上起领导作用，而且在员工中要起模范带头作用；对员工、部属以及上级反馈或提出的问题要及时有效、准确无误地给予处理和解答；当员工遇到挫折，情绪发生变化时，管理者要给予关心，并做好他们的思想工作，使员工的思想观念和思想意识与公司的要求保持一致；当现场工作出现困扰时，现场的管理者要通过各种合理的方法尽快协调解决，特别是员工之间为了工作争执解决不了时，现场管理者要主动了解原因，找出问题点，按照公司的要求，做出合理的处理，使之减少不必要的纠纷。

b. 现场管理者要有良好的配合意识。现场管理者要敢于承担责任，对上级安排的工作要积极有效地配合，并要全力以赴，保质保量地完成工作任务。对于上级安排的生产任务，现场管理者必须按照生产指令带领员工高标准、严要求，按时、按质、按量去完成；当生产过程中出现异常情况时，现场管理者要和员工积极配合，妥善处理；若遇到自己解决不了的问题，要及时汇报上级领导，对出现问题的原因作出解释，并能够提供自己解决问题的方法和建议，在上级对此类问题作出合理安排时，要积极配合，按照要求去执行；对于日常事务性工作，现场管理者更应该主动配合上级领导去共同完成；部门之间涉及工作关系时，则要给予有效的支持，这样才能现场工作中遇到的问题通过大家相互配合共同完成。

c. 现场管理者要经常关心员工。生产车间管理者进行现场管理，与员工最亲近。在日常的生产过程中，管理者要多与员工、部属进行接触、沟通，要经常关心他们的工作、生活，关心他们的思想、行为，给予他们最大的帮助，只有对每个员工有了深入的了解，才能按照不同人的性格进行教育，也才能起到事半功倍的效果；同时，还要多鼓励员工，调动他们工作的积极性，使其不断发挥潜能，为公司做更大的贡献。

⑦ 作为一名优秀的生产车间管理者，应是使用现代管理工具的多面手。

管理，是一门艺术，也是一门学问。要想当好一名合格的、优秀的车间管理人员，必须不断更新自己的知识层面，掌握现代管理工具。

a. "5S"。当前许多企业正在推行 ISO 9001 质量管理体系，在这个过程中如何进行有效的管理，却是企业管理者最头痛的问题，要解决这个问题，就必须导入和实行"5S"。开展"5S"活动，能创造良好的工作环境，提高员工的工作效率。试想，如果员工每天工作在满地脏污、到处灰尘、空气刺激、灯光昏暗、过道拥挤的环境中，怎能调动他们的积极性呢？而整齐、清洁有序的环境，能促使企业及员工提高对质量的认识，获得顾客的信赖和社会的赞誉以及提高员工的工作热情、提高企业形象、增强企业竞争力。因此，作为一名生产车间管理者，不仅要熟悉"5S"、了解"5S"，更要推行"5S"，使"5S"像企业文化一样，无孔不入，深入人心。

b. 六西格玛。前面我们提过，生产车间是公司经营的主体，那么，一个企业存活的基础是什么？回答肯定是"客户"，只有赢得了客户，才能保存企业长久不衰。那么，客户真正关注的是什么？是质量！是产品的质量！由此可见，对于一名生产车间的管理者来说，如何减少缺陷率，提高产品质量，赢得客户，占领市场，显得尤为重要。而近几年推出的六西格玛，它不但会提高我们的收益和客户满意度，而且会使得我们在行业中获得显著的竞争优势。作为生产车间的管理者，要熟练掌握六西格玛的精髓，把它运用到日常生产工作，提高竞争力和运营效率。

c. 量化管理。量化管理是管理中的一门学科，将员工每日工作细化评分，不仅可以提高他们的竞争意识，而且可以减少生产成本，提高工作效率。作为一名生产车间管理者，要将量化管理当作员工绩效考核的一个重要手段，将它与晋职加薪紧密结合起来，并将量化管理具体内容及成绩张榜公布，让员工有所对比，认识到自己的不足，从而刺激员工的荣誉感，增强工作的积极性。

d. HR考评。一个好的生产车间管理者，也应是一个合格的人事管理者，因为，管理的主体就是人。作为一名生产车间管理者，应熟练掌握人事考评制度，熟悉员工的招聘、培训以及晋升程序、要求。将量化管理与人员的晋升结合在一起，合理地实行能者上、庸者下、平者让的竞争制度；管理者要善于激励员工，培养员工的进取心、积极性，在车间内部营造争先创优的良好氛围。

7.1.3　注塑生产先进的管理体系和模式

确定了目标，就有了管理改善的方向。但如何达成目标不是空口说说就能够实现的。注塑企业必须结合企业的实际，建立一套先进的管理体系和模式，并且一步一步执行，不断改善和提高，逐步达成管理目标。

注塑企业先进的管理体系和模式具体表现在如下几个方面。

（1）流程化的管理

建立一套快速高效的管理流程，规范每个业务部门的工作和员工的行为。实现"流程大于权利"——"人治"转为"法治"的过程。

（2）标准化的管理

总结和积累企业的经验和教训，建立相应的技术标准和管理制度。标准包括流程的标准、技术和工艺的标准、行政考核的标准等。

（3）管理信息系统（工具）的应用

信息化管理系统是帮助企业建立先进管理体系的非常有效的工具和保证，管理系统会督促和跟踪流程和标准的执行情况，并提供大量的数据为管理改善提供支持。实现数据化管理模式。很多企业虽然建立了ISO 9000的管理体系，但由于缺乏必要的量化管理的数据基础，结果变成形式或摆设。所以企业要建立现代先进的管理体系和模式，必须导入管理信息系统。

注塑生产属于劳动力比较密集的产业，要完成的工作事务繁多，这就需有一个科学合理的人员编制，才能做到人员分工合理、岗位责任明确，达到"事事有人管、人人都管事"的状态。为了方便管理，一般要把各岗位人员进行编组管理，即注塑车间需要搭建成一定的组织架构，不同企业的组织架构不相同，图7-1所示为某中型企业注塑车间的组织架构。

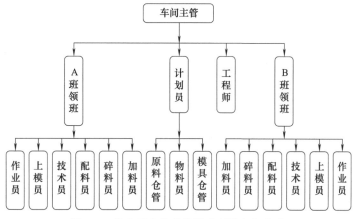

图 7-1　某中型企业的注塑车间的组织架构

7.2　注塑部门各岗位职责（范例）

7.2.1　注塑部门主管（经理）岗位职责

① 直接对副总经理或厂长负责，向其汇报工作，服从工作安排和管理。

② 全面负责注塑部门的生产运作安排、组织和管理工作，主持本部门的日常事务。

③ 根据公司的品质方针和年度工作目标，制定注塑部门的工作目标，并组织实施。

④ 根据公司发展的需要和实际生产状况，完善注塑部门的组织结构和人员编制，科学合理地配置人手。

⑤ 根据实际需要提出注塑部门新增人员的招聘申请，按工作岗位技能要求考核、筛选、录用各级员工，并搞好注塑部门的人力资源管理工作。

⑥ 根据生产计划，合理地做好注塑部门的生产计划安排和组织生产工作，并检查或指导生产计划的执行情况，采取有效措施，按时、按质、按量地完成生产任务，确保交期。

⑦ 依照 ISO 9001 质量管理体系要求，建立注塑生产过程中的品质保证体系，按照产品质量标准和样板要求，严格控制注塑产品的质量，坚持"三不"原则，确保塑件质量满足客户的需要。

⑧ 组织、落实、执行公司的安全生产管理制度及防火规定，结合注塑部门的实际运作特点，制定本部门安全生产管理制度，做好各岗位人员的安全防护措施。

⑨ 对各岗位人员进行安全消防知识培训，提高员工的安全生产和防火意识，并落实、监督、执行，消除安全隐患，确保生产安全。

⑩ 制定机器设备、模具、工装夹具、测试仪器、磅秤等的使用、维护、保养及管理制度，并组织、落实、执行。做好注塑设备、模具、工装夹具的报修或维修工作，减少故障，防止损坏，延长其使用寿命。

⑪ 制订注塑部门员工的培训计划，并按计划对各级员工进行岗前技能培训、技术培训、品质培训、管理培训、制度培训、"5S"培训、消防安全知识培训等，不断提升注塑部门员工的整体素质，提高其工作质量和工作效率。

⑫ 制定生产原料、易耗品、办公用品、工用具的使用管理制度，严格控制"料、工、费"及各种物料的损耗，提高节约意识，增强成本观念，不断降低物耗和生产成本。

⑬ 积极推行"5S"目视管理活动，搞好注塑部门的现场"5S"管理工作，确保注塑部门工作环境清洁、整齐有序，一切物品需分类标识清楚、摆放整齐，做到安全、文明生产，提升企业形象。

⑭ 贯彻落实公司有关管理体系和管理制度，并组织制定注塑部门的各项管理制度和运作流程等，加大执行力度，督导属下员工严格遵守执行。

⑮ 制定注塑部门各级员工的岗位职责，并监督员工履行职责。

⑯ 做好本部门员工的考勤工作，科学合理地制定员工的计件工资标准，严格执行公司的薪酬制度。坚持"公平、公正、公开"和"对事不对人"的原则，对各级员工进行公正考评，并建立绩效考核和激励机制，充分调动各级员工的工作积极性。

⑰ 做好试模/生产过程中的注塑工艺条件记录工作，分析生产过程中的产品结构、模具结构、注塑工艺参数的合理性，科学合理地设定注塑参数和条件，并对模具结构提出改良建议。

⑱ 组织召开注塑部门"每周生产例会"及相关工作会议，坚持"三不放过"原则，及时分析、处理工作中出现的问题，并提出纠正、预防和改善措施。

⑲ 做好与各相关部门的协调和沟通，树立"内部客户"的思想，配合工程部、品管部、装配部及仓库等部门搞好工作，让内部客户满意。

⑳ 随时掌控本部门的生产进度、产品质量状况、物料供应情况、生产效率、料耗、模具、设备状态及人员动态等，对存在的异常状况，及时分析原因、协调或沟通处理，确保生产运作顺利正常。

㉑ 积极推动本部门在技术、产能、生产方法及管理手段等方面的进步，逐步推行量化管理、看板管理、目标管理，配合公司整体发展的需要。

㉒ 坚持技术创新、管理创新、与时俱进，力求持续改善，不断提高生产效率和产品质量，减少料耗和不良率，以降低生产成本。

㉓ 做好各类生产报表和文件的审批工作，确保报表数据真实地反映实际情况，并做好各级员工的工资统计、核算、上报工作，对自己及下属员工的行为负责。

㉔ 安排指导有关人员做好注塑部门文件资料或生产报表的分类、标识、管理和建档保存工作。

㉕ 根据生产需要决定车间是否加班，根据生产任务松紧情况向人事行政部门提出增减员工人数。

㉖ 积极参加培训，努力学习新的技术或管理知识，不断完善和提升自己，适应公司未来发展的需要。

7.2.2　注塑部门生产工程师（PE）岗位职责

① 直接对注塑部门经理负责，向其汇报工作，服从工作安排和管理。

② 严格遵守注塑部门及公司的各项管理制度。

③ 跟进注塑生产过程中每台机的周期时间及生产效率。

④ 跟进每台机浇口料中的废品量，并分析产生大量不良品的原因，提出改善方案。

⑤ 跟进生产中每套模具的注塑效率、模腔数及脱模状况。

⑥ 跟进送修模部门报修模具的维修进度和维修效果。

⑦ 分析生产过程中模具结构及制作的合理性，对有问题的模具提出改善方案。

⑧ 分析生产过程中出现的品质异常原因，提出防范措施。

⑨ 分析生产过程中生产效率低和模具发生故障的原因，提出改善对策。

⑩ 分析生产过程中螺杆头或螺杆断裂的原因，提出防范措施。

⑪ 跟进生产过程中的原料损耗情况，并分析原料损耗大的原因，提出改善方案。

⑫ 跟进生产过程中工装夹具的使用效果，并提出新增/改良工装夹具的方案。

⑬ 跟进生产过程中的注塑工艺条件的合理性，逐步实现调机科学化。

⑭ 对生产中难注塑的产品，编写或制定加工规范和特别的作业指引。

⑮ 及时处理生产现场出现的疑难技术问题并跟进效果。

⑯ 整理、编写有关技术的培训资料，并对技术人员进行技术培训。

⑰ 重点跟进急件生产过程中的模具、品质问题处理情况。

⑱ 协助检查、监督生产过程中各有关技术人员在上、落模，模具，机器保养，开停机操作，安全生产，调机等方面的工作情况及相关规章制度的执行力度。

⑲ 跟进机位产品的后加工情况，并对后加工量大、人手多的产品提出修模或品质标准的检查。

⑳ 不断学习注塑行业新的知识，引进新的注塑加工技术，推动注塑部门技术进步，满足公司未来发展的需要。

7.2.3 注塑部门领班/组长岗位职责

① 直接对自己的直属上级负责，向其汇报工作，服从工作安排和管理。

② 带头遵守塑料部门以及公司的各项管理制度和厂纪厂规，并监督下属严格执行。

③ 全面负责本班组的生产运作安排、组织和管理工作。

④ 做好交接班工作和文件资料、生产报表的审批以及管理工作，每日需提前 20min 到车间了解生产状况。

⑤ 上班前必须开会点名报到，做好本班组员工的考勤记录工作，出现异常状况，及时上报。

⑥ 上班后第一时间对各成型机台进行全面检查，确认接机人员是否到位。

⑦ 根据塑料部门每日的生产任务合理做好本班组长的生产计划安排，并跟进生产计划的完成状况，采取有效措施，确保按时、按质、按量地完成生产任务，以确保交期。

⑧ 严格控制本班组的产品质量，坚持"不制造不良品、不流出不良品"的原则，确保产品质量满足客户需求。

⑨ 负责本班组长的安全生产管理工作，严格执行公司以及塑料部门制定的安全生产管理规定，并监督实施，消除安全隐患，确保生产安全。

⑩ 严格控制"物料、工时、费时"以及各种物料的损耗，增强成本管理，不断采取有效措施，降低物耗以及生产成本。

⑪ 搞好本班组的现场"5S"管理工作，确保工作环境清洁、整齐有序，一切物品分类标识、整齐摆放。

⑫ 随时掌控本班组的生产进度、产品质量状况、物料供应状况、生产效率或物料损耗、模具或设备状态以及人员状态，对存在的异常状况，及时有效地进行分析、协调沟通处理，确保生产运作顺利正常。

⑬ 随时掌控现场使用后勤物资是否满足当班需求，当未达当班预算时，应及时上报

处理。

⑭ 针对生产过程每1～2h必须巡回检查1次，并指导作业人员加工作业方法，提示质量要求、包装方式以及相关注意事项（针对新进作业人员，要特别进行培训教育，实时关心其工作状态）。

⑮ 当班生产出来的产品，如需返工处理，尽量在当班完成。如未完成，需写申请，经核准后可移交对班处理，并将该记录复印一份，交经理助理处存档备查。

⑯ 坚持"公平、公正、公开"和"对事不对人"的原则，对下属员工进行公正考评，充分调动各级员工的工作积极性。

⑰ 对生产过程中出现的问题，从模具、机器设备、成型工艺等方面进行分析，积极提出改善建议，以提高效率、品质，降低物料损耗，减少机位人手。

⑱ 搞好机位浇口料的监督控制和本班组人员劳动纪律的管理动作。

⑲ 认真监督填写各类生产报表，确保生产数据的真实性、准确性。

⑳ 对下属各岗位人员进行岗位技能培训、品质标准、安全生产、"5S"管理等方面的培训，不断提升工作质量和工作效率。

㉑ 勇于创新、力求持续改善，积极推动注塑部门在生产技术和管理方面的进步。

㉒ 努力学习新的技术和管理知识，不断完善和提升自己，与时俱进，适应公司未来发展的需要。

7.2.4　注塑部门试模人员岗位职责

① 直接向主管或领班负责，向其汇报工作，服从工作安排与管理。

② 严格遵守注塑部门及公司的各项管理制度、注塑部门员工守则及注塑部门员工安全守则。

③ 做好试模前的物料准备工作，按《试模通知单》上的要求做好每套模具的试制工作。

④ 根据每套模具的结构、所用塑料的性能，合理设定注塑工艺参数。

⑤ 严格遵守试模人员安全守则的规定，增强安全意识，确保试模安全。

⑥ 做好试模样板的加工、标识、包装和管理工作，并移交给工程部门。

⑦ 对试模过程中出现的模具及塑件质量问题，需及时通知工模部门、工程部门相关人员到现场分析、处理。

⑧ 认真填写试模报告，对试模过程中出现的各种问题需描述清楚，并提出修模或改模建议。

⑨ 做好模具的清洁、防锈、保养工作，维修时需将"板、单、模"一起送交模房。

⑩ 做好试模机台的"5S"工作，及时清理机台及地面上的工具、塑件及物料，试模时料斗内所剩的原料需及时卸下，包装封口后，标识清楚送回料房。

⑪ 积极参加培训，努力学习专业技术知识，不断提升分析问题、处理问题的能力和技术水平。

7.2.5　注塑部门文员岗位职责

① 直接对注塑部门经理或主管负责，向其汇报工作，服从工作安排和管理。

② 严格遵守注塑部门及公司的各项管理制度。

③ 熟悉注塑部门的运作体系及生产、品质、仓管等方面的相关工作流程。

④ 按要求打印部门文件资料、报表或复印相关资料，并按程序要求发放给有关部门。

⑤ 搞好注塑部门文件资料的分类、标识、建档及管理工作。

⑥ 收集、统计、整理相关生产资料、工程资料及报表数据等。

⑦ 做好会议记录工作，并整理、打印会议记录，发放给有关部门或人员。

⑧ 协助做好原料、生产辅料、办公用品、工具的领用统计或管理工作。

⑨ 接听电话并做好电话记录工作（对方的姓名、地址、电话号码及事由），将接收到的信息及时告诉相关人员（重要的事情需书面表达）。

⑩ 搞好员工招聘申请和办理新员工的入厂手续工作（如宿舍、工服、厂牌等），并做好人事记录及档案管理工作；负责新员工入厂教育培训、部门规章制度培训、职业道德培训工作，协助搞好本部门其他培训工作，并做好员工培训记录。

⑪ 搞好客户来注塑部门的接待工作和介绍宣传工作。

⑫ 协助主管跟进、检查、监督注塑部门各项规章制度及工作要求的执行情况，对注塑部门存在的问题或违规现象应及时向主管反映（必要时开《违规罚款单》给违规人员）。

⑬ 工作需认真负责、一丝不苟、积极主动、精益求精，按上级的要求做好每一件事，当天的事当天完成，对于当天完成不了的事情，需向上司讲明原因及预计完成时间。

⑭ 搞好办公室内的"5S"工作，样板、文件资料、报表及工作台面上的办公用品需摆放整齐。

⑮ 对公司的业务或工程资料负责保密，不得将公司的文件、技术资料带出厂外。

⑯ 不断学习新的知识（如礼仪、电脑、外语等），适应公司未来发展的需要。

7.2.6　注塑部门计划员/统计员岗位职责

① 直接向注塑部门经理或主管负责，向其汇报工作，服从工作安排与管理。

② 严格遵守公司及注塑部门的各项管理制度和注塑部门员工守则。

③ 负责注塑部门的生产订单审核、发放和计划安排，并合理排机。

④ 跟进注塑部门生产所需物料的到位工作和每日生产进度的完成情况，出现影响生产进度的情况时，需立即向注塑部门经理或主管反映，并协助其处理。

⑤ 跟进"急件"生产的原料、色粉、包装材料的供应情况及模具维修的进度。

⑥ 做好注塑生产数量的统计工作，并及时向 PMC 部提交《注塑部门生产日报表》。

⑦ 工作需认真负责，熟悉有关生产要素（如模具、机器、原料、品质状况），根据注塑部门的实际生产能力安排生产计划。

⑧ 做好生产资料、生产报表的管理工作，确保生产数量的可靠性和准确性。

⑨ 积极参加培训，努力学习业务知识，不断提升自己。

7.2.7　注塑部门配料员岗位职责

① 直接对领班负责，向其汇报工作，服从工作安排和管理。

② 严格遵守注塑部门及公司的各项管理制度。

③ 配料前需弄清楚相关机台或产品所使用的原料、色粉（色种）、浇口料配比及每日配料量。

④ 配料时必须按规定使用原料、浇口料、色粉（色种）及配比进行混料。

⑤ 转料或换色时，需将混料筒内剩下的原料、色粉（色种）彻底清理干净；若换浅颜

色或透明料，一定要将混料筒内、外擦干净，并用气枪吹尽混料筒内的异物、色粉等。

⑥ 掺混浇口料时，按各机台实际所产生的浇口料量来配混，并按所加新量多少来添加色粉（色种）用量，不可用错浇口料。

⑦ 向混料桶中加料时，不可加得过多，严禁将料弄洒于地面上（应及时盖上混料桶顶盖）。

⑧ 倒入原料前，需将料袋外面的灰尘用气枪吹干净；倒入原料后，先加适量的白矿油（25g/包）混合3min，再加色粉开机搅拌10min以上（色种不加扩散油）。

⑨ 配浅色或白色料时，需将料袋外面的灰尘彻底清理干净，倒料时勿将料袋底部伸入混料筒内，不要抖动料袋；混好料后，需及时将料袋口封好，防止灰尘落入。

⑩ 拉运原料时，需将料袋摆放稳妥，速度不要过快；勿急拐弯或急停，以防止原料袋倒下，料粒洒落于地面上。

⑪ 配好的料必须用原来的料袋包装，并标明颜色及原料名称，以防弄错。

⑫ 严禁用错原料、加错浇口料、用错色粉，防止造成原料浪费。

⑬ 每次配料后，需记录配料量和配比（浇口料/色粉用量）。

⑭ 搞好配料房的环境卫生与"5S"工作，一切物品需分类摆放整齐。

⑮ 做好交接班工作，将每台机的配料情况向接班人员交接清楚。

⑯ 积极参加培训，努力学习业务知识，不断提升自己。

7.2.8 注塑部门班长岗位职责

① 直接对组长负责，向其汇报工作，服从工作安排和管理。

② 带头遵守注塑部门及公司的各项管理制度。

③ 需提前10min上班，到车间了解各机台生产情况，做好交接班工作。

④ 上班前需开会点名报到，做好员工的出勤记录，并根据机台生产情况，合理安排机位接机人员。

⑤ 上班后第一时间对各机台进行全面检查，接机人员是否已到位，新产品机台要指导员工作业，培训加工方法、质量要求、包装方式及注意事项，以后每隔1～2h必须跟进检查1次。

⑥ 跟进各机台的生产情况，统计数字要准确，对将要够数的机台应及时上报。

⑦ 将当班生产的产品进行过磅、统计数量、贴标签、送检，并填写生产日报表，经组长核对或领班审核后，送交办公室文员。

⑧ 跟进当班机台辅料或包装用品的领用及发放工作。

⑨ 培训机位作业员正确使用刀片、浇口剪的方法，并做好利器收发记录工作。

⑩ 协助组长做好本组负责区域的"5S"工作，并做好吃饭时间的人员接机安排。

⑪ 当班生产出的产品需翻工或加工处理时，尽量当班处理完。未加工完成的，填写《后加工申请单》，经领班签名，交主管批准后，方可移交后加工组。

⑫ 当班机台生产的尾数，直接移交给下一班，不记入本班的产量。

⑬ 监督本组员工的劳动纪律，出现违规现象时，及时进行纠正，必要时向组长报告。

7.2.9 注塑部门碎料员岗位职责

① 直接对注塑部门领班负责，向其汇报工作，服从工作安排和管理。

② 遵守注塑部门及公司的各项规章制度、注塑部门员工守则及注塑部门员工安全守则。

③ 碎料时必须严格按碎料机操作规程作业，并佩戴耳塞、口罩、防护眼镜及手套，做好安全防护工作。

④ 碎料前必须严格区分浇口料的种类及颜色，严禁打混料。

⑤ 转换不同种类、不同颜色的浇口料时，需将碎料机彻底清理干净。

⑥ 碎料前需先开电源，让碎料机空转 1min 后，才可加入所需粉碎的塑件或浇口。

⑦ 碎料前需仔细检查浇口中有无杂料、五金工具、碎纸、碎布及其他异物，并将其分拣干净。

⑧ 要用手一次次地添加浇口，并保持每次进料量均匀一致，严禁将整箱浇口倒入碎料机内。

⑨ 对有黑点、灰尘、油污的浇口料，需将其处理干净（用风枪吹净或除污液清洗）后，方可粉碎。

⑩ 碎料机上禁止摆放五金工具，以防落入碎料机内损坏刀片或机器。

⑪ 若因产品过大或添加量过多而出现卡机现象，应立即关电停机进行处理，防止损坏电机。

⑫ 碎料时严禁将手仲进碎料区内，不要在皮带轮转动时去取卡在皮带轮中的浇口或塑件，确保碎料安全。

⑬ 定期检查刀口情况或紧固刀片固定螺钉，并对机器转动部位定时加润滑油，做好碎料机的维护、保养工作。

⑭ 碎料员需经常检查浇口料粒的大小是否符合要求（不大于 1cm），并保持料粒大小均匀一致。

⑮ 碎好的浇口料需尽量用原来的料袋盛装，装袋后需及时封口，并做好标识工作，分类摆放到指定的地方（需放在卡板上）。

⑯ 停机前应停止添加浇口、塑件，让其空转 1min 后方可停机，不得在加料途中关电停机，以防损坏转动马达。

⑰ 做好碎料房的"5S"工作，一切物品需分类、分区摆放整齐。

⑱ 做好碎料的记录工作和交接班工作。

⑲ 积极参加培训，努力学习业务知识，不断提升自己。

7.2.10 注塑部门加料员岗位职责

① 直接对组长负责，向其汇报工作，服从工作安排与管理。

② 遵守注塑部门及公司的各项管理制度、注塑部门员工守则及注塑部门员工安全守则。

③ 卸料前需关加热电源，卸下的需用原料袋装好，并及时封口送回配料房（只留一种原料）。

④ 严格按要求将烘料桶内的色粉或料屑彻底清理干净。

⑤ 加料前需仔细确认所加的料是否正确，严禁加错料。

⑥ 注塑生产过程中，要经常巡查机位烘料桶中的剩料量，按烘料桶上规定的加料线位置及时加料，确保烘料时间的均匀性。

⑦ 不得将整包原料竖立在烘料桶上，以防原料袋掉下造成原料浪费。

⑧ 严禁将脚踩在电箱盖上或料管隔热罩上加料，以免踩坏电箱盖或料管。

⑨ 使用活动加料梯时，必须将脚闸关牢，上加料梯时要小心，防止脚落空或有异物。

⑩ 加料时需先将料袋外的灰尘/异物清理干净，向烘料桶中添加的原料量不要过满，并随手盖上烘料桶（干燥器）的上盖。

⑪ 加料工具必须清理干净，剩余料需及时将料袋口封好，防止落入灰尘或异物。

⑫ 做好机台附近的"5S"工作，空料袋应及时拿到指定的地方摆放。

⑬ 做好交接班工作，向接班人员讲清楚各机台的原料使用情况及料耗。

⑭ 积极参加培训，努力学习业务知识，不断提升自己。

7.2.11　注塑部门上落模人员岗位职责

① 直接对组长负责，向其汇报工作，服从工作安排与管理。

② 遵守注塑部门及公司的各项管理制度、注塑部门员工守则及注塑部门员工安全守则。

③ 严格按上落模人员安全守则的要求工作，确保上模安全。

④ 接到《转模通知单》后，应得前做好转模的各项准备工作和清洗工作。

⑤ 按照上模工作流程做好上落模工作，对嘴时勿调整射台的高度。

⑥ 协助组长做好本组的日常生产管理工作，处理一般性的生产问题。

⑦ 转模后应及时清理机台上的工具、物料，并做好机位的"5S"工作。

⑧ 协助组长做好本组机台的生产数量、塑件质量、浇口料控制及员工劳动纪律的检查或跟进工作。

⑨ 做好交接班工作及组长安排的其他临时性工作。积极参加培训，努力学习注塑技术知识，不断提升自己，适应公司未来发展的需要。

7.3　注塑生产流程管理

7.3.1　注塑生产的流程

（1）生产前准备

① 计划员下达《注塑生产指令单》。

② 计划员根据《注塑生产指令单》准备相关的工艺文件，如工艺文件不齐全，与相关部门联络解决。

③ 物料员根据《注塑生产指令单》和《原物料消耗定额表》，安排备料，开"领料单"去仓库领塑胶料、包装材料、色母以及周转箱，并发放给车间。

④ 配料员根据《原物料消耗定额表》进行配料。

⑤ 加料员根据《烘料记录表》将材料放置入烘干机，以"注塑工艺卡"标准设定烘料温度，进行干燥处理，并在原材料干燥记录中记录干燥开始时间。

⑥ 计划员根据《注塑生产指令单》给车间开具《注塑生产计划表》。注塑车间班长对计划和模具确认后通知上模员，上模员根据产品信息及生产设备信息，提取模具并进行安装，同时连接模温机等模具生产辅助设备，以及生产设备须与模具相连的机构。

⑦ 注塑车间班长要及时与计划沟通，监控材料配件、工装的到位情况。

（2）首件制作

① 注塑技术人员监控材料的烘干时间，并确认材料烘干温度及时间已经达到《注塑工艺卡》的要求。

② 注塑技术人员检查生产设备是否正常，检查安装在设备上的工装模具，模具连接的水、油、电路都符合模具安装的要求，检查模具与模温机、注塑设备的连接都符合连接要求。若确认有误，需通知相关人员进行改正。待确认无误后，根据产品的注塑工艺卡，设定模具温度及设备操作工艺。

③ 待模具温度、设备工艺达到产品工艺要求后，注塑技术人员进行设备调试，并进行产品的首件制作，填写《首件检查送检单》连同本次制作的产品首件递交到质量管理部，由检验员进行首件检验。

④ 质量管理部检验员对递交的首件进行检验，并与产品末件进行比对。如首件检验不合格，注塑技术人员需分析原因，在模具无异常情况下，注塑工程师与注塑班长一起进行设备检查，确认设备正常后，需对工艺进行调整，重新制作首件样品。若模具出现异常，工艺员结合质量管理部检验员开立《模具报修单》，根据模具的维修流程进行模具维修，直至首件制作递交。

（3）批量生产

① 首件样品检验合格后，质量管理部检验员将合格信息通知注塑技术管理人员。注塑技术管理人员针对产品及模具的特殊情况和注意事项进行说明和指导，对注塑工艺及工艺允许调整事项进行说明。

② 注塑班长对现场进行设备点检，安排作业员工，悬挂"注塑作业操作指导书"，对员工进行操作培训，对产品及操作注意事项进行说明，指导员工操作。将生产所需物资，如操作工具、防护用品、包装物料、产品标识卡、产品流转卡、水口料箱、不合格品箱等分发给员工，培训员工按照作业现场"5S"定置及管理要求进行操作和维护，对员工进行产品修剪、包装及标识填写、安放的说明。

③ 注塑员工在生产过程中严格按照作业操作指导书作业，对产品进行拿取、修剪、摆放、标识、清点、包装作业，负责产品的自检，将自检判定为不合格品放入不合格品箱。根据作业现场"5S"定置及管理要求，维护生产现场环境，将生产现场涉及的产品、配件物料进行维护和定置摆放，整理水口料箱。生产员工需阅读及掌握负责产品的生产作业计划，当生产数量达到计划数量时，需及时上报注塑班长。员工在当班生产中遇到任何问题需报告给注塑班长，由注塑班长指挥或协调完成。

④ 注塑班长需对员工的操作进行指导和监控，对产品的质量进行巡查，对员工产品的包装、标识的填写及安放等进行检查。对生产现场的材料使用情况进行监控，发现材料不足时，要及时进行加料，并通知仓库按计划及时补料。班长需根据现场的生产情况，及时分发包装材料、产品标识、产品流转卡等现场耗用物资，出现耗用物资不足时，及时向仓库进行申领，对产品的水口料箱进行及时整理和更换，及时收集现场摆放的产品及水口料箱，检查并完成产品的最小包装，并根据区域进行定置摆放。班长接到班组员工发现或提出的问题，根据问题情况，采取有效措施。对于工装模具故障、设备电子电路故障、产品 10 个以上连续不合格品等情况，必须在保留现场的前提下，通知相关部门人员进行处理，并对设备状态进行标识。

⑤ 质量管理部检验员对产品进行巡检，并对生产过程中的产品进行判定，对作业员工放在现场不合格品箱内的产品进行复检、判定、登记。注塑工程师对生产过程的工艺执行情

况和生产过程中的模具进行巡检。

⑥ 质量管理部检验员发现产品质量问题，应立即通知注塑班长，并将前次检验合格至被查到出现问题阶段的产品进行隔离。注塑部门对问题现场进行封锁，等待问题处理。

⑦ 由注塑工程师负责组织进行质量问题分析，总结并判定原因是工艺、工装模具、设备、材料还是操作工操作不当所引起。

a. 若是工艺原因引起，通知注塑班长组织进行调整。

b. 模具原因引起，开立《模具维修单》，通知模具车间专责进行调整修理。

c. 设备原因引起，通知设备管理员进行设备调整。

d. 材料问题引起，通知材料仓库管理员进行整改。

e. 操作员工操作不当引起，通知注塑班长及责任员工进行整改。

⑧ 质量事故原因判定后，计划员做好生产进度衔接配合，导致生产计划变更的由计划员进行调整并知会相关部门。质量问题处理并实施验证确认后，方可进行生产。

⑨ 质量管理部针对不合格品，根据不合格品控制程序进行处理。针对需要返工的，注塑车间落实返工的生产计划，组织产品返工，质量管理部检验员需对返工零件进行确认及巡检。

⑩ 注塑车间当班生产结束后，注塑车间员工须填报当班《注塑生产统计表》。注塑领班须确认员工填报的生产数量，汇编《注塑生产日报表》，督导员工作业现场的清理。注塑领班将当班生产的产品进行整理，确认数量、包装标识准确，填写车间《产品报检入库单》，提报质量管理部检验员对报检产品进行入库检验。将已经装满并且水口料标识正确的水口料箱进行归类整理，统一搬运至材料碎料房，并与碎料员进行交接确认，按碎料工作流程进行作业。

⑪ 在生产过程中，生产数量未达到要求，转入另一班组进行生产时，要进行交接班，填写"交接班记录"，以便生产的衔接。

（4）成品入库

① 质量管理部检验员接收车间产品报检入库单，针对产品进行入库检验。

② 产品检验合格，检验员在车间产品报检入库单上签字或盖章，通知注塑领班。注塑领班收到产品合格信息，将报检产品搬运到仓库收货的指定区域。仓库管理员进行核对，确认无误后组织入库，并对车间产品报检入库单进行签收。

（5）生产完成

① 注塑计划员根据生产日报表的统计，当生产数量达到车间生产作业计划量时，需通知注塑领班停止生产，将生产的最后一模产品提交质量管理部检验员。检验员进行检验和末件留样，对生产现场摆放的检验文件及检测器具等进行回收。

② 注塑领班收到计划完成信息，通知部门内相关人员进行模具拆卸，及维护保养入库，并将工艺文件等回收保存。

③ 生产完毕，注塑领班需组织作业员工进行现场清理，清理设备中的残余材料，清理烘干机，对留存在生产现场的物料进行回收，对产品相关的生产作业指导文件、记录、报表进行归档。

④ 注塑领班将产品生产结束后，留存的材料、配件等仓库物资编制退料单，组织退库。仓库进行清点、统计确认。

（6）注塑生产流程图

注塑生产为一系统工程，需要按照一定的流程进行，图7-2所示为某企业的注塑生产流程。

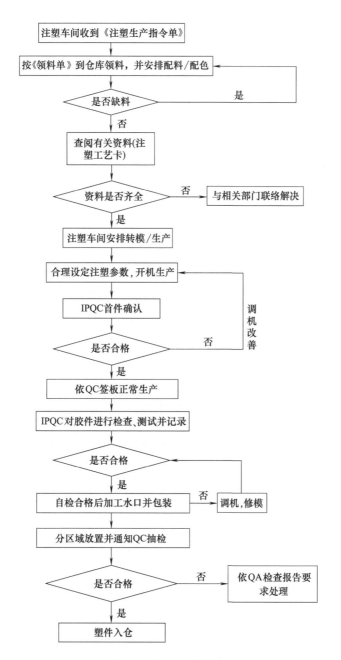

图 7-2 注塑生产流程

注：IPQC 为"Input Process Quality Xontrol"的英文缩写，通称为制程检验员。
QC 为"Quality Control"的英文缩写，通称品质控制员。

7.3.2 试模管理

（1）试模要点

① 试模应在模具车间新模、改模、修模完成后。

② 外协模具移回本公司，先移到模具车间确认模具。

③ 模具项目工程师开具《试模通知单》给注塑车间计划员。

④ 注塑车间计划员根据《试模通知单》安排试模，物料员根据配料/配色工作流程准备物料。

⑤ 注塑工艺人员安排上模员按上模工作流程安装模具。

⑥ 通知模具项目工程师到现场，开始调机，在调机过程中，现场进行初试状态分析，样板是否达到要求，如没有达到要求，模具人员处理模具问题，注塑工艺人员处理工艺参数问题。

⑦ 样板达到试模要求，按《试模通知单》要求制出所需要的样板数量。

⑧ 试模完成后，注塑车间填写"试模报告"。

⑨ 试模报告和样品交付给模具项目工程师。

⑩ 注塑工程师全程跟进。

（2）试模流程（如图 7-3 所示）

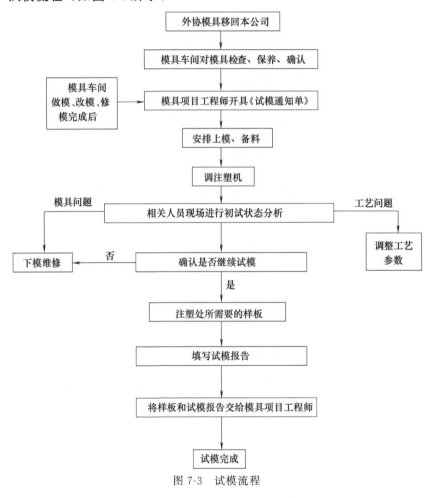

图 7-3 试模流程

7.3.3 开机投产管理

（1）开机投产要点

① 注塑领班接到计划员的《注塑生产指令单》，安排上模，并通知物料员提前准备物料。

② 加料员按《注塑工艺卡》的规定进行烘料。

③ 调机之前，调机人员要进行清机洗炮（转模前是相同的料时则不用此动作）。

④ 文员准备相关的工艺文件。

⑤ 工艺人员参照《注塑工艺卡》设定工艺参数，进行试模，对照机台样板进行自检，确认合格后，送 QC 检查确认，并签首检板。

⑥ QC 确认合格后，安排作业员进行量产，注塑管理人员对作业员进行岗前培训。

⑦ 作业员在生产过程中，要按品质要求进行自检，并进行后加工（去水口或飞边），按作业要求进行包装。

⑧ QA 检查后，盖 PASS 章。

注：QA 为 Quality Assurance 的英文缩写，意思是"质量保证员"。

（2）开机投产流程（如图 7-4 所示）

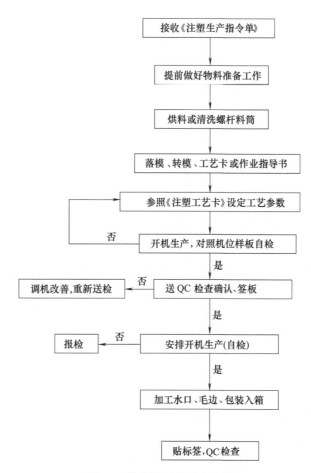

图 7-4 注塑机开机投产流程

7.3.4 不合格品管理

（1）不合格品处理要点

① IPQC 对不合格塑件贴不合标识，并填写《质量问题记录表》给品检主管确认。

② 确认的不合格塑件需与注塑领班确认，如不接受退货，则注塑主管需与品检主管及相关部门协商处理。

③ 经确认不合格的塑件需与合格品分开，注塑车间安排返工。

④ 返工的塑件再次经品检确认后，方可入库。

（2）不合格品处理流程（如图 7-5 所示）

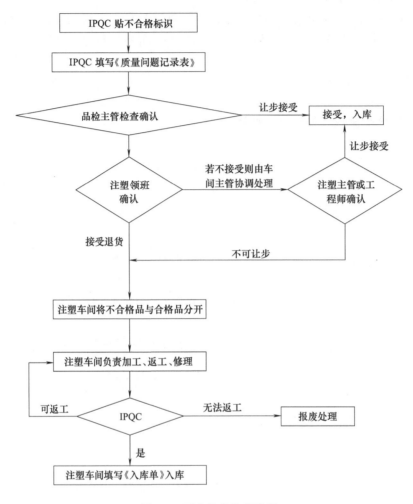

图 7-5　不合格品处理流程

7.3.5　模具维修管理

（1）模具维修要点

① 注塑工艺和主管对不合格品进行分析，判断是否需要修模。

② 模具维修时，需保留有问题的模样板，以便于针对性维修模具。

③ 安排上模员落模，填写《模具维修申请单》，并在有问题的样板上标示出问题点，连同模具一起送到模具车间。

④ 模具车间安排修模人员修改模具

⑤ 模具维修完成后，品检、模具人员和注塑管理人员一起确认产品，产品确认合格后，方可量产。

⑥ 模具确认合格后，填写《模具履历表》。

（2）模具维修流程（如图 7-6 所示）

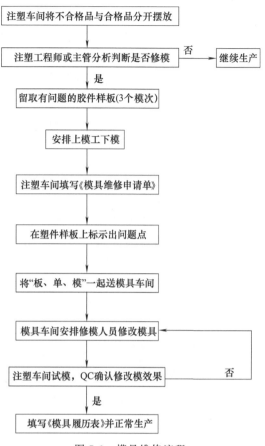

注塑车间将不合格品与合格品分开摆放

注塑工程师或主管分析判断是否修模 → 否 → 继续生产

是

留取有问题的胶件样板(3个模次)

安排上模工下模

注塑车间填写《模具维修申请单》

在塑件样板上标示出问题点

将"板、单、模"一起送模具车间

模具车间安排修模人员修改模具

注塑车间试模，QC确认修改模效果 → 否

是

填写《模具履历表》并正常生产

图 7-6　模具维修流程

7.3.6　配料和配色管理

（1）配料和配色要点

① 物料员根据《注塑生产指令单》和《原物料消耗定额表》，开《领料单》到仓库领取原料和色母。

② 配料员核对配料、配色的工艺文件资料。

③ 清理混料机，倒入原料，加入色母开机搅拌 5min。

④ 核对配料、配色的工艺资料，如需加水口料，则加水口料搅拌 5min。

⑤ 搅拌完成后，用原料袋进行包装，并封口。

⑥ 袋子上贴上标示卡。

（2）配料和配色流程（如图 7-7 所示）

7.3.7　上料和加料管理

（1）上料和加料要点

① 关闭烘料桶的电源，卸掉料桶的塑胶料，用袋子包

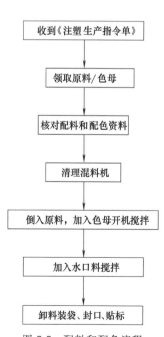

收到《注塑生产指令单》

领取原料/色母

核对配料和配色资料

清理混料机

倒入原料，加入色母开机搅拌

加入水口料搅拌

卸料装袋、封口、贴标

图 7-7　配料和配色流程

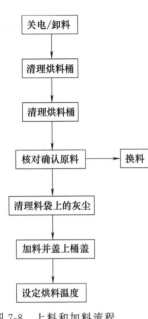

图7-8 上料和加料流程

装，并贴上标示卡。

② 清理烘料桶，料桶不应存在剩余的塑胶料。

③ 核对塑胶料是否对应注塑工艺卡上的材料。

④ 把塑胶料装入烘料桶内，并盖上桶盖。

⑤ 根据注塑工艺卡设定烘料温度，并记录烘料开始时间，填写《烘料记录表》。

（2）上料和加料流程（如图7-8所示）

7.3.8 洗机（清洗料筒）管理

（1）洗机要点

① 在转模生产、试模、试料时，都需要清洗料筒和螺杆。

② 后退射台，卸下烘料桶中的原料，并清理注塑机台的台面，然后射出料管中的原料，将射出的胶分块压扁，等待回用，加入洗机料，熔胶和射胶动作相互替换，将射出的洗机料分块压扁，确认洗机效果，如没有达到要求，重复前面动作，直到炮筒清洗干净。

（2）洗机流程（如图7-9所示）

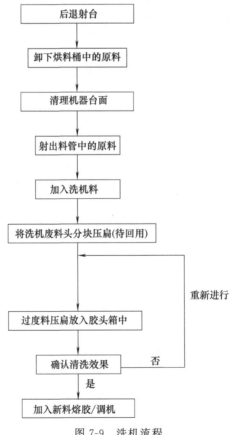

图7-9 洗机流程

7.3.9 上模（安装模具）管理

（1）上模要点

① 注塑车间收到《注塑生产指令单》或《试模通知单》。

② 上模员核对模具编号，并从模具仓库领出模具，检查模具，并准备上模工具和相关周边设备（模温机）。

③ 上模之前，检查注塑机台的动作和面板参数，确认无误后，安装模具，安装水管以及调节模具行程，然后清洗模具并检查模具模腔，如模具有损坏，按模具维修流程进行修模。

④ 设定参数，进行试温，打样，送检，品检确认合格，再进行量产。

（2）上模流程（如图 7-10 所示）

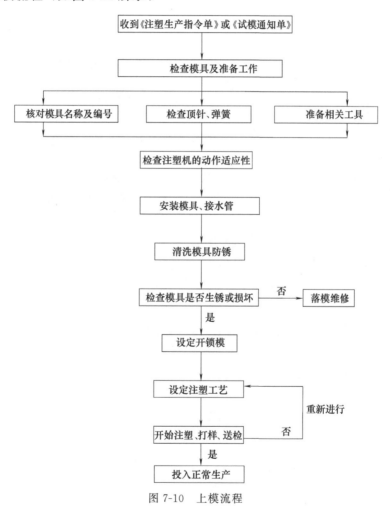

图 7-10 上模流程

7.3.10 碎料（粉碎回收料）管理

（1）碎料要点

① 拉出粉碎机下料斗，清扫粉碎机下面灰尘和残余料，以免粉料时掉下的原料中混有杂物。

② 检查粉碎机内螺钉是否松动及内部是否有异物，检查完成后，轻轻放下安全盖，启

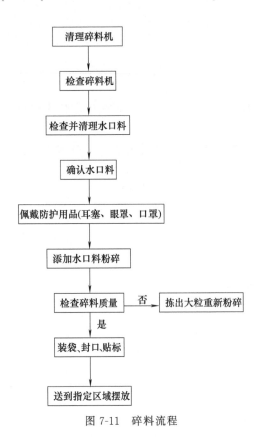

图 7-11　碎料流程

动电动机，同时注意电机是否有异常现象。

③ 核对粉碎机内原料是否与要粉碎的料相同。

④ 粉料前，认真检查料里是否混有铁块等异物或其他料头，再将料倒入粉碎机里粉碎。

⑤ 当天的料按粉碎房规定重量装袋，并且在料袋上贴上标签，标注料名、重量、日期等，方可入库。

⑥ 放入暂存区时，应按类别将料整齐摆放。

⑦ 工作完后，把粉料房打扫干净。

⑧ 下班之前把当天所粉碎的料交班组长进行统计

（2）碎料流程（如图 7-11 所示）

7.3.11　落模（拆除模具）管理

（1）落模要点

① 下模之前检查塑胶件的质量，留取 3 个模次的塑件样板，并标出问题点，以备模具检查。

② 清洁模具，准备下模工具，拆卸水管，喷防锈剂，装吊环，套吊钩，拆锁模块，吊卸模具。

③ 模具需要维修的，开《模具维修单》，并将样品送到模具车间。

④ 最后把模具送回模具仓库，摆放整齐。

（2）落模流程（如图 7-12 所示）

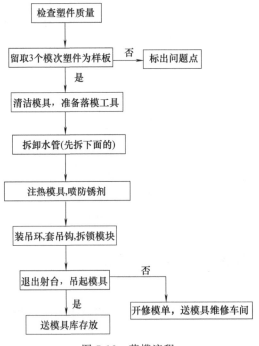

图 7-12　落模流程

7.3.12 注塑机维修管理

（1）注塑机维修要点

① 注塑过程中，注塑机出现故障，注塑车间管理人员初步检查故障部位和原因。注塑车间管理人员无法解决时，停机并关闭电源，在注塑机台上挂维修牌（告示牌）。

② 注塑车间开具《注塑机维修单》，通知相关部门派人维修。

③ 维修完成，注塑车间管理人员确认维修效果。

（2）注塑机维修流程（如图 7-13 所示）

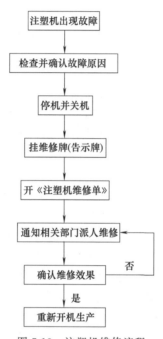

图 7-13 注塑机维修流程

7.4 注塑过程的管理

7.4.1 注塑产品检测与检验

（1）注塑产品的检测方法

① 明确一个检查项目是否合格的原则

a. 是否影响产品的最终用户的使用。

b. 是否影响后工序或客户装配加工。

c. 是否影响美观。

d. 是否可靠。

② 首检、巡检、成品检

a. 首检。

- 首检目的：使生产出来的零件符合设计和客户要求，防止批量返工报废。
- 首检时机：每批生产前，物料更换后，异常处理后（修模、换芯子、顶针）。
- 首检注意事项：送首检前，车间调机员必须做好自检。检查产品与名称（车间计划单）与实物（图纸）是否相符，尤其注意结构问题。带颜色的配套产品，首先核对标准样品，再进行配套检验（不同机台、不同时段）。外观无明显注塑缺陷。实装实配（尤其是新产品、另外修模、换芯子、顶针产品）。

b. 巡检。

- 巡检目的：及时发现生产过程中异常，防止批量的返工报废。
- 巡检时机：每隔2h，对各机台抽检3个模次。
- 巡检注意事项：从机器、材料、操作员、方法、管理因素入手，找出异常、分析异常、解决异常。

c. 成品检。

- 检验时机：对于车间已生产好、放在待检区域成品，操作员通知质检进行检验。
- 抽样标准：可以采用简单随机抽样的方式进行，抽样时必须注意不能有意识只抽好的或差的，也不能为了方便，只抽表面摆放的或容易抽到的样品。
- 检查内容：包括标签、材质、外观、装配性、包装。

（2）注塑产品的检验标准

① 检验环境。将待检制品放在40W日光灯或60W普通灯泡下0.8～1m，在45°～135°方向，两眼距待检制品30～45cm，正面可见部分停留3～5s，其他面2～3s。

② 产品检验严格度区分。Ⅰ类产品指的是不需喷漆的小微波、DVR、墙盒面盖、卫星开关胶托、PHLIPS客户天线等室内使用，表面要求高的产品；Ⅱ类产品指的是需喷漆的产品和室内天线产品（胶件相对大且价格便宜）。

③ 同一款产品不同位置严格度区分。

A面：在正常的产品操作中可见部分，如产品的上盖、前端及接口处。

B面：在正常的产品操作中不常可见的表面，如产品侧面。

C面：在正常操作中不可见的表面，如产品底面。

D面：指产品结构的非外露面，如产品的内表面及内表面的结构件。

④ 产品不合格分类。

致命缺陷：经验和判定表明，对使用、维护或依赖产品的个人造成危险或不安全的不合格品。

严重缺陷：不是致命缺陷，但为了达到预期的目的，很可能导致产品失效或大大降低使用效率的一种不合格品。

轻缺陷：为达到预期的目的，不可能大大降低产品的使用效率，但对产品有很小影响的一种不合格品。

⑤ 注塑制品具体产品检验缺陷分类。

a. 材质。料用错、含杂料、未经确认大比例使用水口料（重缺陷）。

b. 外观。

- 出现在Ⅰ类产品B面、C面以及Ⅱ类产品A、B面、C面不明显的刮花、缩水、料流纹、色差、顶白（轻缺陷）。
- 出现在Ⅰ类产品A面比较明显刮花、缩水、料流纹、色差、顶白和影响装配的熔接纹、料头（重缺陷）。

c. 产品结构（装配性）。导致产品不能与相配零件组装，影响了使用（重不合格）。

例如：上下盖组装后错位严重、螺牙不配合、锁螺钉后柱子开裂、冲拉杆孔位开裂等。

d. 产品性能。导致产品达不到设计预期功能（重不合格）。例如：喷漆的漆脱落，电镀件镀层脱落，钢材硬度、强度不合格，电气连接断路、短路，衰减反射不达标等。

e. 包装。可能会导致产品出现刮花质量隐患或未按要求加相应的包装材料保护膜、胶袋（重缺陷）。

⑥ 总的判定原则。

a. 注塑件的生产过程中以"零缺陷"的理念去检验产品、控制生产，帮助车间分析缺陷原因。

b. 生产出成品注塑件视客户、产品种类，若外观存在轻缺陷，不影响装配的可以接收。

c. 色差只要不是错色，配套产品色差不大就可接受，但是引起装配不良，如冲拉杆孔开裂、锁螺钉孔位滑牙、烧焦、柱子变形影响装配、连接处问题（缝大、断裂、扣不紧、错位），则需判退。

⑦ 注塑件检验技巧。

a. 表面外观。

• 表面无飞边、熔接纹、气泡、水花纹、变形、划伤。

• 看色差（注意组合看）。

• 看进料口不可有拉伤、分层。

• 修毛边位有无修伤。

b. 结构部位。

• 螺柱、通孔位不可有堵孔，大、小孔，变形，发白，熔接纹。

• 连接处不可有裂痕或断裂。

• 螺牙不可有滑丝、扭不进。

c. 试装、试喷。

7.4.2 开机前的准备工作

① 合上注塑机总电源开关，检查设备是否漏电，按设定的工艺温度要求给机筒、模具进行预热，在机筒温度达到工艺温度时，必须保温 20min 以上，确保机筒各部位温度均匀。

② 打开油冷却器冷却水阀门，对回油及运水喉进行冷却，点动启动油泵，未发现异常现象，方可正式启动油泵，待屏幕上显示"马达开"后，才能运转动作注意马达反转，检查安全门的作用是否正常。

③ 手动启动螺杆转动，查看螺杆转动声响有无异常及卡死。

④ 操作工必须使用安全门，如安全门行程开关失灵，则不准开机，严禁不使用安全门（罩）操作。

⑤ 运转设备的电器、液压及转动部位的各种盖板、防护罩等要盖好、固定好。

⑥ 非当班操作者，未经允许，任何人都不准按动各种按钮、手柄，不许两人或两人以上同时操作同一台注塑机。

⑦ 安放模具、嵌件时，要稳准可靠，合模过程中发现异常应立即停车，通知技术人员排除故障。

⑧ 机器修理或较长时间（10min 以上）清理模具时，一定要先将注射座后退，使喷嘴离开模具，关掉电机，维修人员维修时，操作员不准脱岗。

⑨ 有人在处理机器或模具时，任何人不准启动电机。

⑩ 有人进入机床内或模具开挡内时，必须切断电源。

⑪ 避免在模具打开时，用注射座撞击定模，以免定模脱落。

⑫ 对空注射一般每次不超过 5s，连续两次注射不动时，注意通知邻近人员避开危险区。清理射嘴胶头时，不准直接用手清理，应用铁钳或其他工具，以免发生烫伤。

⑬ 熔胶筒在工作过程中存在着高温、高压，禁止在熔胶筒上踩踏、攀爬及搁置物品，以防烫伤、电击及火灾。

⑭ 在料斗不下料的情况下，不准使用金属棒、杆粗暴捅料斗，避免损坏料斗内分屏、护屏罩及磁铁架，因为在螺杆转动状态下，极易发生因金属棒卷入机筒而严重损坏设备的事故。

⑮ 机床运行中发现设备响声异常、异味、火花、漏油等异常情况时，应立即停机，向有关人员报告，并说明故障现象及发生的可能原因。

7.4.3　注塑过程的操作规范

"产品质量，人人有责"，优质产品是生产制造和管理出来的，而不是检验出来的。目标是品质优异，客户满意，一次成型合格率达 98% 以上。要达到上述目标，全体员工必须提高质量意识和工作责任心，并按如下要求做好各项工作。

① 产品试模时，需参照《成型工艺记录表》内的工艺参数调机，开模样板需经 QC（质量检测人员）检查确认后，方可批量生产。

② 操作工开机前，必须向管理人员或品检人员询问，了解有关产品开机要求、质量要求、加工要求、包装要求及注意事项，严禁在不熟悉产品质量标准的情况下开机操作。

③ 操作工开机时必须严格按机位作业指导书的要求去操作和控制产品质量，不得将不合格流入成品箱中。

④ 操作工需按要求对每模产品的外观质量进行自检，每 30min 对照一次样品，对其内部结构进行认真检查，留意是否有断柱、盲孔、缺胶等不良现象，发现问题应立即停机，通知管理人员改善。

⑤ 保持工作台面干净整洁，产品要轻拿轻放，并将产品外表面朝上摆放（不可倒置）于台面上，且工作台上不可堆积过多产品。产品从模具中取出时需小心操作，勿让产品碰到模具上或产品互相碰撞，防止碰伤或刮伤产品。

⑥ 剪水口、披锋时需小心操作，水口位应剪平，勿剪伤或批伤产品。产品周边轻微披锋用铜棒或顶针杆滚压飞边，用力不可过大，且要均匀一致，防止碰伤或刮伤产品。

⑦ 生产过程中，若发现正品内有不良品，应予以分开摆放（隔开），并标识清楚，领班或组长需及时安排人手对其进行返工处理。

7.4.4　注塑白色或透明产品时的特别措施

为严格控制塑胶件表面黑点，提高产品质量，减少原料和人工浪费，降低成本，制定以下预防措施。

① 打料或混料前，应将打料机或混料机内的剩料或粉尘彻底清理干净，才能开机打料或混料。

② 打料时，若发现有被污染或有黑点的水口料废品，必须挑出来经处理后（如清洁油污、气枪吹掉灰尘等），才能打碎，严禁打错料、打混料。

③ 所有打好或混好的料，装入料袋后，必须及时将料袋口封严并做好标识。

④ 所有装料的胶袋或加料的工具必须彻底清理干净。

⑤ 保持打料、混料场所清洁无尘，混料机需随时盖好盖子，下料后料闸口处的料应及时清理干净，并关好料闸。

⑥ 机位烘料桶必须清理干净，进风口需用防尘布包住，防止灰尘进入烘料桶内。

⑦ 加料前需先将料袋外面及底部的灰尘清理干净，方可加料，加料后，若料袋中剩有原料，应及时将料袋口封好。

⑧ 料斗中的料不准加得太满，并要随时盖严料斗盖，防止空气中的灰尘落入料斗中。

⑨ 将水口胶桶（箱）内的异物和灰尘清理干净后，方可装水口料或废品。

⑩ 开模调机时，严禁用脏手去拿产品及水口，必须戴上干净手套或洗干净手再去拿。

⑪ 有油污或黑点的产品及水口料，必须与干净废品或水口料分开摆放，严禁混装在一起。

⑫ 所有被污染或黑点多的不良产品（包括水口料）必须做黑色料或废料处理，较大胶件中的黑点应用刀挑出，才能放入水口桶中。

⑬ 水口料或废品（包括产品）落在地面上时，应及时捡起来并将其擦干净（或吹干净），严禁任何人将被污染（黑点多）的水口料或产品扔进干净的水口胶桶中。

⑭ 水口或废品满一筐/桶时，应及时碎成水口料，来不及粉碎时，应盖上塑料薄膜袋。

⑮ 做好开机或停机时的清机、洗炮工作，防止料筒中原料因料温过高或受热时间过长而出现碳化现象。

7.4.5　水口料（流道凝料）的管理

为防止水口料受到二次污染和碎料时损坏碎料机的刀片，杜绝水口料中出现异物现象，确保生产正常运行，注塑过程中，应按以下要求去管理机位上的水口料。

① 盛装水口料的胶桶使用前需检查一下，如有油污、灰尘、异物等，应清理干净。

② 盛装水口料的胶桶需分类使用，新胶桶专用于盛装透明或白色产品的水口。

③ 严禁向盛装水口料的胶桶中扔异物（如不同色/不同料的胶件或水口、纸片、污染的胶头及五金工具等）。

④ 生产过程中机位操作工、技工、组长、助理员（班长）、领班等均需严格控制水口料，防止水口料污染或混有杂物。

⑤ 各级管理人员平时巡机时，均需检查机位水口料胶桶中是否有异物、发现问题及时调查产生的原因，并追查相关人员之责任。

⑥ 胶桶装满水口料/废品时，需贴上标签（标识纸），注明日期、班别、机台及原料/色粉编号，以便发现问题时，能追查相关人员的责任。

⑦ 水口房人员需对生产过程中机位水口料进行巡查，发现问题及时上报处理。

⑧ 碎料人员在碎料前，需仔细检查水口料中是否有异物（如不同料的产品或水口、胶头、碎布、纸片及五金工具等），若有异物，必须及时查明责任人并上报处理。

7.4.6　水口料（流道凝料）回收使用管理

① 透明产品的水口料不可回用（只能作为他用）。

② 结构简单（无扣脚、无螺柱）的内装件可用全水口料。

③ 结构较复杂且需受力的内装件，可加 30% 左右的水口料（需检测其强度）。

④ 外观要求较高、结构复杂的产品，最好不加水口料，最多可考虑加 25％以内的水口料。

⑤ 外观要求一般，结构较简单且非受力的产品，可加 50％左右的水口料。

⑥ 白色产品要视水口料干净情况来添加（最好不加），无黑点的水口料在结构简单的产品中可加 25％，复杂结构的白色产品加 15％的水口料。

⑦ 水口料的添加要视产品的功能、作用、受力情况及外观要求而定。

⑧ 添加水口料的比例超过 40％时，必须交样板给品管部测试强度和功能，并检查颜色是否一致。

⑨ 可以添加水口料的产品，在生产过程中（开始一个班生产的产品用全原料除外），所加入的水口料用量应均匀一致，避免添加的水口料量忽多忽少，影响产品质量的稳定性。

⑩ 严禁随意添加水口料或更改水口料比例。

⑪ 改变水口料添加的比例时，必须经过工程部门批准，品管部确认。已被污染（含有其他颜色、原料或黑点、油污）的水口料严禁加入浅色料中。

7.4.7　注塑部门作业员岗位职责

① 直接对组长负责，向其汇报工作，服从其工作安排与管理。

② 遵守注塑部门及公司的各项管理制度、注塑部门员工守则及注塑部门员工安全守则。

③ 严格按机位作业指导书的要求开机作业，生产中发现机器、模具、产品质量问题时，需立即停机并向组长或领班汇报。

④ 开机前必须熟悉所注塑塑件的品质标准、加工要求、开机要求、包装要求及注意事项。

⑤ 开机过程中应随时留意塑件或浇口是否粘模，若有粘模现象，需立即停止（锁模）关门动作，严禁压模。

⑥ 严格按组长和 QC 人员对品质的要求控制塑件质量，对注塑塑件的外观做好自检工作（对照机位样板）。

⑦ 加工产品时，要轻拿轻放，并将产品的外表面朝上摆放在工作台面上。

⑧ 机位浇口箱中严禁放入五金工具、碎布、废纸及不同塑料或不同颜色的塑件或浇口。

⑨ 注塑生产过程中，机位作业员不得擅自改变"注塑工艺参数"，严禁在有人检修机器或模具时按动机器按钮。

⑩ 负责做好自己工作区域的"5S"工作，保持机台附近清洁，一切物品需按规定摆放整齐。

⑪ 遵守上班纪律，服从各级管理人员的工作安排或调动。

⑫ 做好交接班工作，向接班人员讲清楚当班生产中出现的问题，产品质量标准、生产数量、加工要求及注意事项。

⑬ 积极参加岗位操作、安全生产、品质标准、"5S"知识培训，努力学习业务知识，不断提升自己。

其他岗位职责有：物料员岗位职责、模具保养岗位职责、注塑机保养员岗位职责、工具管理员岗位职责及清洁岗位职责等。

7.5 注塑生产的信息化管理

7.5.1 信息化管理的重要性

目前，注塑行业的一些企业，生产运作停留在"低效、高耗、劣质"的落后生产管理模式上。制约注塑生产的因素如图 7-14 所示。

① 每台注塑机都是独立的个体，没有进行综合的、有系统的、统一的管理；资料收集统计困难，管理人员难以及时得到综合的信息（如每台机的稼动率、排单情况、机台状态、现场实际操作情况等）。

② 车间现场生产和计划及客户需求脱节，物流部门下达的生产计划无法得到车间有效的响应，车间往往按照自己的便利和绩效有利程度安排生产，这就造成了一方市场和客户所需要的产品没有及时供应，但是仓库却积压了大量的车间生产的而市场不需要的产品。

③ 管理人员无法及时得到每个订单的实际进度信息，无法对车间的生产进度进行有效监控，造成超出原计划数量生产和现场材料挪用的情况非常严重。

④ 车间无法记录和得知废品信息，造成因废品而产生良品数量少于市场需求数量，需要进行小批量补充生产，降低效率。

⑤ 工艺是经过手工工艺卡管理，在生产过程中，由人工按工艺卡调工艺，存在工艺随意调整，一旦出现机器实际作业参数与标准工艺存在严重偏差时，无法及时发现，品质无法保证。

⑥ 车间统计资料靠人工搜集，往往是事后的统计，同时有错误或被人为删改的可能，降低信息反馈速度和可靠性。

⑦ 由于所有资料都依靠人工统计，各机台又没有联网，没有统一的信息平台，造成信息不能共享，没有足够的生产数据供管理人员分析。

⑧ 现场需要依靠大量人力观察，无法及时反馈问题并采取对应措施。

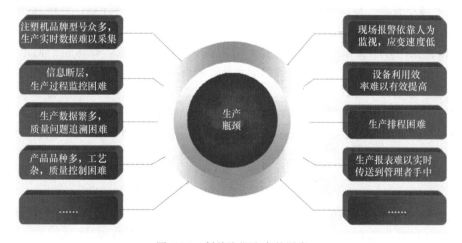

图 7-14 制约注塑生产的因素

7.5.2 注塑生产信息化管理的要点

通过 7.5.1 的分析可以看出，由于没有建立统一的、系统的控制平台，没有统一的、实时的信息平台，才会造成现场管理上的问题。

要解决这个问题，就必须建立一个高效、统一的信息管理平台，通过这个平台对现场数据实时、准确处理和分析，实时查看跟踪和监控整个注塑车间的机器运行状况、模具状态、工艺成型参数、订单生产进度等信息，从而实现生产车间现场的透明化管理。

目前注塑现场信息化管理大概有两种模式：一种是 I/O，也就是外挂感应装备，实时收集现场的开闭模状况，由后台处理分析数据，这种方式目前应用比较广泛，其优点就是不受机器品牌和型号的约束，操作简单，但是数据只是单向传递，数据信息有限；而另外一种是嵌入式，也就是通过嵌入式控制面板，通过网络同服务器和前台客户端三者实现数据交互，这种管理方式数据处理量大，可以实现现场管理和后台管理的无缝衔接，但是，由于目前注塑行业各种品牌和型号的机器都有各自的数据结构，没有形成统一的数据标准，很难对一个存在不同品牌注塑机的车间建立统一的数据交互平台，所以该模式目前没有得到很好的推广。

由于第一种模式是单向数据传递方式，无法真正实现数据交互，无实用意义，因此第二种模式（也就是嵌入式的信息化应用）可以作为信息化管理的可行方案。

该方案由基础资料管理、工艺管理、模具管理、生产订单管理、现场看板管理和生产数据分析、接口管理等组成。

① 基础资料管理。基础资料应该包含产品、客户、原材料、色母色粉、机台、BOM 等信息，这些信息不需要像 ERP 系统那么复杂，只需要代码和名称即可，因为需要管理的目标不同，所以没必要做过于复杂的处理。

② 工艺管理。工艺管理应该包括工艺资料的建立和工艺执行过程中的监控。工艺资料涉及的信息比较多，包括锁模、射胶、熔胶、保压、冷却、开模这些过程每一个阶段的详细信息和一个循环的生产周期。例如开关模各阶段的压力、速度、所在位置、温度和标准时间。而现场监控主要是通过将现场实际的参数与标准参数进行对比，并绘制成曲线，可以比较直观地发现异常并给予及时处理。

③ 模具管理。模具管理包括模具档案、模具代码、模具名称、标准模腔数、水口重量、模具状态等，模具的使用信息，模具的维修保养规程和维修保养管理等。

④ 生产订单管理。系统可以从 ERP 或 MES 系统中引入生产计划，并将其转化成生产订单，生产订单可以具体到机台、模具、工艺、数量等，下达生产计划后，机台可以读取生产订单，根据生产订单指派的工艺进行生产，减少人为因素干扰，确保生产同市场需求一致，通过工艺指派，降低工艺参数设置的随意性，确保品质稳定。

⑤ 现场看板管理和生产数据分析。通过信息系统，我们可以实现现场看板管理，可以实时监控每一机台的生产状况，生产订单的执行状况，现场报废品情况，机台生产效率，现场用料情况，同时可以通过生产日报、周报、月报表，机台稼动率表，原材料使用情况表，品质报表，废品率统计，生产订单进度报表，停机原因统计表，机台负荷表，模具实际产量统计表，工时统计表，作业员工效率统计表，温度资料分析表，模具使用记录等报表进行统计分析。

⑥ 接口管理。通过与 ERP、PLM、MES、APS、CRM 等第三方系统进行数据接口，同第三方软件进行数据交互和业务衔接，形成多系统平台下业务处理的闭环。

某企业专门针对注塑制造行业开发了一套信息化管理系统，该系统通过实时采集生产现场数据，实现生产现场与职能部门的信息共享和互动，达到在任何时间和地点对生产现场实时管控的管理目标。该系统同时提供强大的数据追溯功能，并能与 ERP 等信息系统实现无缝对接。整个系统具有如图 7-15 所示的九大功能模块，可以实时采集注塑生产中产生的技术和管理数据，如注塑机的注射压力、单位时间的产量、员工上下班记录等。系统经过与预设参数进行比较，自动生成相应的报表，经管理人员修正和确认后生成新的指令，从而将注塑生产调整到最佳状态。

图 7-15 系统的九大功能模块

第8章

提高生产质量的措施与经验

8.1 提高注塑质量的有效措施

8.1.1 针对不同的塑料选择不同的螺杆

8.1.1.1 螺杆参数对注塑效果的影响

螺杆的结构与参数如图 8-1 所示，主要由有效螺纹长度 L 和尾部的连接部分组成，螺杆头部设有安装螺杆头的反向螺纹。

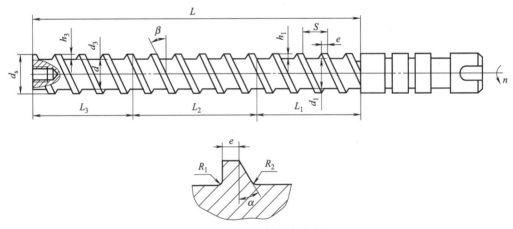

图 8-1　螺杆的结构与参数

① d_s—— 螺杆直径。螺杆直径大小直接影响着塑化能力的大小，也直接影响到理论注射容积的大小。因此，理论注射容积大的注塑机其螺杆直径也大。

② L/d_s—— 螺杆长径比。螺杆长径比越大，螺纹长度越长，直接影响到塑料在螺槽中输送的热历程，影响吸收能量的能力。此能量分为两部分：一部分是料筒外面加热圈传给的；另一部分是螺杆转动时产生的摩擦热和剪切热。因此，L/d_s 直接影响到塑料的熔化效果和熔体质量，从塑化效果方面考虑，L/d_s 的值越大越好。但是，如果 L/d_s 太大，则传递扭矩加大，能量消耗增加。通常，L/d_s 数值在 16～25 为宜。

③ L_1—— 加料段长度。加料段又称输送段或进料段。为提高输送能力，螺槽表面一定要光洁。L_3 的长度应保证塑料有足够的输送长度，一般取 $L_3=(9～10)d_s$。

④ L_2—— 塑化段（压缩段）螺纹长度。塑料在此锥体空间中不断地受到压缩、剪切和混炼作用，塑料从 L_2 段入点开始，熔池不断加大，到出点处，熔池已占满全螺槽，塑料完成从玻璃态，经过黏弹态向黏流态的转变，从固体床向熔体床的转变。L_2 长度会影响塑料从固态到黏流态的转化历程，太短会来不及转化，固料堵塞在 L_2 段的末端，形成很高的压力、扭矩或轴向力；太长也会增加螺杆的扭矩和不必要的能耗，一般取 $L_2 = (6 \sim 8)d_s$。对于结晶型的塑料，塑料熔点明显，熔融范围窄，所以 L_2 可短些，一般取 $(3 \sim 4)d_s$。

⑤ L_3—— 熔融段（均化段、计量段）螺纹长度。熔体在 L_3 段的螺槽中得到进一步均化，温度均匀，黏度均匀，组分均匀，分子量分布均匀，形成较好的熔体质量。L_3 长度有助于稳定熔体在螺槽中的波动，有稳定压力的作用，使塑料以均匀的料量从螺杆头部挤出，所以又称计量段，一般取 $L_3 = (4 \sim 5)d_s$。

⑥ h_1—— 加料段的螺槽深度。h_1 越大，则螺杆容纳的塑料越多，从而提高了供料量，但过大的螺槽深度会影响塑料塑化效果以及螺杆根部的剪切强度，一般取 $h_1 \approx 0.12 \sim 0.16 d_s$。

⑦ h_3—— 熔融段螺槽深度。h_3 越小，螺槽越浅，可以提高塑料的塑化效果，有利于熔体的均化。但 h_3 过小会导致剪切速率过高，以及剪切热过大，引起大分子链的降解，影响熔体质量。反之，如果 h_3 过大，由于在预塑时，螺杆背压产生的回流作用增强，会降低塑化能力，所以合适的 h_3 应由压缩比 ε 来决定：

$$\varepsilon = \frac{h_1}{h_3} \tag{8-1}$$

对于结晶型塑料，如 PP、PE、PA 以及复合塑料，$\varepsilon = 3 \sim 3.5$；对黏度较高的塑料，如 VPVC、ABS、HiPS、AS、POM、PC、PMMA、PPS 等，$\varepsilon = 1.4 \sim 2.5$。

⑧ S —— 螺距，其大小影响螺旋角 β，从而影响螺槽的输送效率，一般取 $S \approx d_s$。

⑨ e —— 螺棱宽度，其宽窄影响螺槽的容料量，熔体的漏流以及螺棱耐磨损程度，一般为 $(0.05 \sim 0.07)d_s$。

⑩ 螺棱后角 α，螺棱推力面圆角 R_1 和背面圆角 R_2 的大小影响螺槽的有效容积，塑料的滞留情况以及螺棱根部的强度等，一般取 $\alpha = 25° \sim 30°$，$R_1 = (0.3 \sim 0.5)R_2$，如图 8-2 所示。

⑪ ε——压缩比。压缩比是指计量段螺槽深度 h_1 与均化段螺槽深度 h_3 之比，即 $\varepsilon = h_1/h_3$。压缩比大，会增强剪切效果，但会减弱塑化能力，相对于挤出螺杆，压缩比应取小些，以有利于提高的塑化能力和增加对塑料的适应性。对于结晶型塑料，如聚丙烯、聚乙烯、聚酰胺以及复合塑料，一般取 $\varepsilon = 2.6 \sim 3.0$；对于高黏度的塑料，如硬聚氯乙烯、丁二烯与 ABS 共混、高冲击聚苯乙烯、AS、聚甲醛、聚碳酸酯、有机玻璃、聚苯醚等，$\varepsilon = 1.8 \sim 2.3$；对于通用型螺杆，$\varepsilon = 23 \sim 2.6$。

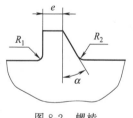

图 8-2 螺棱

根据上述分析，在生产实践中，为了方便螺杆的选择，根据塑化效果不同，将螺杆分为渐变型螺杆、突变型螺杆、通用型螺杆。

a. 渐变型螺杆。压缩段较长，塑化时能量转换缓和，多用于聚氯乙烯等软化温度较宽的、高黏度的非结晶型塑料。

b. 突变型螺杆。压缩段较短，塑化时能量转换较剧烈，多用于聚烯烃、聚酰胺类的结晶型塑料。

c. 通用型螺杆。这是一种适应性比较强的通用型螺杆，可适应多种塑料的加工，避免更换螺杆频繁，有利于提高生产效率。通用型螺杆的压缩段长度介于渐变型螺杆和突变型螺杆之间。但通用型螺杆也绝非是"万能"螺杆，对某些有特殊注塑工艺要求的塑料，需要配备特殊螺杆。

3类螺杆各段长度比例及适用特点如表8-1所示。

表8-1 3类螺杆各段长度比例及适用特点

螺杆类型	加料段(L_1)	压缩段(L_2)	均化段(L_3)	适用特点
渐变型	25%～30%	50%	15%～20%	软化温度较宽的、高黏度的非结晶型塑料
突变型	65%～70%	15%～50%	20%～25%	聚烯烃、聚酰胺类的结晶型塑料
通用型	45%～50%	20%～30%	20%～30%	适应大多种塑料的加工

8.1.1.2 几种常用塑料注塑时的螺杆选用

(1) PVC (聚氯乙烯)

PVC为热敏性塑料，一般分为硬质和软质，其区别在于原料中加入增塑剂的含量，少于10%的为硬质，多于30%为软质。

PVC的特点：

① 无明显熔点，60℃变软，100～150℃时为黏弹态，140℃时熔融，同时分解，170℃时分解迅速，软化点接近于分解点，分解释放 HCl 气体。

② 热稳定性差，温度、时间都会导致分解，流动性差。

注塑PVC的螺杆注意要点：

① 温度控制严格，螺杆设计时，尽量要低剪切，防止过热。

② 螺杆、料筒要防腐蚀。

③ 需严格控制注塑工艺。

一般讲，螺杆参数为 $L/D=16\sim20$，$h_3=0.07D$，$\varepsilon=1.6\sim2$，$L_1=40\%$，$L_2=40\%$。

为防止藏料，不设置止逆环，头部锥度为 $20°\sim30°$，对软胶较适应。如制品要求较高，可采用无计量段、分离型螺杆，此种螺杆对硬质 PVC 较适合，而且为配合温控，加料段螺杆内部加冷却水或油孔，料筒外加冷水或油槽，温度控制精度为 $\pm2℃$ 左右。

(2) PC (聚碳酸酯)

PC的特点：

① 非结晶性塑料，无明显熔点，玻璃化温度为140～150℃，熔融温度为215～225℃，成型温度为250～320℃。

② 黏度大，对温度较敏感，在正常加工温度范围内，热稳定性较好，300℃时能长时停留基本不分解，超过340℃开始分解，黏度受剪切速率影响较小。

③ 吸水性强。

注塑PC的螺杆注意要点：

① L/D。针对其热稳定性好、黏度大的特性，为提高塑化效果，尽量选取大的长径比，一般取26。由于融熔温度范围较宽，压缩可较长，故采用渐变型螺杆。L_1 取全长的 30%，L_2 取全长的 46%。

② 压缩比 ε。由于渐变度 A 需与熔融速率相适应，但目前还无法快速精确计算出融熔速率，根据 PC 从225℃融化至320℃之间可加工的特性，渐变度 A 值可取中等偏上的值，在 L_2 较大的情况下，普通渐变型螺杆 $\varepsilon=2\sim3$，A 一般取 2.6。

③ 因其黏度高，吸水性强，故在均化段之前、压缩段之后于螺杆上加混炼结构，以加强固体床解体，同时，可使其中夹带的水分变成气体逸出。

④ 其他参数如 e、s、φ 以及与料筒的间隙都可与其他普通螺杆相同。

（3）PMMA（有机玻璃）

PMMA 的特点：

① 玻璃化温度为 $105℃$，熔融温度大于 $160℃$，分解温度为 $270℃$，成型温度范围很宽。

② 黏度大，流动性差，热稳定性较好。

③ 吸水性较强。

注塑 PMMA 的螺杆注意要点：

① L/D 选取长径比为 $20\sim22$ 的渐变型螺杆，根据其制品成型的精度要求，一般取 $L_1=40\%$，$L_2=40\%$。

② 压缩比 ε，一般取 $2.3\sim2.6$。

③ 因其有一定的亲水性，故在螺杆前端采用混炼环结构。

④ 其他参数可按通用螺杆设计，与料筒间隙不可太小。

（4）PA（尼龙）

PA 的特点：

① 结晶性塑料，种类较多，熔点也不一样，熔点范围窄，一般所用 PA66 熔点为 $260\sim265℃$。

② 黏度低，流动性好，熔点比较明显，热稳定性差。

③ 吸水性一般。

注塑 PA 的螺杆注意要点：

① L/D 选取长径比为 $18\sim20$ 的突变型螺杆。

② 压缩比一般取 $3\sim3.5$，其中为防止过热分解 $h_3=0.07\sim0.08D$。

③ 因其黏度低，故止逆环处与料筒间隙应尽量小，约为 0.05，螺杆与料筒间隙约为 0.08，如有需要，视其材料，前端可配止逆环，射嘴处应自锁。

④ 其他参数可按通用螺杆设计。

（5）PET（聚酯）

PET 的特点：

① 熔点为 $250\sim260℃$，对于吹塑级 PET，则成型温度较广，一般为 $255\sim290℃$。

② 对于吹塑级 PET，黏度较高，温度对黏度影响大，热稳定性差。

注塑 PET 的螺杆注意要点：

① L/D 一般取 20，3 段分布，$L_1=50\%\sim55\%$，$L_2=20\%$。

② 采用低剪切、低压缩比的螺杆，压缩比 ε 一般取 $1.8\sim2$，同时剪切过热导致变色或不透明，$h_3=0.09D$。

③ 螺杆前端不设混炼环，以防过热、藏料。

④ 因这种材料对温度较敏感，而厂家多用回收料，为提高产量，一般采用低剪切螺杆，所以可适当提高电机转速，以达到目的。同时在使用回收料方面（大部分为片料），根据实际情况，为加大加料段的输送能力，也可采取加大落料口径或在料筒里开槽等方式，取得了较好的效果。

8.1.2 注意影响注塑质量的三个塑料指标

（1）塑料的收缩

① 收缩的原因。

a. 热胀冷缩。

b. 熔体结晶（结晶度越高，熔体收缩越严重）。

c. 分子取向（一般来说，分子总是沿着流动方向取向的，对于未增强型材料，其熔体在流动方向上的收缩总是大于垂直方向；对于增强型材料，则相反）。

d. 状态变化。

② 收缩的阶段。收缩从注射开始就随着熔体的逐步冷却进行，它包括 3 个阶段。

a. 从注射开始到保压结束。

b. 从冷却开始到脱模前。

c. 脱模后。

③ 变形。变形的根本原因是收缩的不均匀。造成收缩不均匀的原因有以下几点。

a. 冷却（即温度分布）不均匀。

b. 壁厚不均匀。

c. 压力分布不均匀。

d. 分子取向不同。

e. 脱模受力不均匀。

（2）塑料的结晶

① 结晶的概念。简单地说，结晶就是指分子的有序排列。

② 结晶的影响因素。结晶的影响因素主要是冷却速度，冷却速度越快，结晶程度越低。

③ 结晶对制品性能的影响。结晶度越高，密度越大，收缩越大，光洁度越好，强度越高，但制品的韧性变差。

（3）塑料的黏度

① 黏度概念。黏度是流体本身的一种性能，它的大小是流体流动性能的一种衡量。数值越大，流体的流动性能越差。

② 黏度的影响因素。

a. 温度。

b. 剪切速度。

c. 压力。

值得注意的是，黏度往往是温度、剪切速度和压力三者共同作用的结果，不同的材料，对温度、剪切速度和压力的敏感程度是不同的，并且在不同的注射速度下，哪一个起主导作用也是不同的。通常情况下，对温度敏感材料（如 PA、PC 等），在高速注射的情况下，剪切速度起主导作用（因此，对于薄壁塑件或含薄壁部分的产品，宜采用高速注射）。

8.1.3　注意影响注塑质量的几个工艺参数

（1）料筒温度（原料温度）

考虑到原料和制品的厚度，一般而言，料筒温度应高于原料额定熔化温度 10～20℃。非晶体原料（如 PS、ABS 等），没有一个确定的熔点，因而料筒温度应参考熔体流动指数（MI）及螺旋工艺线（SPR）。近年来，各种小型和/或大型塑料制品不断出现，使得 L/T（原料流动长度/产品温度）成为一个相当重要的参数，当 L/T 大的时候，最好将料筒的温度设置为比一般温度高，从而促进流动。表 8-2 列出了一些常见塑料的料筒温度。

表 8-2　常见塑料的料筒温度

原料	熔点	料筒温度						
		（喷嘴）				（下方料斗）		
		1H	2H	3H	4H	5H	6H	7H
高密度聚乙烯 （HDPE）	135	210 （180～260）	210 ←	210 ←	210 ←	210 ←	210 ←	190 （170～220）
聚丙烯 （PP）	168	190 （160～250）	190 ←	190 ←	190 ←	190 ←	190 ←	180 （150～200）
TSOP－1	168	200 （190～210）	200 ←	200 ←	200 ←	200 ←	200 ←	180 （170～190）
TSOP－5	168	200 （190～210）	200 ←	200 ←	200 ←	200 ←	200 ←	180 （170～190）
聚苯乙烯 （PS）		210 （180～250）	210 ←	200 ←	200 ←	200 ←	200 ←	180 （160～200）
ABS		220 （180～260）	220 ←	210 ←	210 ←	210 ←	210 ←	200 （170～210）
聚甲基丙烯酸甲酯 （PMMA）		240 （210～260）	240 ←	240 ←	240 ←	240 ←	240 ←	230 （180～240）
尼龙 6 （PA6）	220	240 （230～250）	240 ←	240 ←	240 ←	240 ←	240 ←	220 （200～230）
尼龙 6G30 （PA6G30）	220	280 （250～290）	280 ←	280 ←	280 ←	280 ←	280 ←	260 （240～260）
尼龙 66 （PA66）	260	275 （270～280）	275 ←	275 ←	275 ←	275 ←	275 ←	260 （240～260）
尼龙 66G30 （PA66G30）	260	280 （270～290）	280 ←	280 ←	280 ←	280 ←	280 ←	260 （250～270）
聚碳酸酯 （PC）	—	280 （270～310）	280 ←	280 ←	280 ←	280 ←	280 ←	260 （250～270）

注：←表示料筒的温度从后段往前段逐渐升高。

（2）注射压力

注射和保压是决定注塑制品质量非常重要的条件。注射压力是指塑料熔体充填到模具内各处的必要压力。熔体进入模具后，沿模具壁逐渐冷却。因此，流动较长、薄壁、塑料及模具温度较低时，就需要较高的注射压力。另外，需要快速充填时，也需要较高的注射压力。

注射压力和注射速度均可以任意设定。通常注射压力可以设定得保守些，注射速度根据需要（希望充填时间、制品出现缺陷时的解决措施）进行设定。对于注射压力的初期设定，如果是标准机型，可以设定在机器的中间（注射压力 70～80kg/cm²，注射速度 40％）进行 1 压 1 速成型，并确认充填状况及模具的状况。此时，不进行保压，保压时间设定为 0。

壁厚 2mm 以下的薄壁塑件，熔体在进入模具内后，沿着模具壁开始固化，流动阻力变大，充填变得困难，因此提高注射速度非常重要，注射速度如果不能按照设定进行，需提高注射压力，也就是一般的注射工程是速度控制工程，因此需要足够的油压来控制速度。

（3）注射速度

① 注射速度的概念。通常所设定的注射速度是指螺杆前进的速度，但是真正重要的是熔体在型腔里前进的速度，它与流动方向的截面积大小有关。

② 注射速度的确定。作为原则，注射速度应越快越好，它的确定取决于熔体的冷却速度和熔体黏度，冷却速度快或黏度高的熔体，采用高的注射速度。值得注意的是，冷却速度

的快慢取决于材料本身的性能、壁厚以及模具温度高低。

③ 注射速度太快，易出现焦斑、飞边、内部气泡或造成熔体喷射；注射速度太慢，则易出现流动痕、熔接痕，并且造成表面粗糙、无光泽。

综合经验，注射体积与注射时间可参考表8-3设定。

表8-3 注射体积与注射时间参考

注射体积/cm³	注射时间/s		
	低黏度塑料	中黏度塑料	高黏度塑料
1~8	0.2~0.4	0.25~0.5	0.3~0.6
8~15	0.4~0.5	0.5~0.6	0.6~0.75
15~30	0.5~0.6	0.6~0.75	0.75~0.9
30~50	0.6~0.8	0.75~1.0	0.9~1.2
50~80	0.8~1.2	1.0~1.5	1.2~1.8
80~120	1.2~1.8	1.5~2.2	1.8~2.7
120~180	1.8~2.6	2.2~3.2	2.7~4.0
180~250	2.6~3.5	3.2~4.4	4.0~5.4
250~350	3.5~4.6	4.4~6.0	5.4~7.2
350~550	4.6~6.5	6.0~8.0	7.2~9.5
塑料品种示例	PE,PP,PA6,PA66,POM,PET,PBT,PPS	PE,PP,PA12,ABS,PS	PC,PMMA

注射速度的初期设定：在标准机型情况下，设定在中速以下的40%左右。如图8-3所示的某塑件注塑过程中，从注射1开始到注射4为止为40%，注射5为20%，针对外观较差的位置，可以改变螺杆位置，改变速度及速度切换位置来调整。

该注塑案例中，充填完成后发生的飞边可以通过保压来调整，可怕的是，飞边和充填不足同时发生，此时必须首先找出注塑工艺条件下，没有飞边而且充填不足最少的条件。其次，通过保压来充填不足部分。如果保压切换被延迟，模腔内充填率变高，则会产生峰压而容易出现飞边，此时与其降低注射压力，不如提早（30~40）切换至保压。

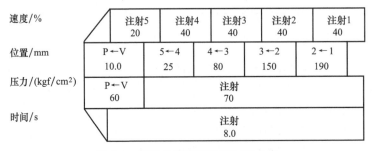

图8-3 某塑件的注射速度与压力值

注：1. 注射速度可以用%来设定，实际速度因机型的不同而不同；注射率除以螺杆端面积得到的值就是速度（mm/s）。

2. 1kgf=9.80665N。

（4）保压切换（V-P切换）

所谓保压切换，是指从向模腔内充填的注射过程（速度控制）切换为到保压过程（压力控制）。此切换非常重要，它将直接影响塑件的质量。保压切换（在注塑机的显示屏上显示的是"VP切换"）有3种模式。

① 位置。在螺杆前进到预先确定的位置（在注塑机的显示屏上显示的是"P←V"）时切换为保压。此模式不经过充填过程。

② PPC。螺杆前进到预先确定的位置（在注塑机的显示屏上显示的是"P←V"），而且

超过预先确定的压力，经过充填过程切换为保压。该充填过程中，可以设定充填压力、充填时间、充填速度。

③ 时间。经过预先设定的时间（在画面上为注射时间）就切换为保压，它与位置模式相同，不经过充填过程。

速度控制转为压力控制的时刻被称为切换点，也称转压点，其表征的是在熔体充填过程中，当产品充填到该模腔体积一定比例时，注塑机的螺杆由注射到保压的切换点。对于薄壁制品，一般充填产品的 98% 进行切换；对于非平衡流道，一般为 70%～80%，并建议采用慢-快-慢多级注射。转压点太高，容易出现产品充模不足、熔接痕、凹陷、尺寸偏小等缺陷。转压点太低，容易出现飞边、脱模困难、尺寸偏大等缺陷。

在注塑实践中，保压切换的初期条件设定可以使用位置切换。图 8-4 所示为注塑某塑件的切换参数，在完成计量行程的 80% 左右开始进行切换，V-P 切换点应该是在螺杆最前进位置不到的 10～20mm 的位置。

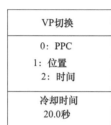

• 选择"VP切换"模式编号。
• 选择"2:时间"时，在画面上充填工程将不被表示。

图 8-4 某塑件注塑时的 V-P 切换参数

充填过程中，在选择保压切换的 PPC 模式时，除注射条件及保压条件以外，还可以单独设定速度和压力，并在螺杆前进的注射参数和螺杆停止只有压力的保压条件之间进行控制，通常设定值仅比保压切换时的注射压力（V-P 压）高 $5kgf/cm^2$ 左右。

使用 PPC 模式时，首先应确定位置切换，之后在观察油压波形的同时渐渐提高 V-P 压，最后设定充填压力。PPC 模式的目的是使每一个制品的重量尽量稳定。但是，对于高黏度塑料，薄壁塑件等熔体流动抵抗较大的情况，不宜使用该模式，而应该使用位置切换方法。

（5）保压压力

① 保压压力的确定：理想的保压压力一般为最低保压压力和最高保压压力的中间值。

最低保压压力是指在准确的速度-压力切换点基础上，给予一定的保压压力，当制品刚出现充模不足时的保压压力。

最高保压压力是指在准确的速度-压力切换点基础上，给予一定的保压压力，当制品刚出现溢边时的保压压力。

② 不同的塑料品种，具体的保压压力值不同。实践中，一般采用占注射压力百分比的方式进行设置。例如：PA 的保压压力＝50% 注射压力，POM 的保压压力＝80% 注射压力，PP/PE 的保压压力＝30%～50% 注射压力。极端情况下，对于尺寸要求高的塑件，其保压压力可达到 100% 注射压力。

（6）保压时间

① 保压时间的确定：以浇口冷凝为依据，一般通过产品称重来确定。

② 保压时间太长，会影响注塑周期；保压时间太短，塑件的重量不足，产品内部易产生空洞，尺寸偏小。需要的注意的是，保压压力会影响保压时间的长短，保压压力越大，保压时间越长。

（7）螺杆转速

注塑过程中，螺杆转动的目的是对塑料进行预塑，预塑的目标是获得均一稳定的熔体，即塑化均匀，无冷料，无降解，无过多气体。

① 螺杆转速的确定：一般原则是，螺杆转速应使螺杆的预塑时间、回吸时间、注射座的回退时间三者之和略短于制品的冷却时间。

② 螺杆转速太快，塑化不均，会造成产品冷料、充模不足和断裂、塑料分解（从而造成焦斑、色差和断裂等缺陷）；但螺杆转速太慢，会增加注塑周期，降低生产效率。

（8）冷却时间

一般原则是，制品冷却时间越短越好。但以产品不变形、不粘模、无过深的顶出痕迹等为基本要求。

成型材料确定后，根据制品的壁厚和塑料温度、模具温度及取出时制品的温度可以计算出理论冷却时间。取出时的制品温度具体数值一般可以参考热变温度。

下列是理论冷却时间的计算式：

$$Q = \{(-t^2)/(2\pi\alpha)\} \cdot \ln\{(\pi/4) \cdot [(T_x - T_m)/(T_c - T_m)]\} \qquad (8\text{-}2)$$

$$\alpha = R/(rC_p)$$

式中　Q——理论冷却时间，s；

α——塑料的热发散率，cm^2/s；

t——产品壁厚，cm；

T_x——制品取出温度，℃；

R——塑料的热导率，cal/(cm·s·℃)；

T_c——塑料温度，℃；

R——塑料的密度，g/cm^3；

T_m——模具温度，℃；

C_p——塑料的比热容，J/(kg·℃)。

上述参数中，常见塑料的热放散率等参数值如表 8-4 所示。

表 8-4　常见塑料的热发散率等参数值

成型材料	$T_x/℃$	$\alpha/(cm^2/s)$	$R/[cal/(cm·s·℃)]$	$r/(g/cm^3)$	$C_p/[cal/(g·℃)]$
高密度聚乙烯 （HDPE）	75	2.18×10^{-8}	11.5×10^{-4}	0.96	0.55
聚丙烯 （PP）	100	0.67×10^{-3}	3.0×10^{-4}	0.90	0.50
聚苯乙烯 （PS）	80	0.86×10^{-3}	2.9×10^{-4}	1.05	0.32
ABS	100	1.71×10^{-3}	6.3×10^{-4}	1.05	0.35
聚甲基丙烯酸甲酯 （PMMA）	100	1.20×10^{-3}	5.0×10^{-4}	1.19	0.35
尼龙 6 （PA6）	100	1.27×10^{-3}	5.8×10^{-4}	1.14	0.40
聚碳酸酯 （PC）	120	1.32×10^{-3}	4.6×10^{-4}	1.20	0.29

注：制品壁厚是去除塑料流道后的平均厚度。

计算示例：

用 PP 材料，在塑料温度 200℃、模具温度 30℃、壁厚 2.5mm 的制品成型时，理论冷却时间 $Q=\{(-0.25^2)/(2\pi\alpha)\}\cdot\ln\{(\pi/4)[(110-30)/(200-30)]\}=12.6$（s），即冷却时间为 12.6s，把该值输入注塑机的操作系统的"注射·计量画面"即可。

此外，生产实践中，还有一种更简单的冷却时间计算方法，具体如下。

假设壁厚为 1mm 的制品的冷却时间为 2s，则壁厚的平方乘以 2 就是冷却时间。又如，壁厚为 2.5mm 时，冷却时间为 12.5s（$2.5^2\times2=12.5$）。

当然，在实际操作时，由于成型条件和成型材料种类及成型形状的不同，会发生偏差，因此，暂且按照计算出的冷却时间进行成型，根据制品的品质确定最终的冷却时间。

在成型周期中，冷却时间往往约占整个周期的 50%。因此要缩短成型周期，提高模具的冷却效率是非常有效的。

此外，对模具进行冷却的目的是保证塑件能顺利脱模而不变形，因此，确定合理的脱模温度首先就要确定冷却时间。不同塑料的脱模温度是不一样的，表 8-5 所示为部分塑料的脱模温度。

表 8-5　部分塑料的脱模温度

塑料品种	脱模温度		
	低限值	中间值	高限值
PC	60～85	＞85～110	＞110～130
PE(软)	30～40	＞40～50	＞50～65
PE(硬)	40～50	＞50～60	＞60～75
PP	45～55	＞55～65	＞65～80
PA6	50～70	＞70～90	＞90～110
PA66	75～90	＞90～120	＞120～150
PA12	40～60	＞60～80	＞80～100
POM	60～80	＞80～100	＞100～130
PS	20～35	＞35～45	＞45～60
ABS	35～55	＞55～75	＞75～90
PBT	60～75	＞75～90	＞90～120
PPS	120～145	＞145～170	＞170～190
PMMA	50～70	＞70～90	＞90～110

（9）背压

背压是指螺杆预塑时，液压缸阻止螺杆后退的压力，其大小等于螺杆前端熔体对螺杆的反作用力。背压可以确保螺杆在边旋转边后退时，能产生足够的机械能量，将塑料熔化及混合。此外，背压还有以下的作用。

① 将挥发性气体和空气排出料筒外。

② 将塑料中的添加剂（如色粉、色种、防静电剂、滑石粉等）和熔料均匀地混合起来，使流经螺杆长度的熔料均匀化。

③ 提供均匀稳定的塑化材料以获得精确的制品重量。

原则上，所选用的背压数值应尽可能低（例如 4～15bar），只要熔体有适当的密度和均匀性，熔体内并没有气泡、挥发性气体和未完全塑化的塑料即可。实际注塑成型时，具体的数值取决于不同塑料材料的性能，通常由材料供应商提供。譬如，PA 为 20～80bar；POM 为 50～100bar；PP/PE 为 50～200bar。如果背压太高，材料容易分解、流涎，并需要更长的预塑时间；背压太低，则会塑化不均（特别是对于含色母料）或塑化不实（从而造成产品气泡、焦斑等）。

背压的利用使得注塑机的压力温度和塑体温度上升，上升的幅度和所设定背压数值有关。较大型的注塑机（螺杆直径超过 70mm）的油路背压可以高至 25～40bar。但需要注意，太高的背压易引起料筒内的熔料温度过高，这种情况对于热量很敏感的塑料生产是有破坏作用的。

而且太高的背压亦引起螺杆过大和不规则的越位情况，导致注射量不稳定，越位的多少受塑料的黏弹性特性所影响。熔体所储藏的能量越多，螺杆在停止旋转时，越容易产生突然的向后跳动。热塑性塑料的跳动现象较其他塑料厉害，例如 LDPE、HDPE、PP、EVA、PP/EPDM 合成物、PPVC 等，就比 GPPS、HIPS、POM、PC、PPO-M 和 PMMA 等较易发生跳动现象。

为了获得最佳的生产条件，正确的背压设定至为重要。这样，塑料可以得到适当的混合，而螺杆的越位范围也不会超过 0.4mm。

（10）回吸量（倒索量）

回吸量的大小应结合背压的大小进行确定，以喷嘴不产生流涎为原则。回吸量太大，容易产生气泡、焦斑、料垫不稳等缺陷；回吸量太小，会出现流延、料垫不稳（由于止回阀关不住）等现象。

（11）锁模力

锁模力的大小取决于型腔投影面积和注射压力的大小，锁模力太大，会出现排气不畅（会导致焦斑、充模不足等现象）、模具变形等问题；锁模力太小，容易出现飞边缺陷。

由于根据制品投影面积和模腔内压可以计算出锁模力，模腔内压可以根据使用的成型材料、壁厚和流动长及模具浇口种类推算得出。

锁模力的计算公式如下：

$$F \geqslant \frac{A p_a}{1000} \tag{8-3}$$

式中　F——锁模力，N；

　　　A——制品投影面积，cm^2；

　　　p_a——模腔内压，kgf/cm^2。

根据经验，表 8-6 为常见塑料的模腔内压。

表 8-6　常见塑料的模腔内压　　　　　　　　　　　　　　kgf/cm^2

成型材料	模腔内压	成型材料	模腔内压
高密度聚乙烯	300	Noryl	500
（HDPE）	250～350	（改性 PPO）	450～550
聚丙烯	300	尼龙 6(PA6)	400
（PP）	250～350		350～450
TSOP−1,5	300	尼龙 6G30	500
	250～350	（PA6G30）	450～550
聚苯乙烯	350	尼龙 66	400
（PS）	300～400	（PA66）	350～450
ABS	450	尼龙 66G30	500
	400～500	（PA66G30）	450～550
聚甲基丙烯酸甲酯	450	聚碳酸酯	500
（PMMA）	400～500	（PC）	450～550

（12）模具温度

① 模具温度的作用。合适的模具温度起保证熔体流动并冷却制品的作用。值得注意的是，模温是指模具型腔的温度，而不是模温机上显示的温度。通常，在稳定生产过程中，型

腔温度会达到一个稳定的动态平衡，并高于显示温度 10℃ 左右，对于大型模具，在注塑生产之前，必须使模具充分加热，尤其是薄壁且流长比很大的产品模具。

② 模具温度的影响。模温会影响熔体的流动性和冷却速度。因为影响流动性，从而影响产品外观（表面质量、毛刺）和注塑压力；因为影响冷却速度，从而影响产品结晶度，进而影响产品收缩率和机械强度性能。

如果模温高，则熔体流动性好、塑料结晶度高、制品收缩率大（从而造成尺寸偏小）、制品容易变形、需要更长的冷却时间；模温低，则熔体流动性差（从而造成流动纹、熔接痕）、结晶度低、收缩率小（从而造成尺寸偏大）。

注塑实践中，模具温度将根据塑料物理和化学性能、流动性及制品表面质量要求等来确定，一般尽可能设定较高的温度，从而降低熔体的流动抵抗，迅速充填模具，并使熔体以均一的速度冷却和固化。但是，较高的模具温度使表面光滑的同时，也会使凹陷更明显，加长成型周期，应该在充分考虑成型周期和品质的前提下确定温度。表 8-7 是常见塑料注塑成型时的模具温度。

表 8-7　常见塑料注塑成型时的模具温度

成型材料	熔点/℃	模具温度/℃	
		模腔内	CORE
高密度聚乙烯 （HDPE）	135	30 20～60	20 20～50
聚丙烯 （PP）	168	30 20～60	20 20～50
TSOP—1	168	40 30～60	30 20～50
TSOP—5	168	40 30～60	30 20～50
聚苯乙烯 （PS）	—	40 20～60	30 20～50
ABS	—	70 40～80	60 40～70
聚甲基丙烯酸甲酯 （PMMA）	—	80 40～90	70 40～80
Noryl （改性 PPO）	—	80 70～100	70 60～90
尼龙 6 （PA6）	220	80 20～90	70 20～80
尼龙 6G30 （PA6G30）	220	80 70～100	70 60～90
尼龙 66 （PA66）	260	80 20～90	70 20～80
尼龙 66G30 （PA66G30）	260	80 70～100	70 60～90
聚碳酸酯 （PC）	—	80 70～100	70 70～90

注：1. 模架温度中，上段表示的是标准温度，下段表示成型可能的温度。随着温度的提高，表面性和流动性也随之提高。在该温度外并不表示不能成型。

2. 模具外侧的温度比模腔温度的设定值低 10℃。

3. 因材料的不同以及模具温度的差异，塑料的物理和化学性能会发生较大的变化，对此应该注意。如尼龙 6 和尼龙 66，温度上升后，会使材料的刚性提高，同时，也会降低冲击性。另外，对于尼龙及聚丙烯，如果模具温度急剧降低，会造成透明化。

（13）计量行程

计量行程并不是根据一次的制品重量而是根据塑料的熔融密度计算的。严格来讲，必须考虑机械效率（止流阀关闭为止的损耗行程），一般来说可以忽略。表 8-8 为常见塑料熔融后的密度。

表 8-8　常见塑料熔融后的密度　　　　　　　　　　　　　　g/cm³

成型材料	熔融密度	成型材料	熔融密度
高密度聚乙烯	0.74	Noryl	0.94
（HDPE）	0.96	（改性 PPO）	1.06
聚丙烯	0.72	尼龙 6	0.98
（PP）	0.90	（PA6）	1.14
TSOP—1	0.92	尼龙 6G30	1.20
	0.98	（PA6G30）	1.36
聚苯乙烯	0.94	尼龙 66	0.98
（PS）	1.05	（PA66）	1.14
ABS	0.94	尼龙 66G30	1.20
	1.05	（PA66G30）	1.36
聚甲基丙烯酸甲酯	1.10	聚碳酸酯	1.06
（PMMA）	1.19	（PC）	1.20

注：1. 该熔融密度可以因成型温度而变化。例如，为了提高塑料的流动性，可以适当提高料筒的温度，成型时，熔融密度会变小。

2. 混有滑石粉、矿物及玻璃纤维的复合强化材料的熔融密度，因其含有率的不同而不同。

3. 下段表示固体密度。

计量行程的计算公式：

$$S = \frac{4W}{\pi D^2 \rho} \tag{8-4}$$

式中　S——计量行程，mm；

　　　W——含有塑料流道的成型质量，g；

　　　D——螺杆直径，mm；

　　　ρ——塑料的熔融密度，g/cm³。

注塑实践中，如果成型的塑料、塑件质量、注塑机螺杆直径能够确定的话，计量行程可以简单地进行计算。例如，对 PP 塑料，质量为 1500g 的塑件，适用注塑机的螺杆直径为 100mm，则计量行程为

$$S = \frac{4 \times 1500}{\pi \times 10^2 \times 0.72} = 26.5 (\text{cm})$$

而且，假设计量行程的初期设定是从注射开始成型算出的 265mm 的 80%，在注塑机的操作面上，在"计量完了"处输入 210mm，最终把保有量估算为 5~10mm，则设定计量参数为 270~275mm。

8.1.4　注意区分注射和保压的关系

注射和保压既有相同之处，也存在非常大的差别。在操作的层面，注射与保压有以下相同之处。

① 除非使用注射伺服阀，否则注射方向阀在注射及保压时都是打开的，其间不会关闭（当然也不会转向）。

② 在一般注塑机的显示屏幕上，注射及保压均有速度及压力控制。

③ 注射的分段虽然以螺杆位置区分最为准确，但也可用时间区分（称为时间注射），这与保压的分段相同。

基于上述情况，某些工程技术人员在设置注塑工艺参数时，根本不使用保压段而使用注射的后段或后几段做保压。某些简单的注塑成型，如在两段注射及两段保压的情况下，这是可以接受的，如表 8-9 所示，但在复杂塑件的注塑成型中，一般不采用。

表 8-9　简单注塑成型的压力与速度设置

项目	螺杆位置	压力控制	速度控制	备注
注射一			√	充填
注射二		√		挤压
注射三		√		以注射段充当保
注射四		√		压段用时间注射
保压点	保压点值			
保压一				
保压二				不用保压段
保压三				

注："√"表示适合采用该种设置方式。

值得注意的是，如在注射三及注射四中选用时间注射，将限制注射一及注射二（挤压段）只能采用时间注射，不能用较精确的位置注射来区分。

一般而言，计算机控制的注塑机都会有以下两个功能。

① 在"位置＋时间"模式下，可指定注射时间上限。注射时间上限到后，如螺杆未到保压点，注射过程还是会转到保压，这时当多腔注塑时，便会出现有模腔的流道堵塞。不采用保压段时，便用不上此模式，只能用时间注射。

② 在"保压点"前后的范围外有两个报警区，螺杆未到位区称为欠注区，螺杆过了保压点的称为溢料区，因为这两种情况都有可能产生废品，因此，注塑机会发出报警，提示操作人员进行处理，如图 8-5 所示。当然，不采用保压段也用不上此报警功能。

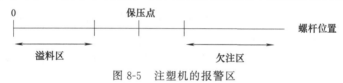

图 8-5　注塑机的报警区

此外，精密及薄壁注塑都会采用闭环控制，闭环控制只允许注射段采用速度控制，配合挤压段的压力上限控制，而保压段则用压力控制。欧美所产注塑机大都不设注射前段的压力控制，只设挤压段的压力控制，从而避免了用注射来作保压的可能。

综上所述，注塑成型时的注射和保压的区分如表 8-10 所示。

表 8-10　注射和保压的区分

项目		螺杆位置	压力控制	速度控制	备注
注射	注射前段			√	填充模腔到 100％ 压力设置为系统最高压力设置
	挤压段		√		超填。设置压力上限以防止毛边的产生
	保压点	保压点值			
保压	保压一段		√		设定压力＜挤压段
	保压二段		√		压力渐降为佳
	保压三段		√		设置低的速度以达节能效果

注："√"表示适合采用该种设置方式。

8.2　深圳某企业注塑生产管理规范

（1）目的

使车间作业规范化、标准化，在可控的状态下开展生产活动，提交满足客户需求的产品。

（2）范围

生产部注塑作业开展的生产活动。

（3）职责

（4）定义

无。

（5）管理步骤与方法

① 生产准备

a. 注塑车间根据车间作业计划及周作业计划，至少提前一天开具车间计划单到供应链仓库。供应链仓库进行材料配件核算，组织材料加工，编制发料单，将所需材料和配件配送到生产车间指定位置，生产部注塑车间班组对来料进行清点确认，并签收。

b. 车间班长将材料放置到生产设备区域的指定位置，通过上料机辅助，将材料放置入烘干机，根据烘料作业指导书设定烘料温度，进行干燥处理，并在原材料干燥记录中记录干燥开始时间。使用烘箱干燥的，班长需将原材料倒入烘干盘中，根据烘箱烘料操作作业指导书进行烘干。

c. 车间班长根据生产的产品，向供应链仓库领取包装材料、周转箱、生产防护用具及其他辅助用品，领出后放置于车间指定位置，根据生产工位的需求进行分发和补充。

d. 车间班长至少提前一天向工程技术部工艺员开具车间计划单。工艺员对计划和模具确认后通知模具装卸监，模具装卸员根据产品信息及生产设备信息，提取模具并进行安装，并连接模温机等模具生产辅助设备，以及生产设备须与模具相连的机构。

e. 车间班长开具当天或即时车间计划单时，车间班长要与供应链仓库及工程技术部工艺员联系与沟通，并监控材料配件、工装的到位情况。

② 首件制作

a. 生产部车间班长，监控材料的烘干时间，并确认材料烘干温度及时间已经达到材料烘料作业指导书的要求，并在原材料干燥记录中记录材料烘干时间。

b. 工艺员检查生产设备是否正常，检查安装在设备上的工装模具、模具连接的水、油、电路都符合模具安装的要求，检查模具与模温机、注塑设备的连接上都符合连接要求。若确认有误，须通知相关人员进行改正。待确认无误后，工艺员根据产品的注塑工艺作业指导书，设定工装模具温度及设备操作工艺。

c. 待模具温度、设备工艺达到产品工艺要求后，工艺员进行设备调试，进行产品的首件制作，将本次制作的产品首件递交到质量管理部检验员进行首件检验。

d. 质量管理部检验员对工艺员递交的首件进行检验，并与产品末件进行比对，首件检验不合格，工艺员分析原因，在模具无异常情况下，进行设备检查，确认设备正常需对工艺进行调整，重新制作首件样品。若模具出现异常，工艺员结合质量管理部检验员开立模具报修单，通知模具专责，现场确认。工程技术部模具组针对产品及模具问题进行模具维修，模具修复完毕后从②中a条开始，直至首件制作递交。

③批量生产

a. 首件样品检验合格后，质量管理部检验员将合格信息通知工艺员及生产班长。工艺员收到信息后，与生产部班长进行产品作业交接，针对产品及模具的特殊情况和注意事项进行说明和指导，对注塑工艺及工艺允许调整事项进行说明。

b. 生产部班长收到批产通知后，对现场进行设备点检，安排作业员工，悬挂产品操作作业指导书，对员工进行操作培训，对产品及操作注意事项进行说明，指导员工操作。将生产所需物资：操作工具、防护用品、包装物料、产品标识卡、产品流转卡、水口料箱、不合格品箱等分发给员工，培训员工按照作业现场5S定置及管理要求进行操作和维护，对员工进行产品修剪、包装及标识填写安放的培训。生产班长须对员工进行产品生产计划的培训，悬挂产品计划单及产品生产统计单，告诉员工该批次产品生产的数量及生产的进度，员工应将当班生产数量登记到产品生产统计单中。

c. 生产员工在生产过程中严格按照操作作业指导书、生产安全规定进行设备操作和产品生产，对产品进行拿取、修剪、摆放、标识、清点、包装作业，负责产品的自检，将自检判定为不合格品放入不合格品箱。根据作业现场5S定置及管理要求，维护生产现场环境，将生产现场涉及的产品、配件物料进行维护和定置摆放，整理水口料箱。生产员工须阅读及掌握负责产品的生产作业计划。当生产数量达到计划数量时须及时上报生产班长。员工在当班生产中遇到任何问题需报告给生产班长，由生产班长指挥或协调完成。当班生产结束后，须对负责生产区域进行清扫，对当班生产的产品进行整理和统计，将生产的数量填入产品生产统计单中。

d. 当班班长须对员工的操作进行指导和监控，对产品的质量进行巡查，对员工产品的包装、标识的填写及安放等进行检查。对生产现场的材料使用情况进行监控，发现材料不足时要及时进行加料，并通知供应链仓库按计划及时补料。班长须根据现场的生产情况，及时分发包装材料、产品标识、产品流转卡等现场耗用物资，出现耗用物资不足时，及时向供应链仓库进行申领。对产品的水口料箱进行及时的整理和更换。及时收集现场摆放的产品及水口料箱，检查并完成产品的最小包装，并根据区域进行定置摆放。生产部班长接收班组员工发现或提出的问题，根据问题情况，采取有效措施。对于工装模具故障、设备电子电路故障、产品10个以上连续不合格品情况，必须在保留现场的前提下，通知相关部门人员进行处理，并对设备状态进行标识。生产班长需记录当班班次中人、机、料、法、环中所产生的系列问题，编制车间日志。

e. 质量管理部检验员对产品进行巡检，并对生产过程中的产品进行判定，对作业员工放在现场不合格品箱内的产品进行复检、判定并登记。工程技术部工艺员对生产过程的工艺执行情况进行巡检。工程技术部模具专责对生产过程中的模具进行巡检，并根据模具保养要求，对生产过程中的工装模具进行保养和维护。生产部设备管理员对生产中的设备进行检查和监控，对设备点检进行巡检，根据设备的保养计划，进行设备的保养和维护。生产班长需配合工程技术部、质量管理部、供应链管理或本部门设备管理员展开工作。

f. 质量管理部检验员发现产品质量问题，立刻通知生产班长，并将前次检验合格至被查到出现问题阶段的产品进行隔离，并开立不合格品单。生产班长对问题现场进行封锁，等待问题处理。

g. 质量管理部组织进行质量问题分析，总结并判定是否是工艺、工装模具、设备、材料、操作工操作不当所引起。若是工艺原因引起，通知工程技术部工艺员进行调整。模具原因引起，开立模具报修单，通知工程技术部模具专责进行调整。设备原因引起，通知设备管理员进行设备调整。材料问题引起，通知供应链材料仓库管理员进行整改。操作员工操作不当引起，通知生产部班长及责任员工进行整改。

h. 质量管理部在质量事故原因判定后，将原因及处理通报生产部。相关责任人与生产部做好生产进度衔接配合，导致生产计划变更的按生产计划管理规范执行。质量问题处理后实施验证，根据实际情况，按照本管理规范生产准备开始运作，可省略已经确认完成的步骤。

i. 质量管理部针对不合格品，根据不合格品控制程序进行处理。针对需要返工情况的，生产部落实返工的生产计划，组织产品返工，质量管理部检验员须对返工零件进行确认及巡检。

j. 生产部当班生产结束后，生产部员工须填报当班生产数量。生产班长须确认员工填报的生产数量，汇编生产报表，督导员工作业现场的清理。生产班长将当班生产的产品进行整理，确认数量、包装及标识准确，填写车间产品报检入库单，提报质量管理部检验员对报检产品进行入库检验。将已经装满并且水口料标识正确的水口料箱进行归类整理，收集已经消耗掉材料的材料盛具，统一搬运至材料加工区域，并与材料加工员进行交接确认。

k. 生产部需根据产品入库情况，对生产计划的完成情况进行统计，汇编生产监控统计表。车间班长将工作班次日志进行汇总，提报部门主管。生产部需对日志内容进行整理和分析，制定改进建议，主持持续改进活动的开展。

④ 成品入库

a. 质量管理部检验员接收车间产品报检入库单，针对产品进行入库检验。检定不合格按照本规范③中 f~i 条要求执行。

b. 产品检定合格，检验员在车间产品报检入库单上签字或盖章，通知生产班长。生产班长收到产品合格信息，将报检产品搬运到仓库收货的指定区域，携车间产品报检入库单通知供应链管理仓库管理员。仓库管理员进行核对，确认无误后组织入库，并对车间产品报检入库单进行签收，回复生产班长。

⑤ 生产完成

a. 生产班长根据生产报表的统计，当生产数量达到车间生产作业计划量时，需通知员工停止生产，将生产的最后一模产品提交质量管理部检验员。检验员进行检验和末件留样，对生产现场摆放的检验文件及检测器具等进行回收。

b. 生产班长通知工程技术部工艺员产品已经生产完毕，并将产品生产数量或开模信息通报工程技术部。工艺员收到计划完成信息，通知部门内相关人员进行模具拆卸，及维护保养入库，并将工艺文件等回收保存。

c. 生产完毕后，生产班长须组织作业员工进行现场清理，清理设备中的残余材料，清理烘干机，对留存在生产现场的物料进行回收，对产品相关的生产作业指导文件、记录、报表进行归档。

d. 生产班长将产品生产结束后，留存的材料、配件等仓库物资编制退料单，组织退库。供应链仓库进行清点、统计确认，办理入库手续。

（6）作业流程

车间生产管理注塑作业流程如图 8-6 所示。

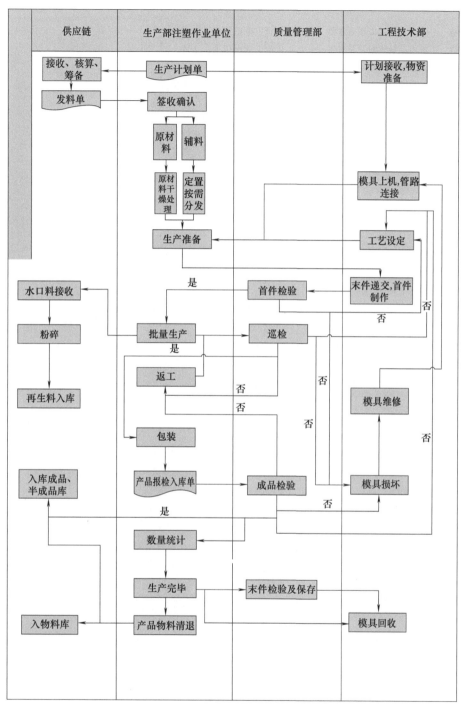

图 8-6　车间生产管理注塑作业流程

参 考 文 献

[1]　刘朝福. 图解注塑机的操作与维修. 北京：化学工业出版社，2015.

[2]　刘朝福. 注塑成型疑难问题及解答. 北京：化学工业出版社，2017.

[3]　赵勤勇，等. 注塑生产现场管理手册. 北京：化学工业出版社，2011.

[4]　李忠文，等. 精密注塑工艺与产品缺陷解决方案100例. 北京：化学工业出版社，2009.

[5]　李忠文，陈巨. 注塑机操作与调校实用教程. 北京：化学工业出版社，2007.

[6]　崔继耀，崔连成，梁启贤，等. 注塑生产：质量与成本管理. 北京：国防工业出版社，2008.

[7]　杨卫民，高世权. 注塑机使用与维修手册. 北京：机械工业出版社，2007.

[8]　蔡恒志，等. 注塑制品成型缺陷图集. 北京：化学工业出版社，2011.